KB233654

beyond buzz!

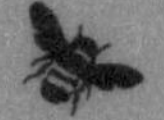

beyond buzz!

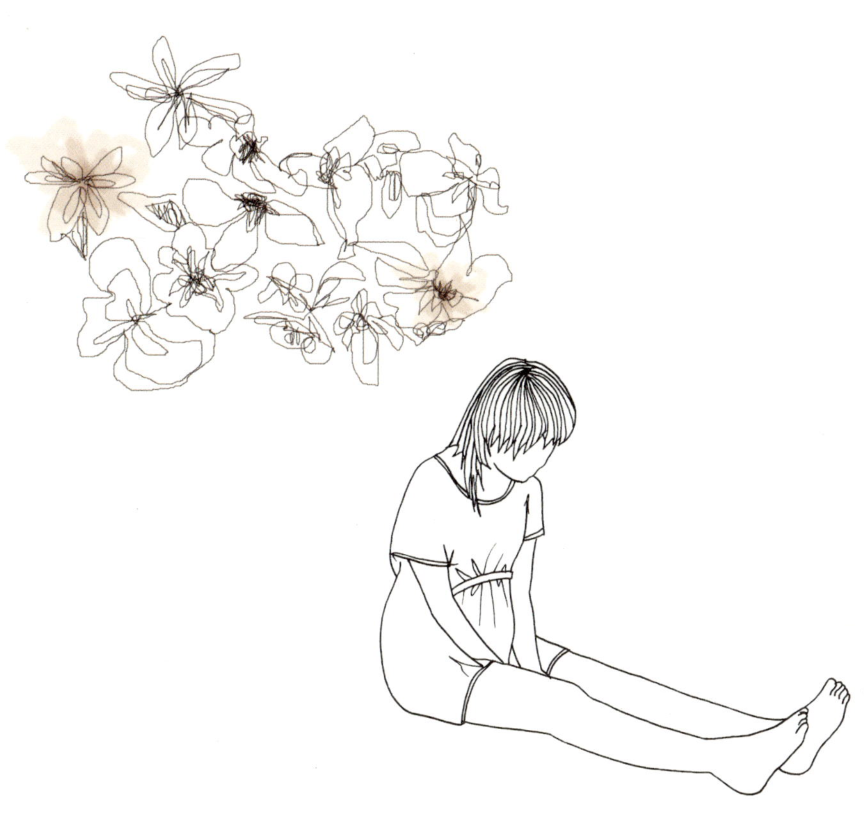

사소한 아이의 소소한 행복

beyond buzz!

최강희 지음

북노마드

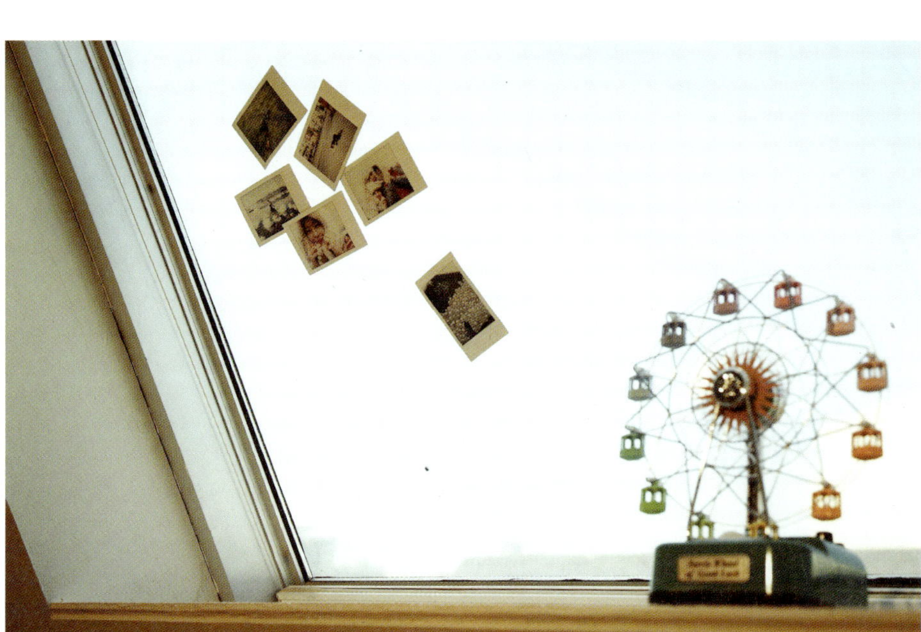

contents

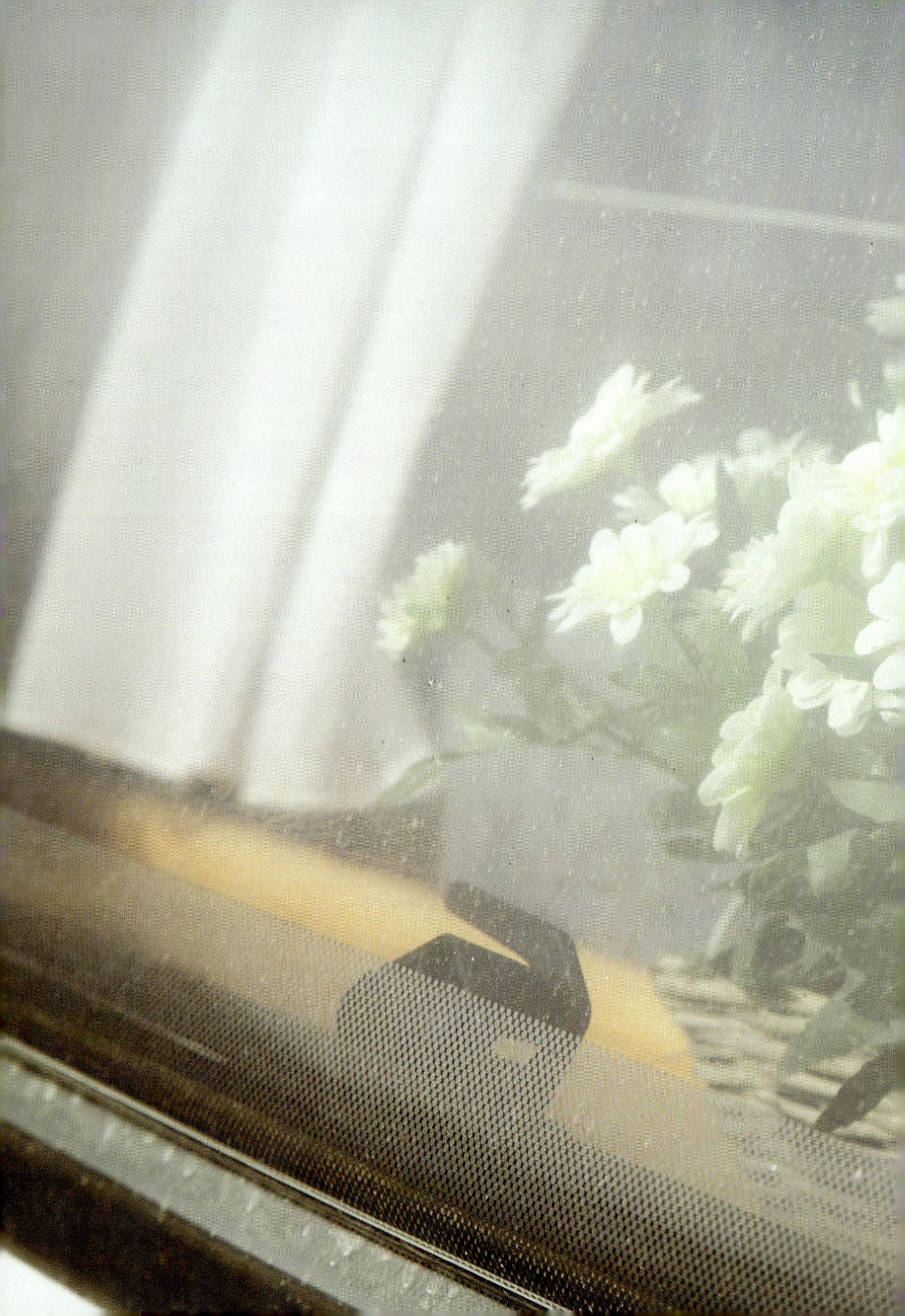

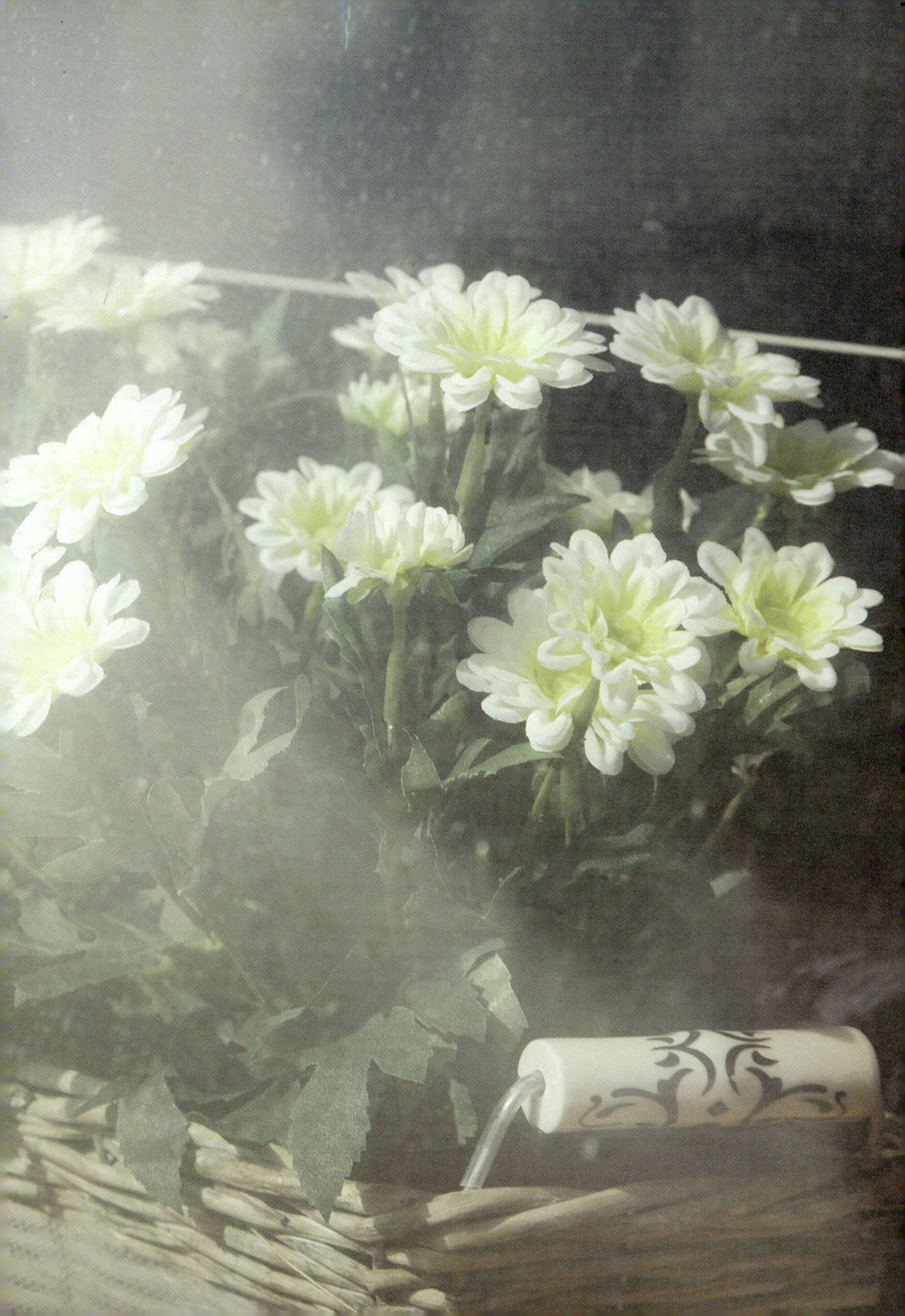

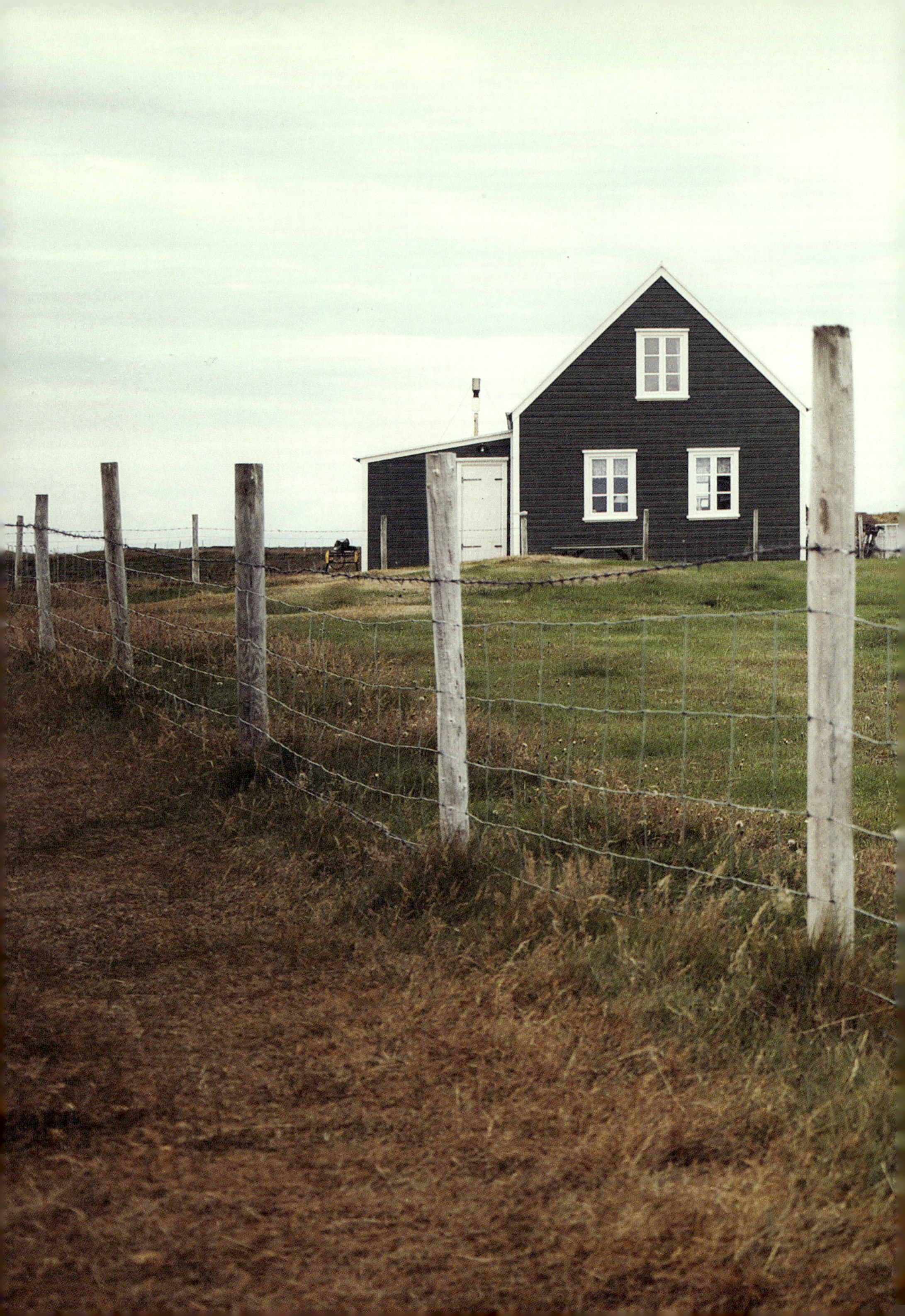

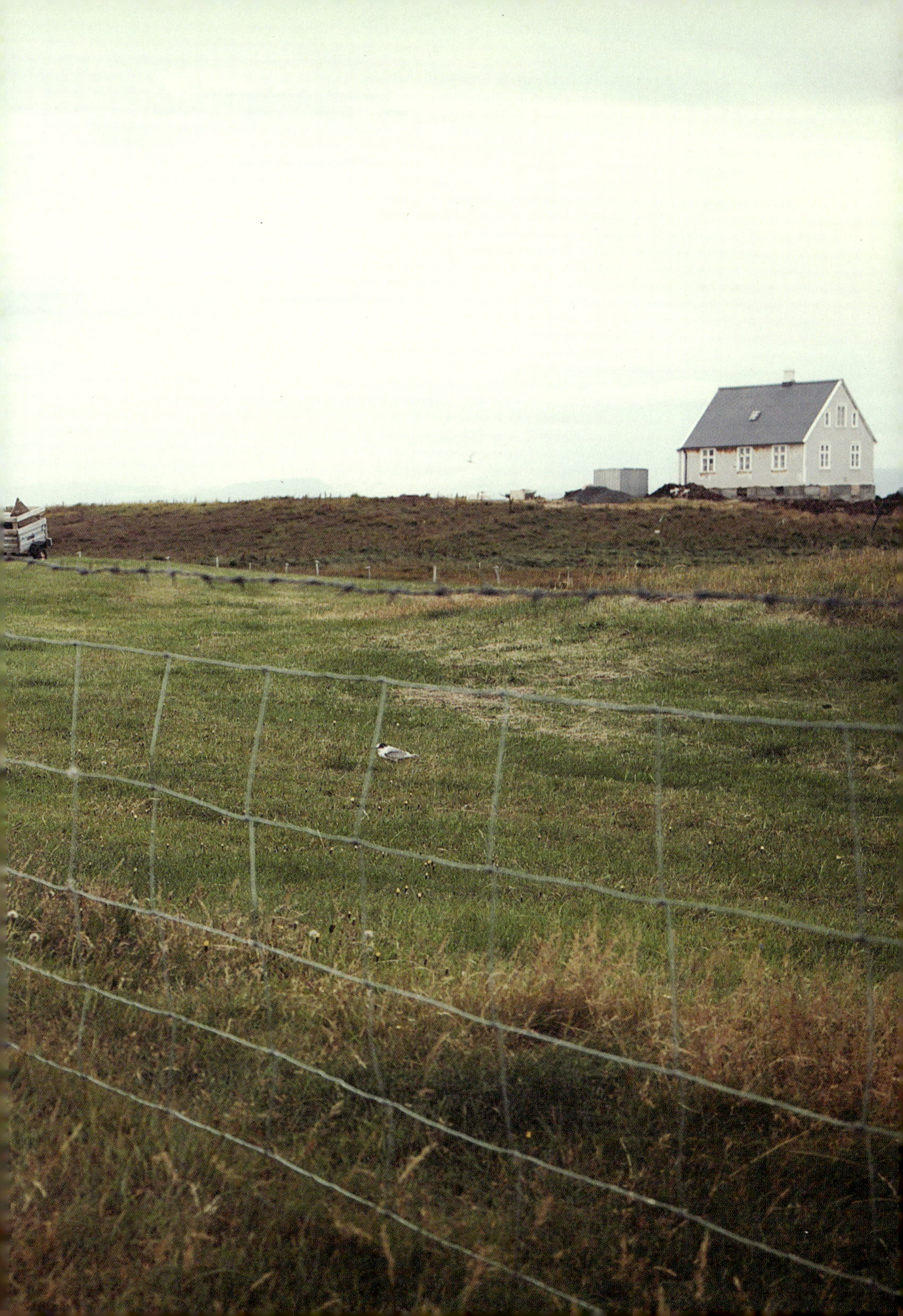

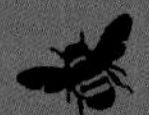

All alright*,
I, Me, Mine

* 'All alright'는 아이슬란드가 사랑하는 시규어 로스^{Sigur Ros}의 5번째 스튜디오 앨범 〈Med Sud I Eyrum Vid Spilum End-alaust (아직도 귀를 울리는 잔향 속에서 우리는 끊임없이 연주한다)〉에 실린 곡의 제목에서 가져왔습니다.

공유하고 싶지 않은 것들이 있다.

특 정 영 화 .
특 정 음 악 .
특 정 사 람 .
특 정 장 소 .

그치만 그 모두를
누군가와 나누고 싶을 때도
우리에겐 있다.

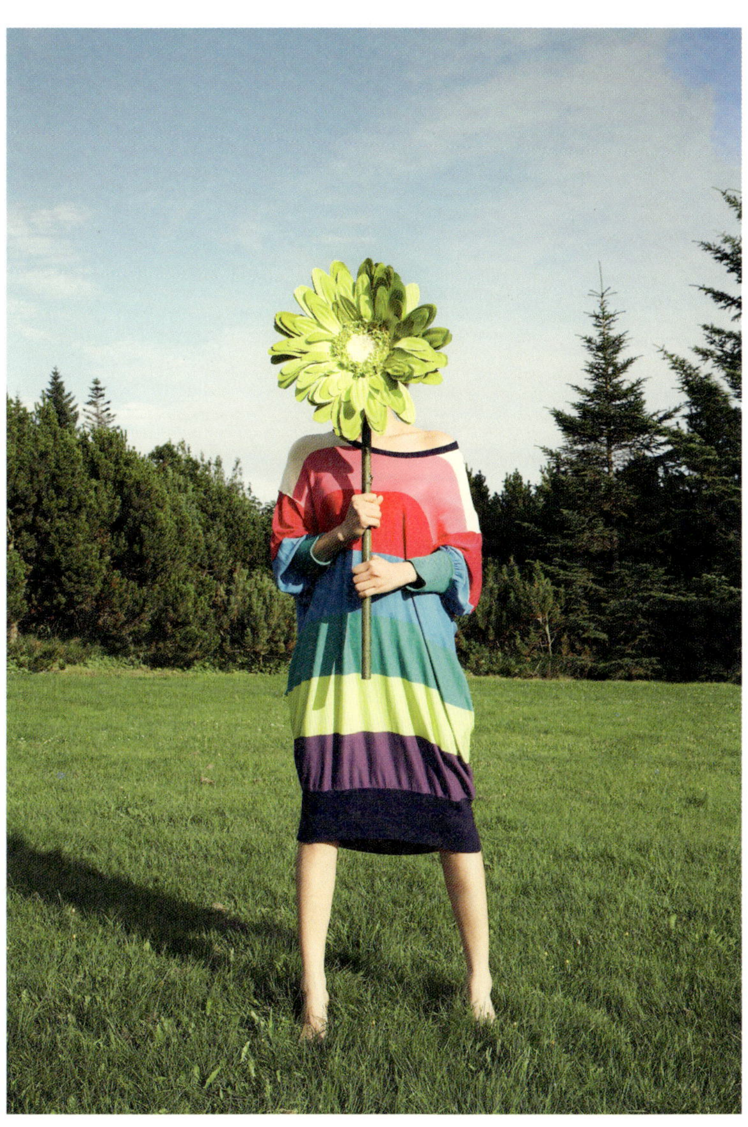

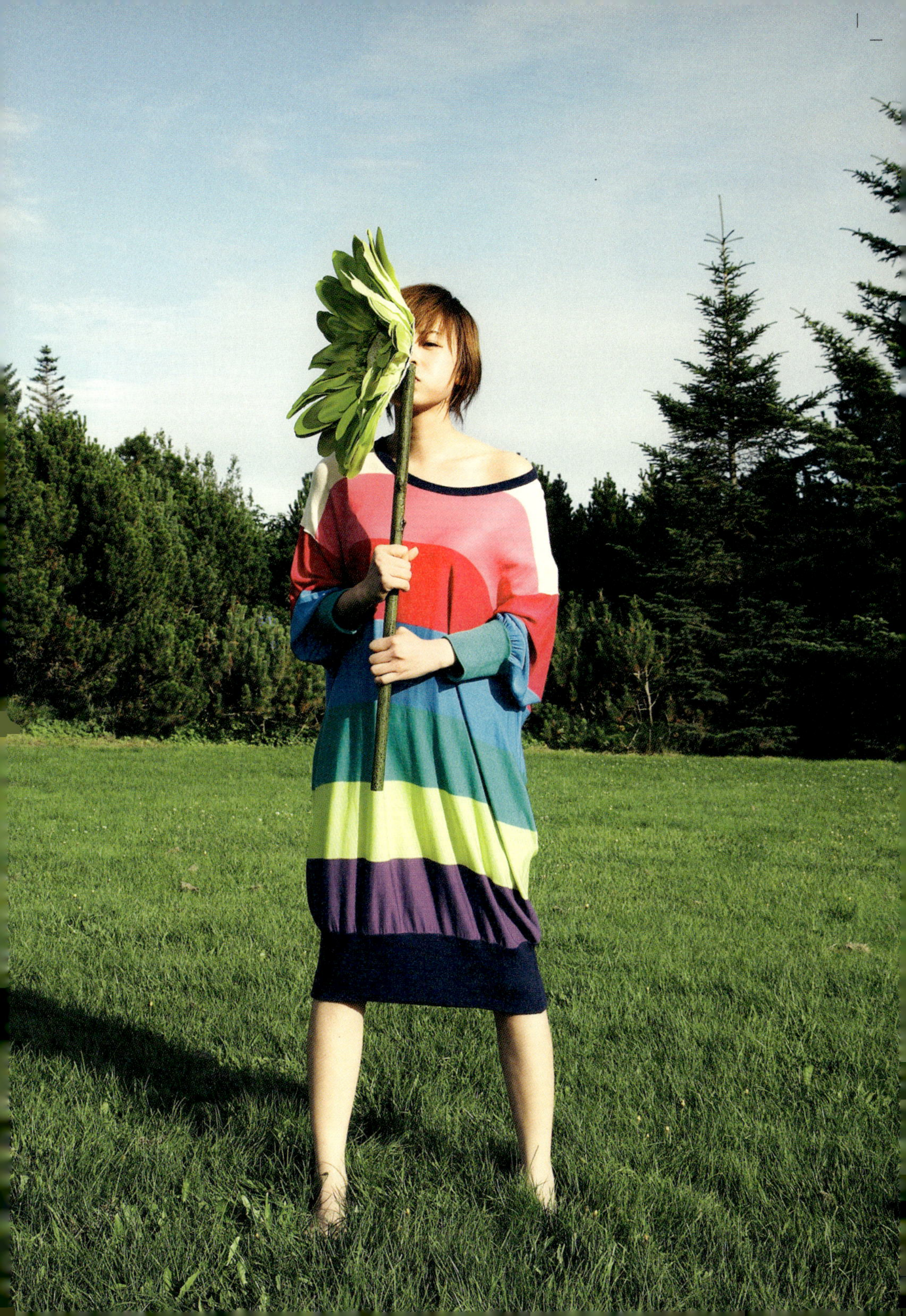

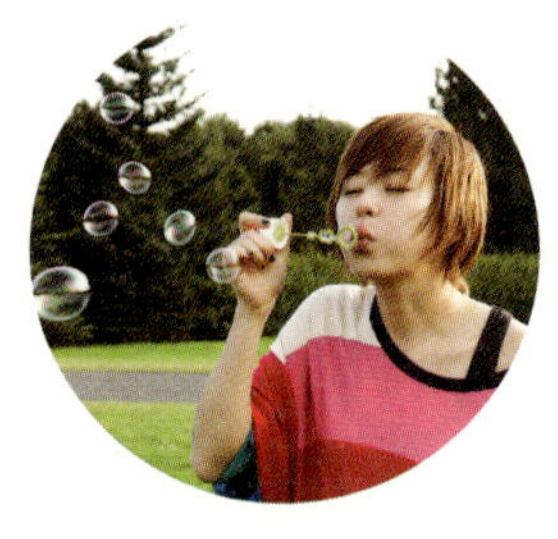

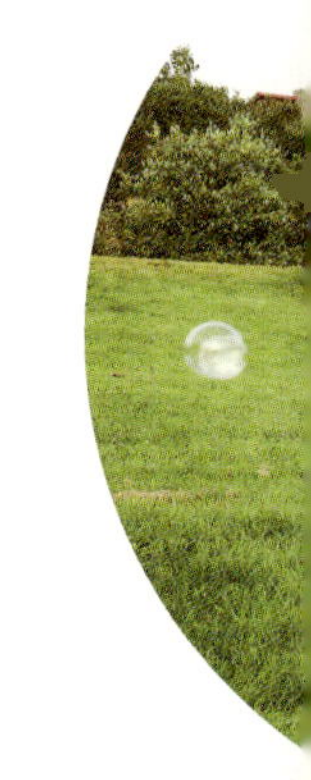

내 게
반 짝 이 는   것 들

어디서도 들어본 적 없는 이야기
요시다 슈이치의 위로 같지 않은 위로
라임주스
여름에 동아냉면
에단 호크의 이마주름
딸의 다크서클
웃을 때 하트가 되어버리는 너의 웃는 모양
듣고 있으면 딱 죽고 싶어지는
오후 2시에 스콧 매튜의 울림
가로수길의 인형가게
오래 돼서 예쁜 모든 것들
고품격 사랑
칠리 덕 세트
던킨의 플레인 베이글
천재를 느끼게 되는 순간
머릿속에서 달그락거리는 소박한 자유

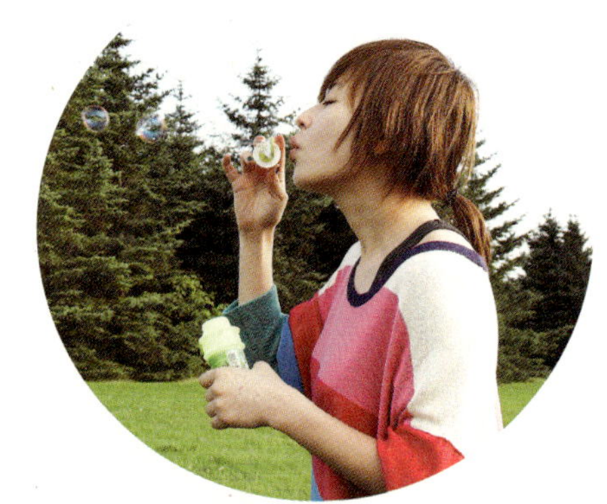

그리고 ‘청춘’이라는 두 글자와
때때로의 ‘나’.

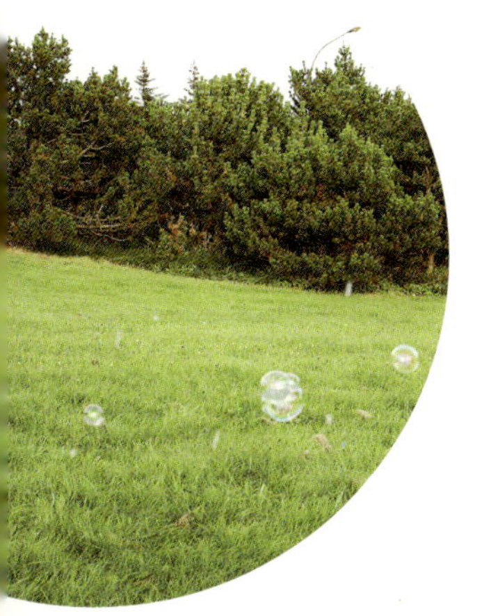
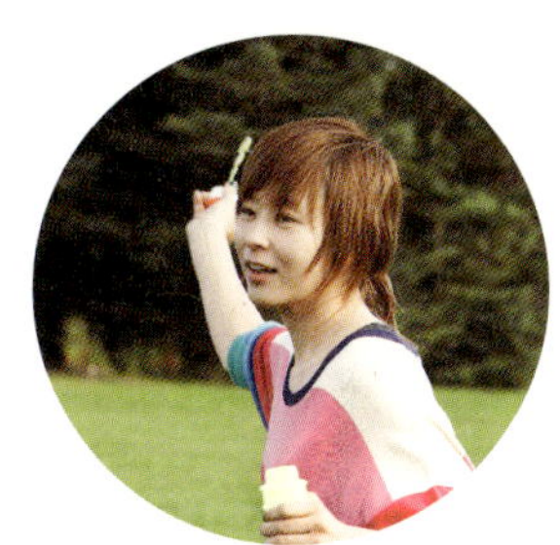
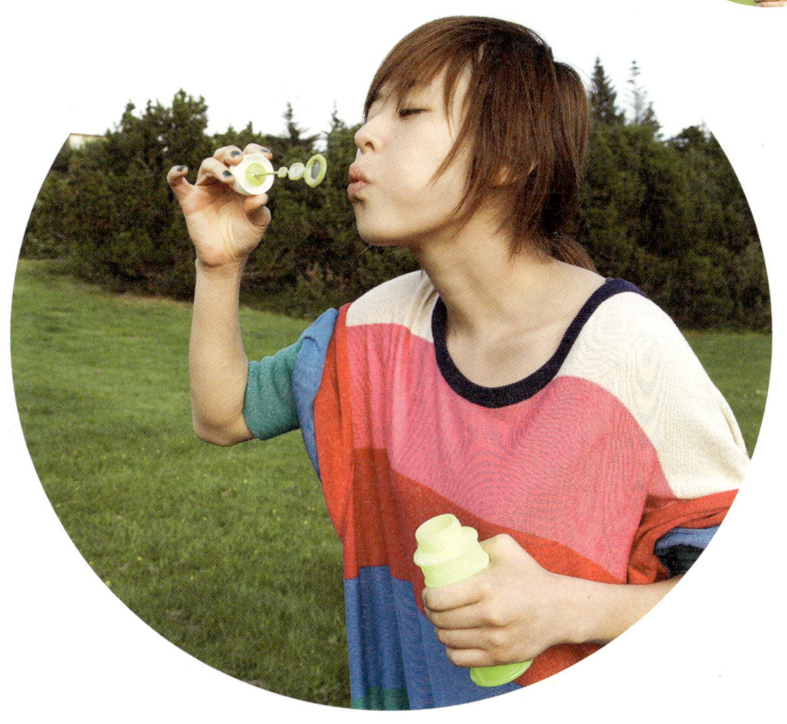

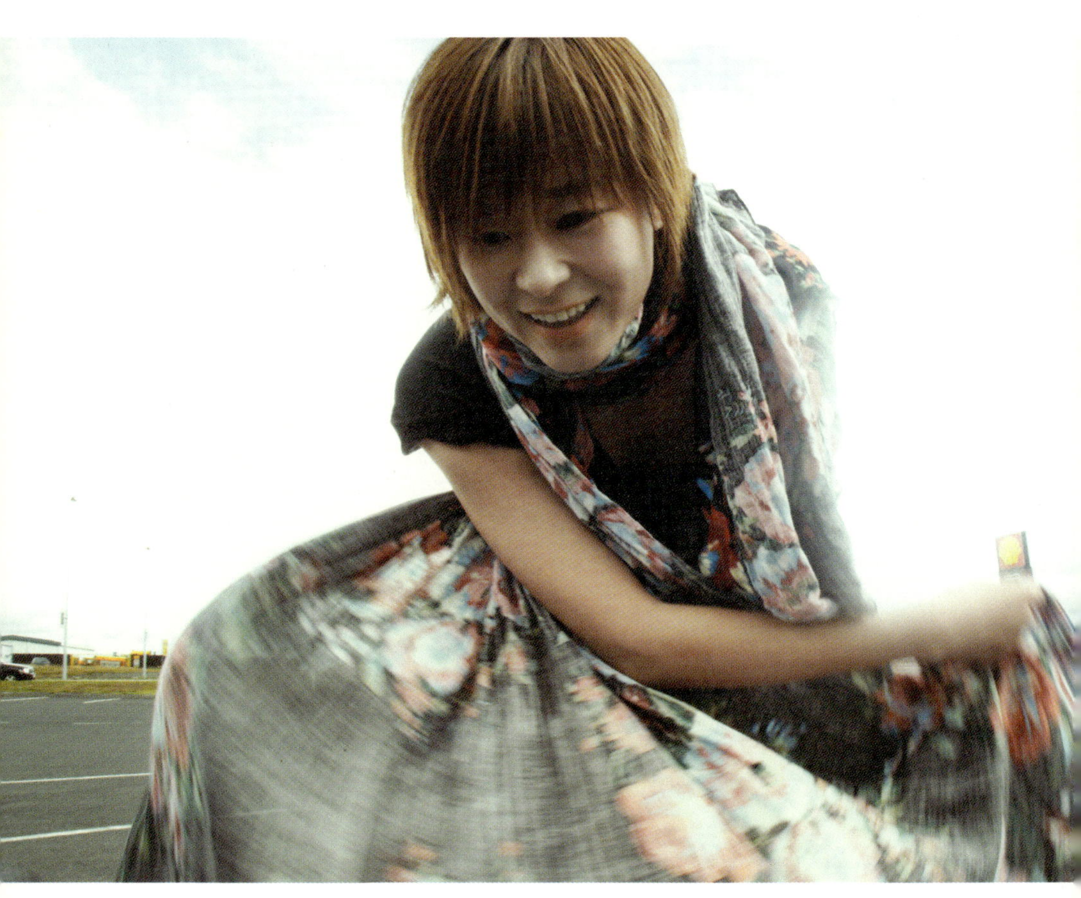

'나, 행복해, 라고 말해야 할지,

'실은 행복하고 싶을 뿐이야,' 라고 해야 할지.

행복하자

망설이다 던져버린

뭐라고 말해야 할까

행복해 주세요.

자꾸만 그래버리는 버릇 말이야.
오늘 내일 맘대로 섞어버리는….
그런 적 없어?
잘 생각해봐. 있을지도 몰라.
난 가끔 '내일이 오늘이 되어버릴까' 라고 생각하면 곧
정말 내일이 오늘이 되어버리거든.

가령, 보름 뒤에 여행을 간다든지.
그날이 하루하루 다가와 여행에 가 있을 때에도,
계속해서 그런 생각을 하게 되는 거야.

조금 있으면 분명히 거짓말처럼 보름 뒤가 되어 있을 거라고.
이미 여행을 떠나 있을 거고.
분명 눈 깜짝할 새 없이 휴식이 끝나 또 다시 일상이 되어 있을 거라고.

암튼, 그래버리는 버릇.
좀 별루지?

가끔씩은 아주 소중한 것들을 의미없게 만들어 버리니까.

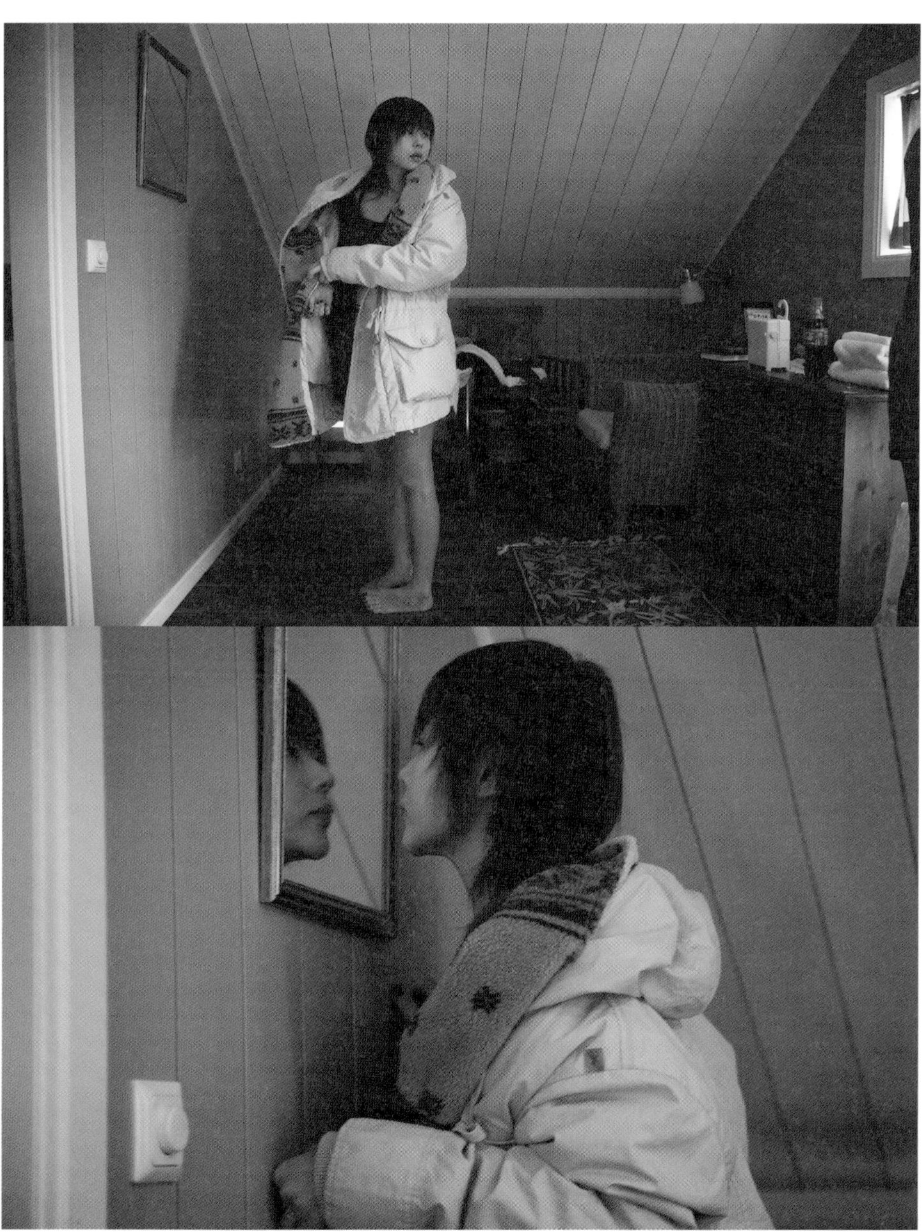

괜 찮 (지   않) 다

정비되어지지 않은 차를 끌고
끼익끼익 소리가 나는데
무작정 고속도로를 타는 게 아니지.
얼마쯤이나 갔을까.
오도 가도 못하는 길에
예상처럼 멈춰버린 나의 고물자동차.

그즈음에 난
모든 걸 다 알고 있었다는 듯
괜찮다는 듯.
예정대로
괜한 웃음 한 번 지어보이고

지구보다 무거워진 차를 끌고
다시금 발걸음을 옮긴다.
몹쓸 차림새가 되어진 나는
그래도 알고 있었다.
괜찮다.
괜찮다.

그러자니…
괜찮지가 않다.

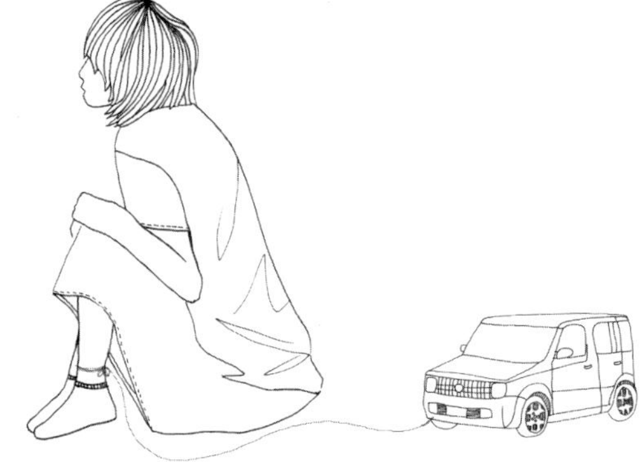

파 란
입 술

입술이 파랗다.
어제 아팠던 입술의 한쪽 구석이
오늘은 검퍼레졌다.
근데 어찌된 일인지 기분이 좋다.
빨간색이 파란색이 된다는 건 쇼킹하게 좋은 표현이다.
며칠이고, 이렇게 파랬음….

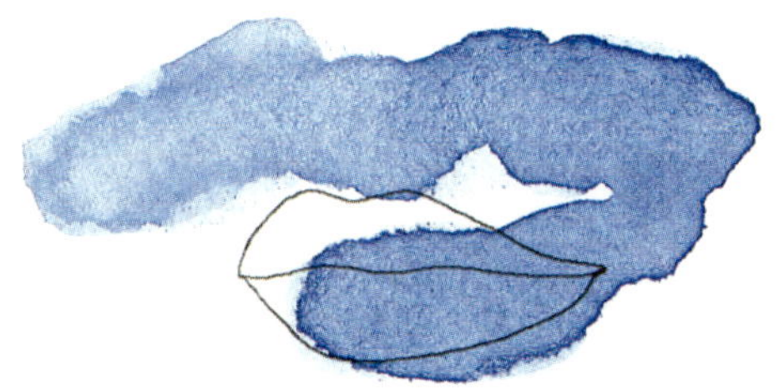

"어른들은 왜 넘어질 때 표정이 애처럼 되게?"
"그때는 거짓말을 못해서 그래."

—〈나는, 인어공주〉 중에서

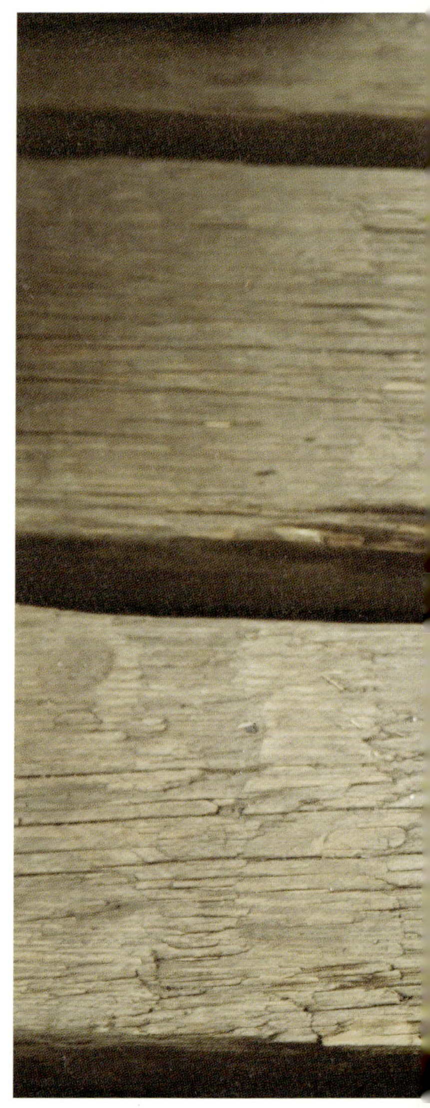

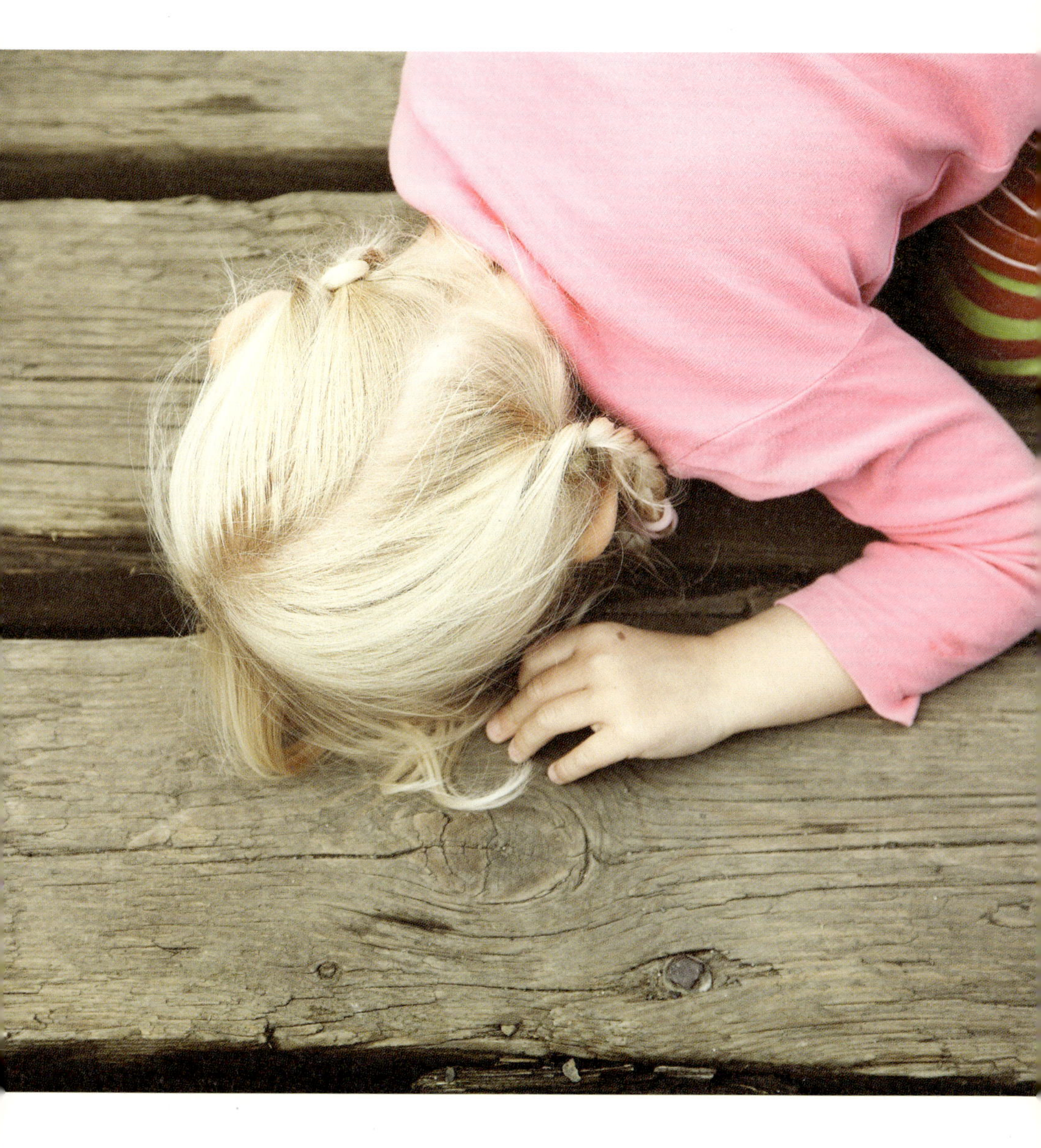

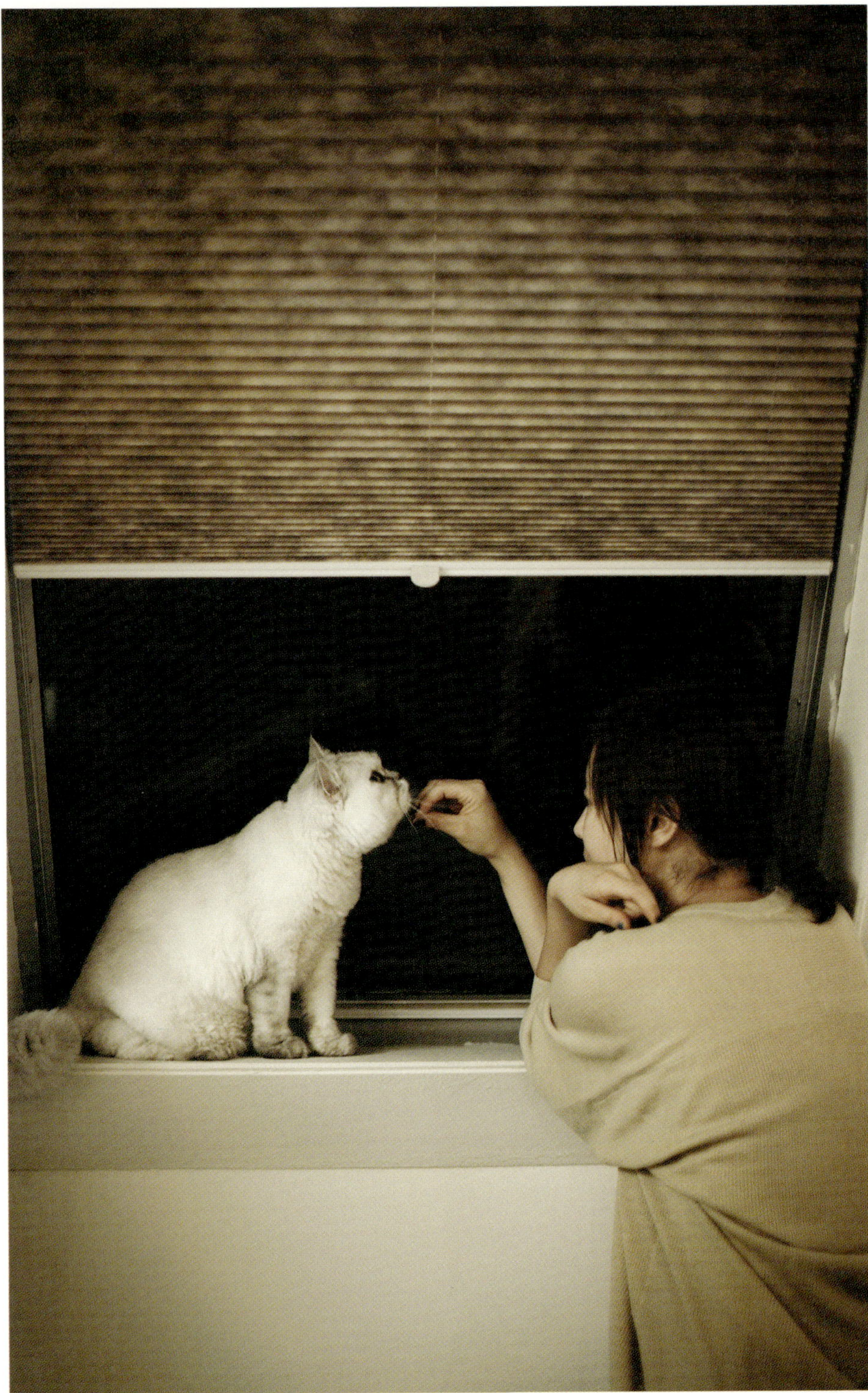

사소한 아이의
소소한 행복

오늘의 밤공기는
딱 제가 좋아하는 맛이에요.
차가운 아이스커피에 달콤한 바닐라시럽을 약간 담은 커피맛처럼.

누구도 알지 못하는 행복이란 물방울이 눈에서 떨어질 것만 같아요.
이 밤에 공기와 오늘의 눈물과의 만남은
최고의 온도.

아주 예쁜 시간.
부디 너의 머문 자리를 알려줘.

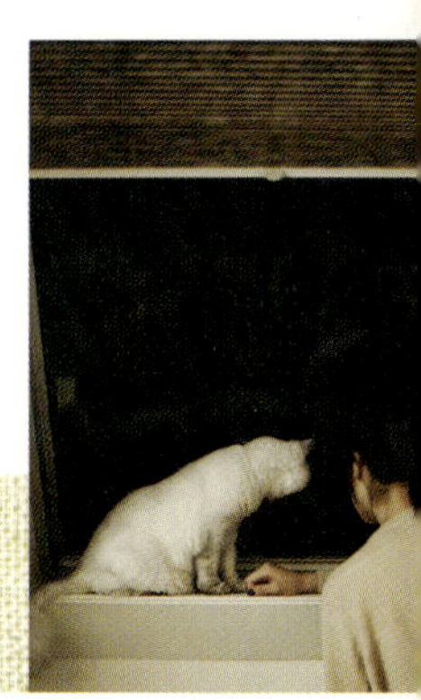

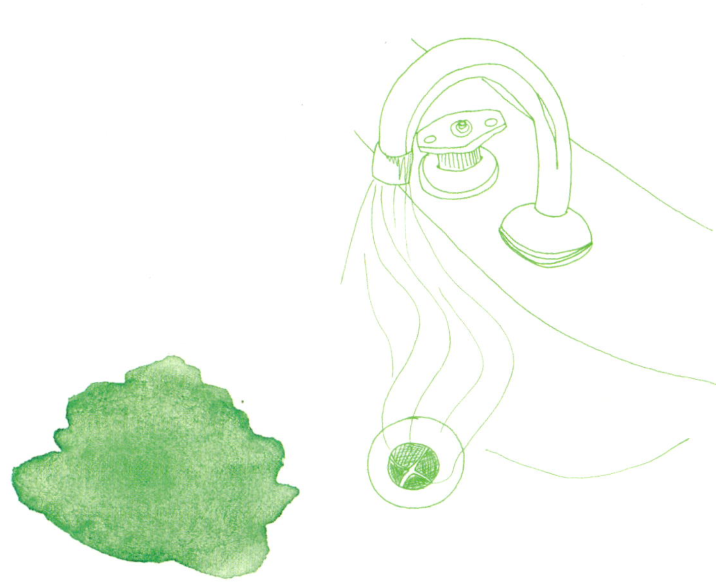

행 복

순간 방심해버리면
호로로록 하면서
수챗구멍으로 달아나버릴 것 같은
행복.

오늘은,
내일은

오늘 행복을 꺼내봤어요.
내일은 자유를 꺼내볼까요?

오늘은 강한 척 좀 해봤어요.
내일은 누구 아무나 잡고 기대어 펑펑 울어볼까요?

오늘은 부끄럽게도 아침을 맞으며 잠이 들지만,
내일은 깜깜한 밤에 쿨쿨, 쌕쌕하며 자게 될까요?

오늘은 그리워해봤어요.
내일은 추억하게 될까요?

오늘은 조금 무서워 꽁꽁 숨어버렸지만,
혹시 내일, 좋은 사람 누군가가
빙긋 웃으며 내 손을 잡아주지 않을까요?

그런 사람….
오래오래 아무도 오지 않는다면…
그땐 제가 나가보죠, 뭐.

아무 손이나 잡고 달려보죠, 뭐.
그도 아니면 훨훨 날아보죠, 뭐.

재미있을 것 같지 않나요?

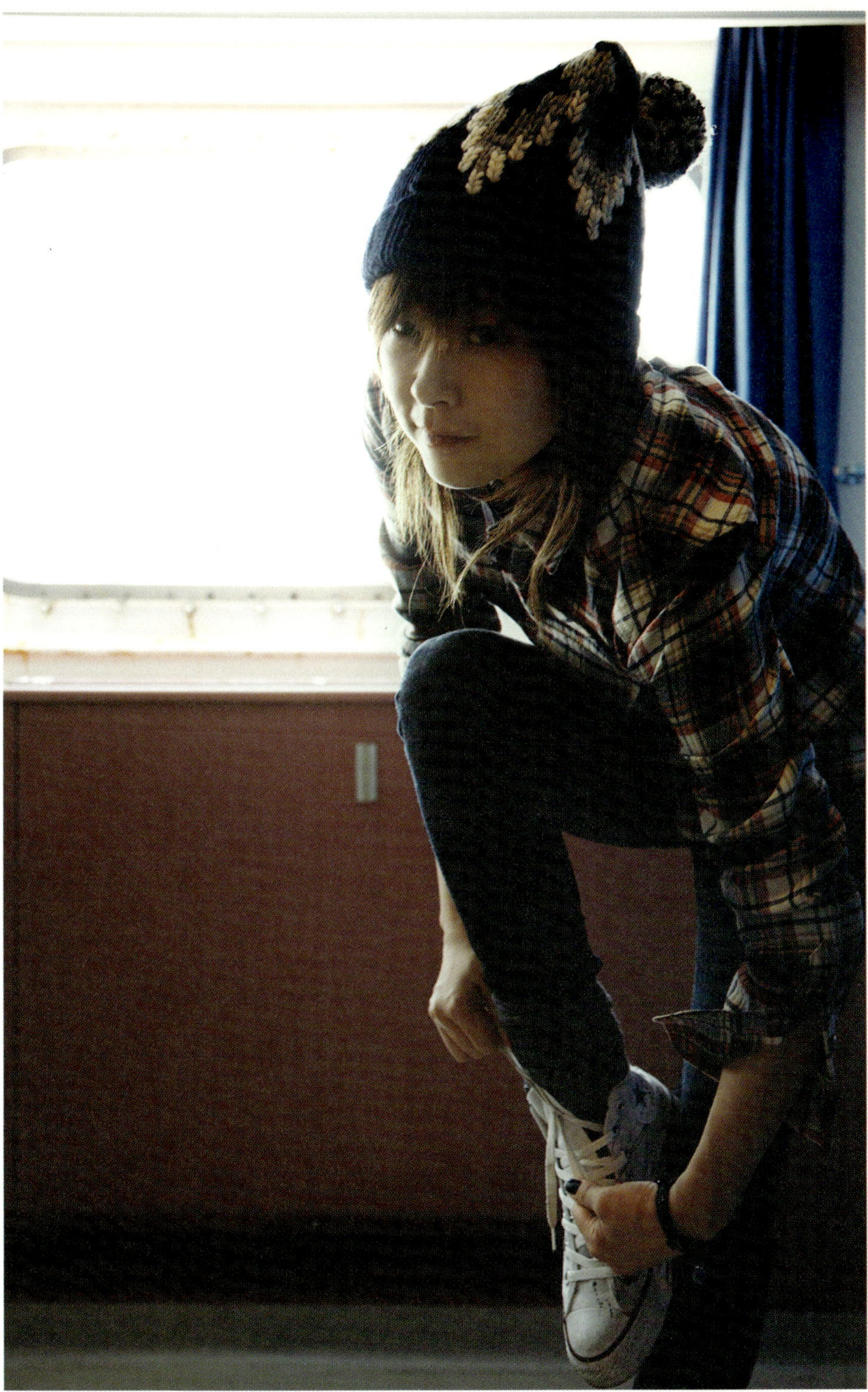

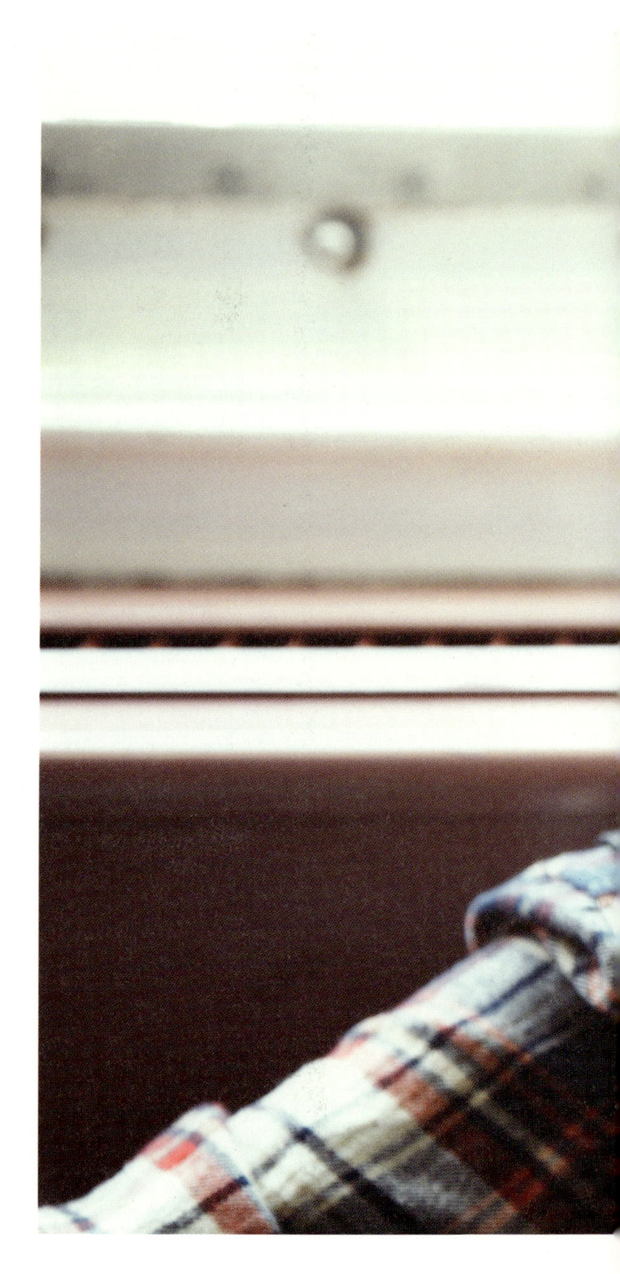

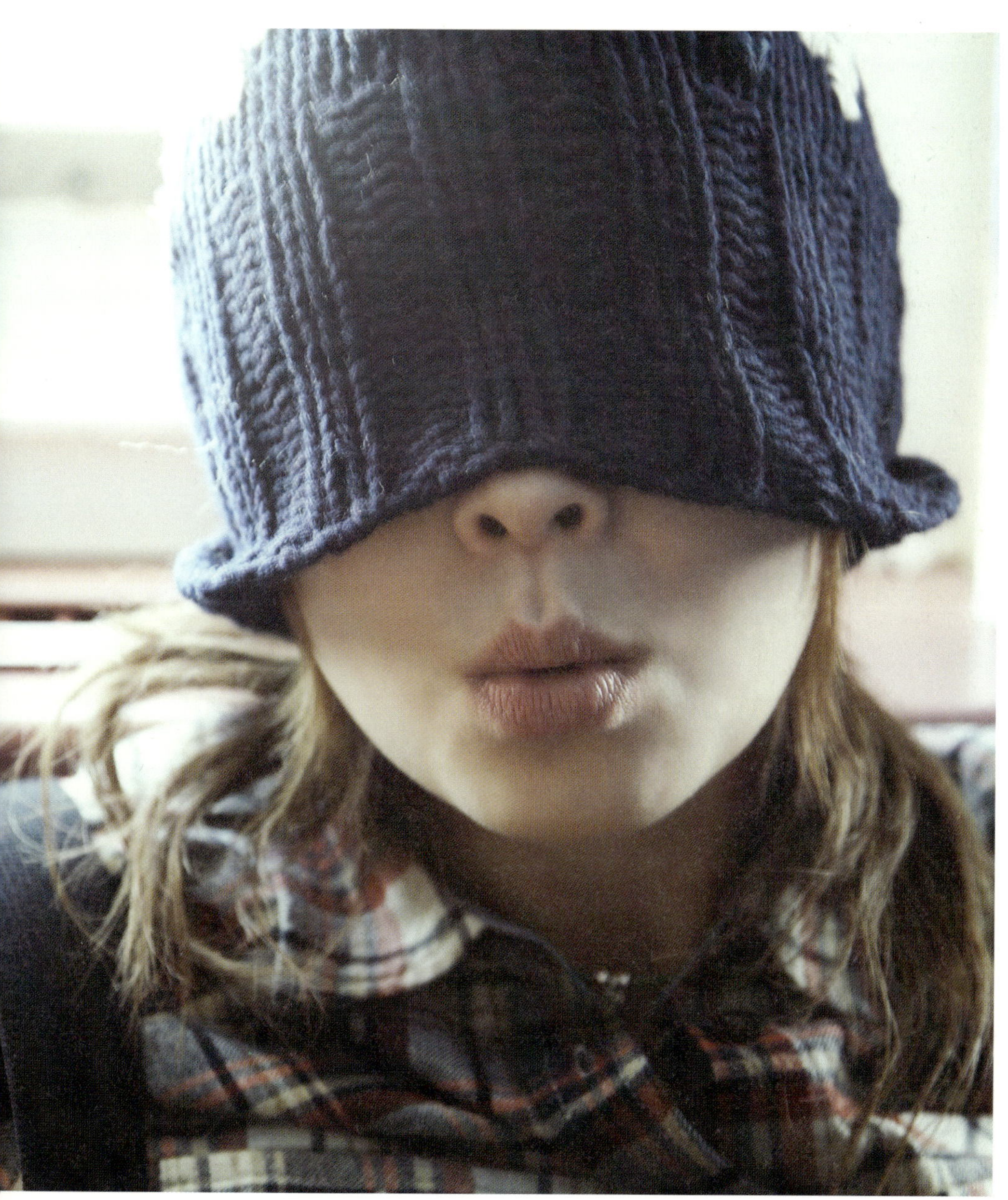

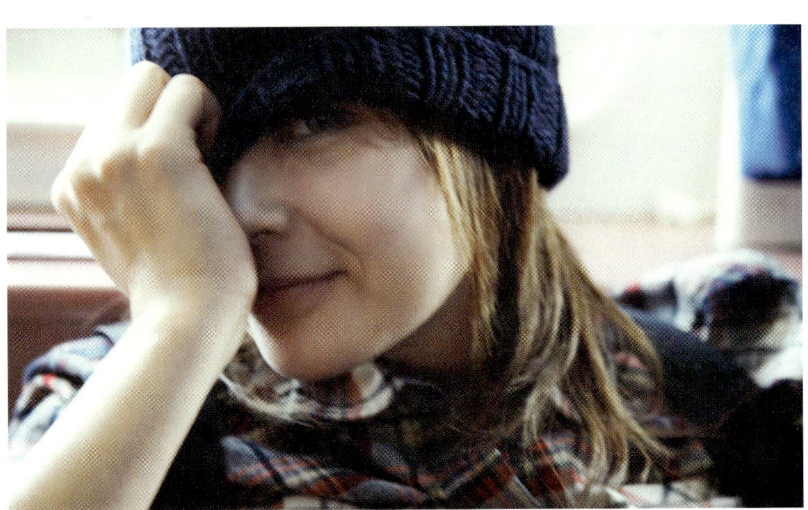

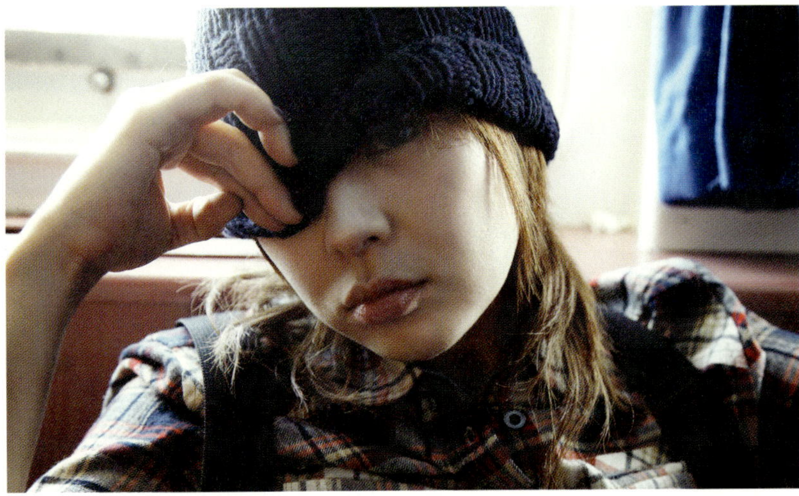

소 망

어여쁜 숙녀가 될 거야.
멋진 사람이 되고 싶어.

든든한 기둥이.
커다란 방패가.

귀여운 소녀.
그리운 연인.

근사한 남자친구.
아름다운 여자친구.

최후의 외계인.
최초의 지구인.
무엇이라도.

당신이 느낄 수 있는 모든.
가능성이 되고 싶은.

난.
나난.

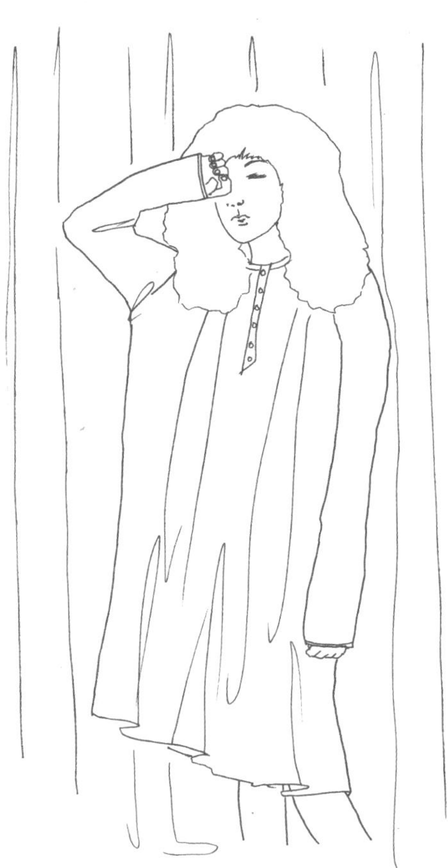

엄 마

엄마의 나이를 갉아먹으면서
내 나이가 먹는 건가봐.
엄마 몰래 나만 5년씩 빨리 늙었으면 좋겠어.
정말 그랬으면 좋겠어.

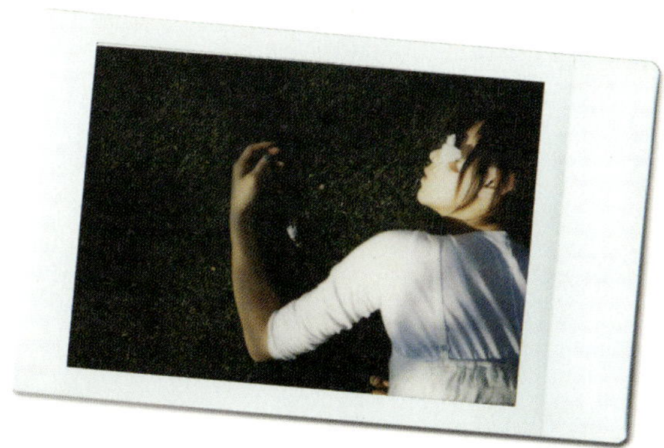

하 이 힐

하이힐을 신었습니다.
또각또각 소리를 잘 내는 금색 하이힐.

입지 않던 옷을 입었습니다.
새 옷에 태그를 뜯어내었습니다.

하루 종일 또각또각.

자꾸만 앉아 있고 싶었지만,
일어나 커진 키로 또 다시 또각또각.

집 계단을 올라서는데
그 소리가 멈춘 곳은
우리 집 문 앞.

어쩐지 내가 커지니
집 앞 문이 작아졌어요.

현관문을 여니

발보다 조금 큰 내 운동화가 자고 있었습니다.
미안한 마음에
깨우진 않았어요.

내일이면 난 작아지고
우리 집 문은 커질 것입니다.

또각 소리는 멈췄고,
내 발은 웃었습니다.

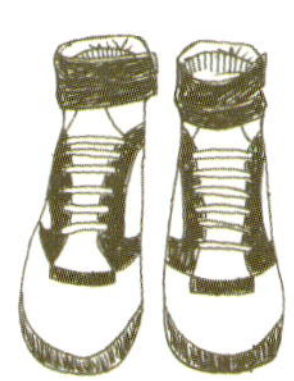

우 리 동 네

우리 동네는 옛 향기가 많이 나요.
일단 동네에 할아버지 할머니들이 많으시고요.
더욱이 여름이면 이른 아침부터 늦은 밤까지 어르신들이 밖에 계신답니다.
덕분에 무섭지 않아요.
저녁 때 일 끝나고 매니저가 저를 내려주고 가버리면 제일 먼저 나무 냄새가 나요.
그때부터 걸음이 느려집니다.
건물에 들어서 계단을 오를 때면 학교 냄새가 나요. 아주아주 옛날 기억 속처럼.
오늘처럼 비가 오는 날이면 비에 젖은 돌냄새도 나고요.
그럴 땐 딱 뭔가 하고 떠오르진 않지만
다시 겸손해지는 것 같고, 착해지는 것 같은 기분이 들어요.
그때뿐이지만. 아무튼….
그리고 현관문을 열면 시골냄새가 납니다.
정말이에요.
요샌 늘 집에 도착하면 가방을 풀면서 '아~ 시골냄새~' 한답니다.
그럼 엄마는 그냥 웃습니다.
시골냄새란 뭐고 하니, 여름 모기향과 엄마가 베고 주무시는 대나무베개,
그리고 커튼 같은 '발'. 그것들의 향기의 조합이겠죠.
전에는 촌스러워서 싫어했던 그런 것들….
근데 요새는 그것들이 얼마나 좋은지 몰라요.
아로마테라피가 따로 없죠.
긴장한 모든 것을 내려놓게 하는 묘한 매력이 있습니다.
그 좋다는 허브향도 내게 줄 수 없는 것을 줍니다.
내 집 냄새는 그런 것들을 줍니다.
미안함.
엄마 품 같은 편안함 같은 것들을.

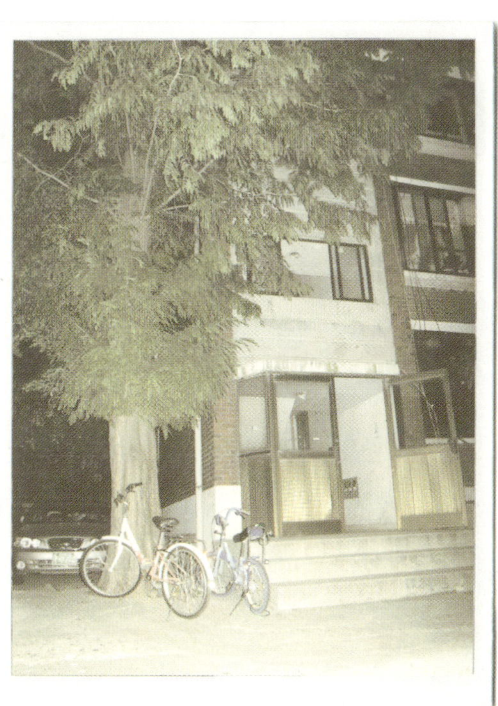

in
my
room

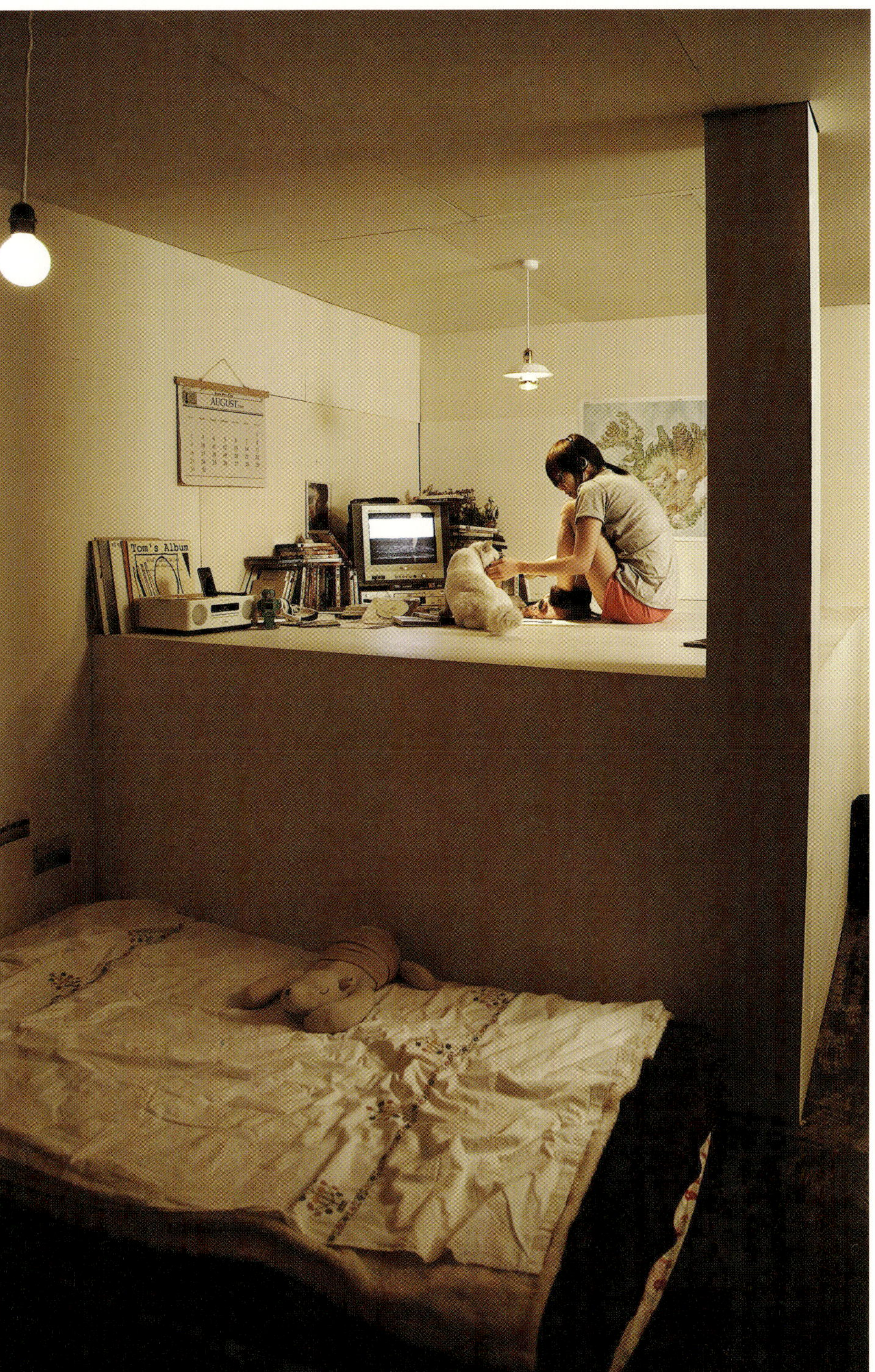

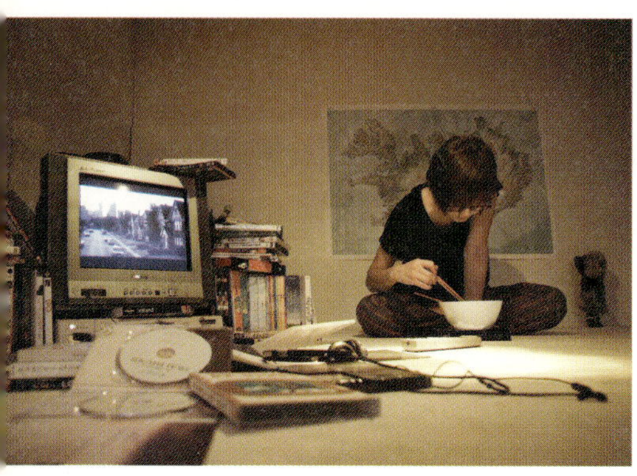
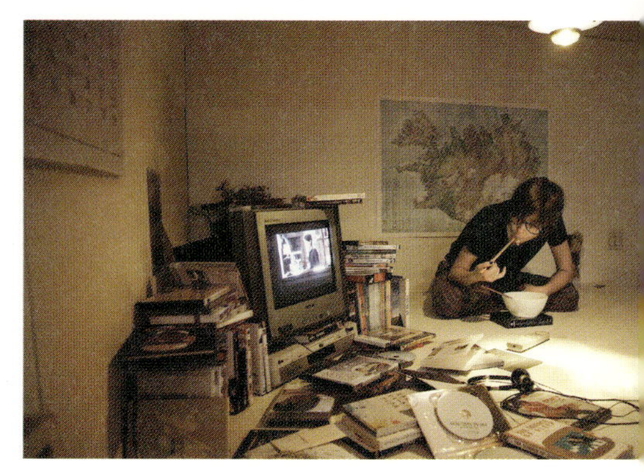
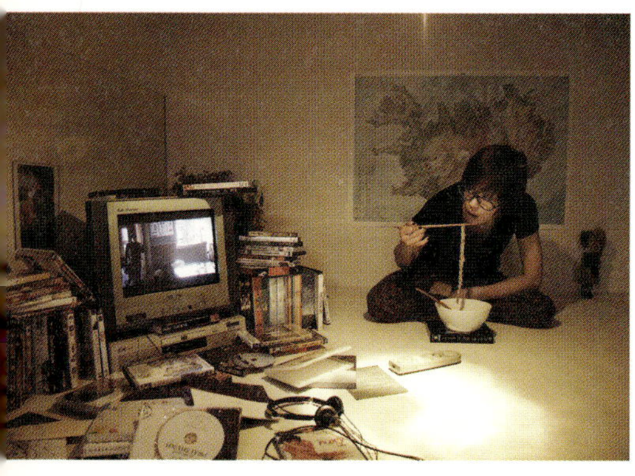
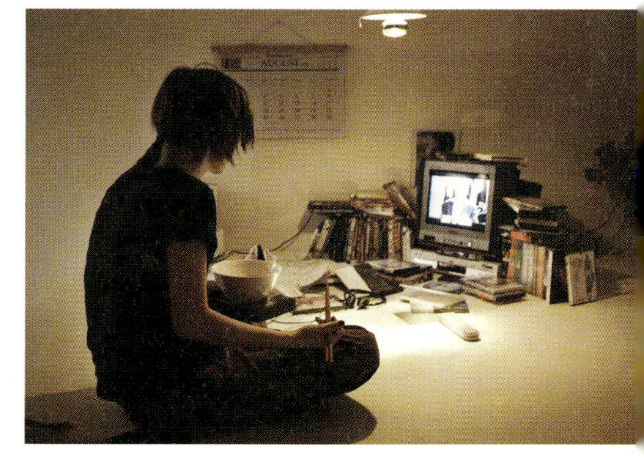

켜져 있는 TV.
늘 이 방에 흘렀던 것 같은 작은 소리가 새어나오고 있다.

지금 시각 10시 25분.
가스레인지에 물을 끓인다.

잠시 후 뜨거운 라면 한 그릇 후후 불어 먹는다.
후루룩. 후루룩.
기억속에서 낯익은 목소리가 말한다.
"그래도 끼니는 알아서 챙겨먹어야지. 그래야 착하지."

결국 그런 거였나?

먹고난 빈 그릇을 가만히 보니
그것도 날 보고 있는 것 같아
잠시 부끄러워졌다.

아무렇지도 않은 날, 아무도 없는 조용한 내 방에서 일어난
아무도 모르는 착한 일.

밤을 길~게 늘여서 막 뭔가 걸고 싶다.

영화도 걸고,
커피도 걸고,
책도 걸고,
물감도 걸고,
음악도 걸고,
당신들도 걸고.

아참, 티피도 걸어야지.
현경이를 안 걸었네.

부침개를 너무 먹었더니 배가 따가워.

선우는 수유리에 걸려 있겠지.

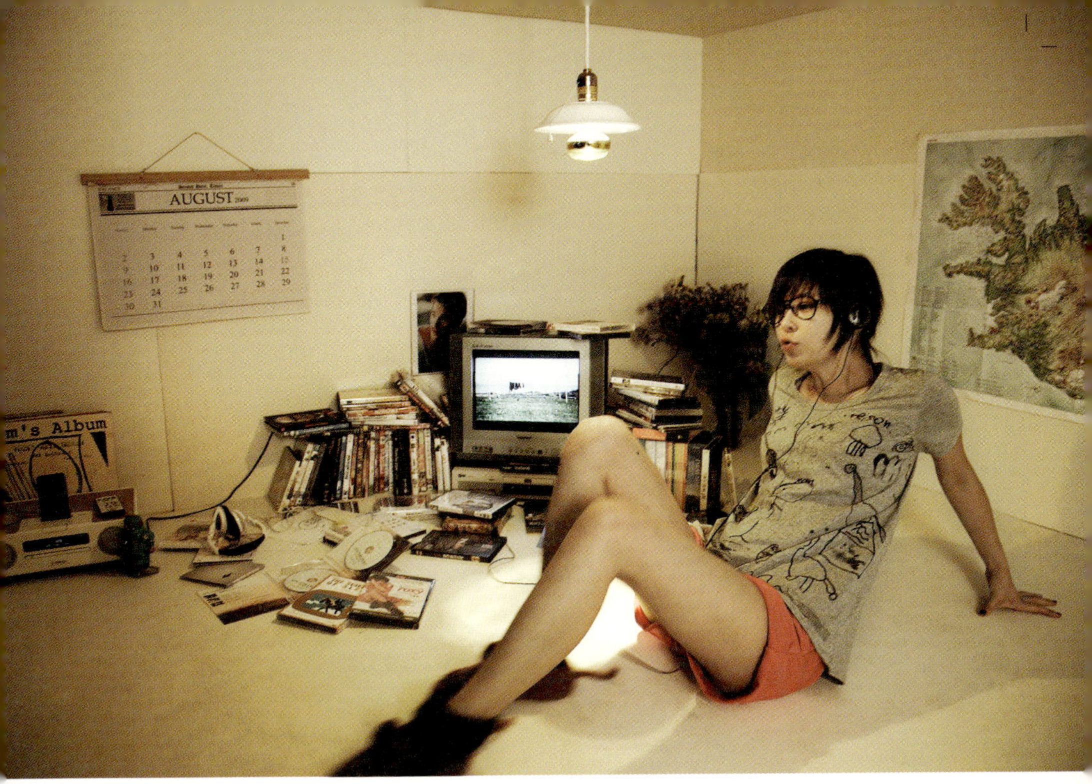

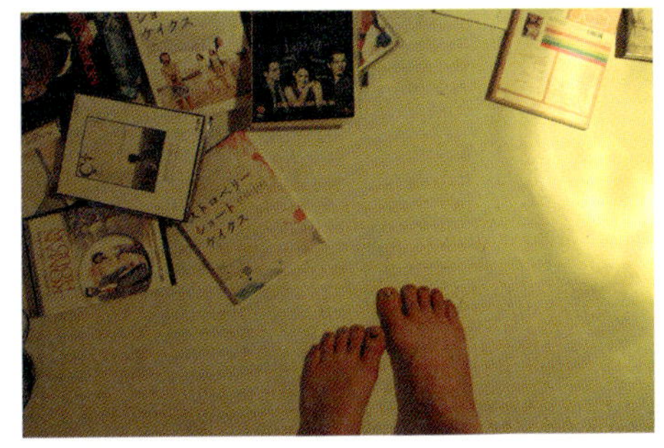

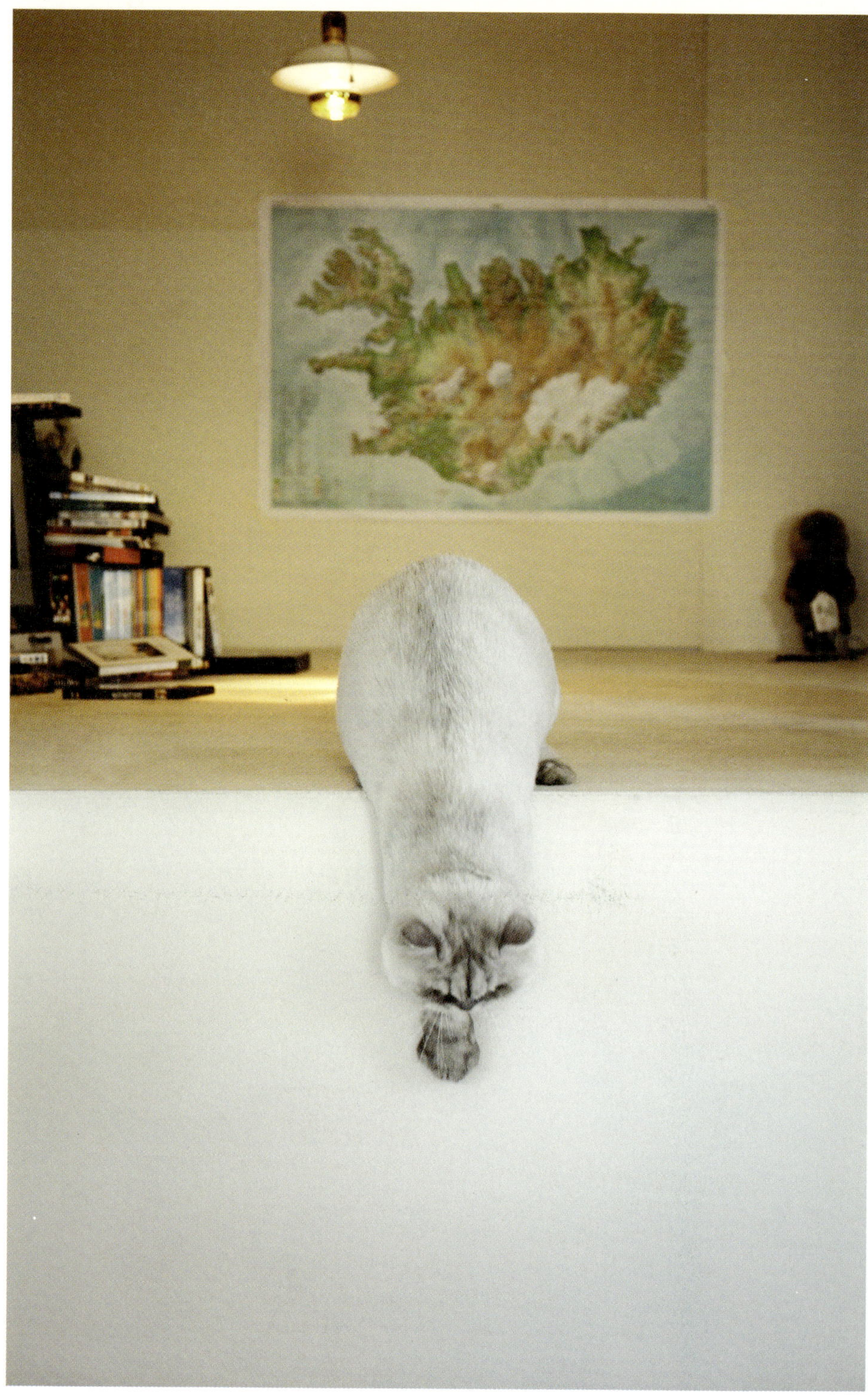

불 시 에
야 옹

새해가 되었으니

이제부터 일찍 자자고 생각한 냐옹 양.
낮에도 자고, 초저녁에도 자고,
한동안은 한밤중에도 잠이 들어 있었지.

낮 내내 늘어지게 자다가
한밤중 느닷없이 깨어난 냐옹 양.

어둠의 이 끝과 저 끝을
신나게 달린다.

오랜만에 새벽을 맞은 냐옹 양의 눈빛은
낮보다도 예쁜 초록구슬.

한참을 번개처럼 날더니
이제야 잠다운 잠을 잔다네.

언제나처럼 한쪽 구석 몸을 한껏 움츠린 채

언제 그랬냐며 불시에 야옹.

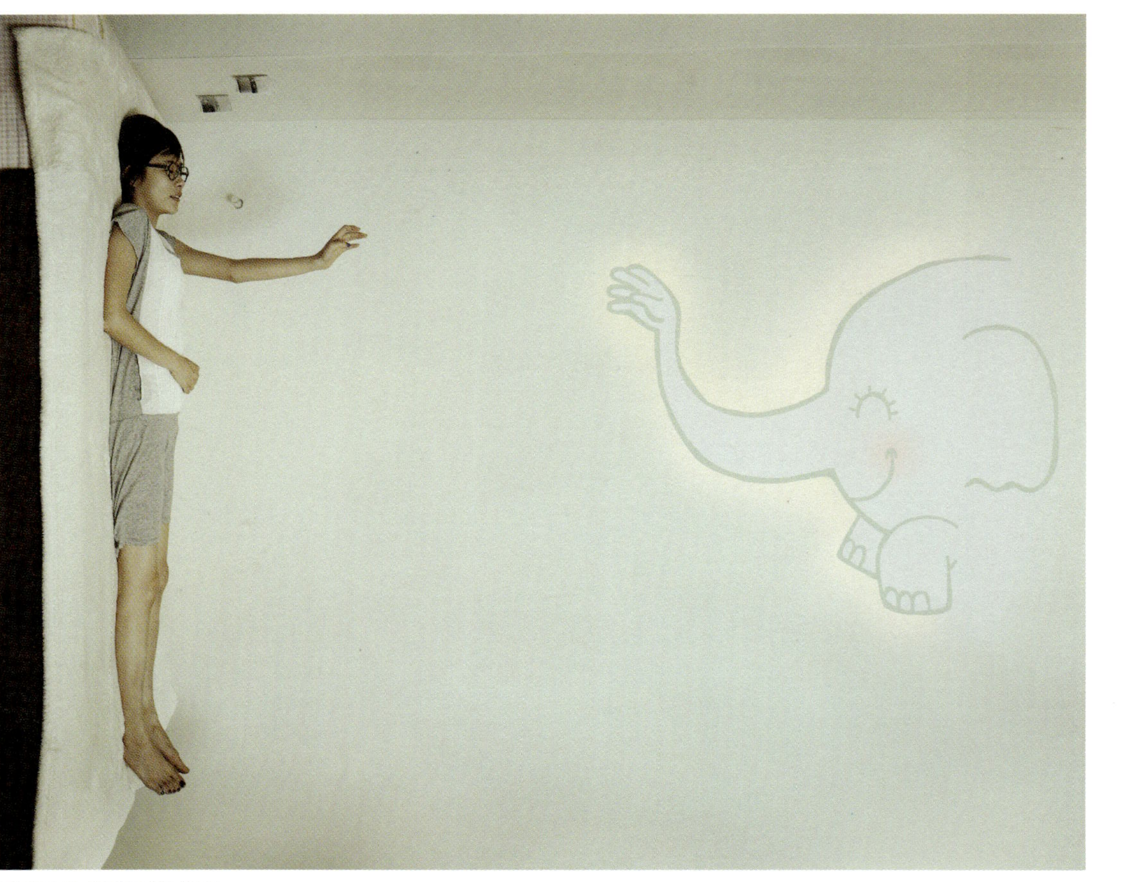

코끼리 그림_최강희의 친구 '벌코'

코 끼 리

내 친구 발코가 그려줬어요.

"잠이 안 와서 그냥 있어" 했더니

일단 누워서 천장을 바라보라고 하더군요.
그럼 코끼리가 나타난다고….

그리고 잠은 자는 게 아니라 오는 거래요.
그러니까 기다렸다가 만약 잠이 온다면 그때 놓치지 말고 입장하면 되는 거라고.
잠으로….

끄덕끄덕.
맞는 말 같죠?

그래서 누워서 코끼리 찾는데 코끼린 안 오고 난데없이 눈물이 나데요.
코끼리도 찾는 게 아니라 자기가 오는 건가 봐요.
그런데 저한텐 안 왔어요.

내 친구 참 똑똑한 거 같아요.
그림도 잘 그리고.

그렇게 따지면 사랑도 하는 게 아니라 오는 건데.
우리 그땐 절대 놓치지 말고 입장합시다.

'뽕'에 대해서

더워요.
그래서 여름인가봐요.

여름이
얼굴이 빨개졌어요.

여름 같아…
살아 있는 것 같아.

무지 행복을,
감사함을
느낀답니다.

여름의 뽕은
너무나 뽕답습니다.
한여름의 뽕은

매년…
한 번씩만 피는 꽃처럼…

피었습니다.
피어 있습니다.

한여름
니트를 입고 있는
얼굴 빨간
뽕으로부터….

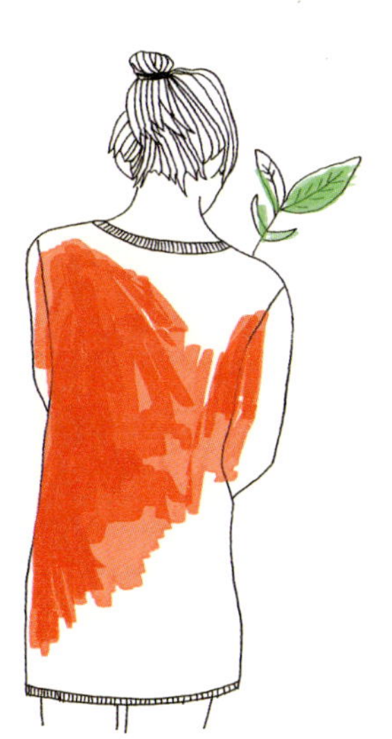

:: '뽕' 은 최강희의 별명 중 하나입니다. 아주 긴 별명이 있었죠.
'자연뽕로리타선인장율마' 라고…. 그 별명을 줄여서 그냥 '뽕' 이라고 부르게 되었습니다.

엄 마 의
자 장 가

선잠을 자다 깨어
시커먼 방 안에 차가운 컴퓨터 켜지고
파란 불빛 새어 들어와

숨
툭툭 내뱉고
따뜻한 음악이라도 낮게 틀어놓으려면

그 차가운 공간 속에 느껴지는 인기척.
누군가 있다…

그건…
가끔씩은
눈시울 붉어지는 위로.
엄마의 자장가.

어디선가 낮은 심장 소리가 들리는 듯하여
그 박자에 수를 세는 것처럼…
비몽사몽…
스르륵….

꿈속엔 자장가 코끼리가
핑크 바다를 헤엄친다.

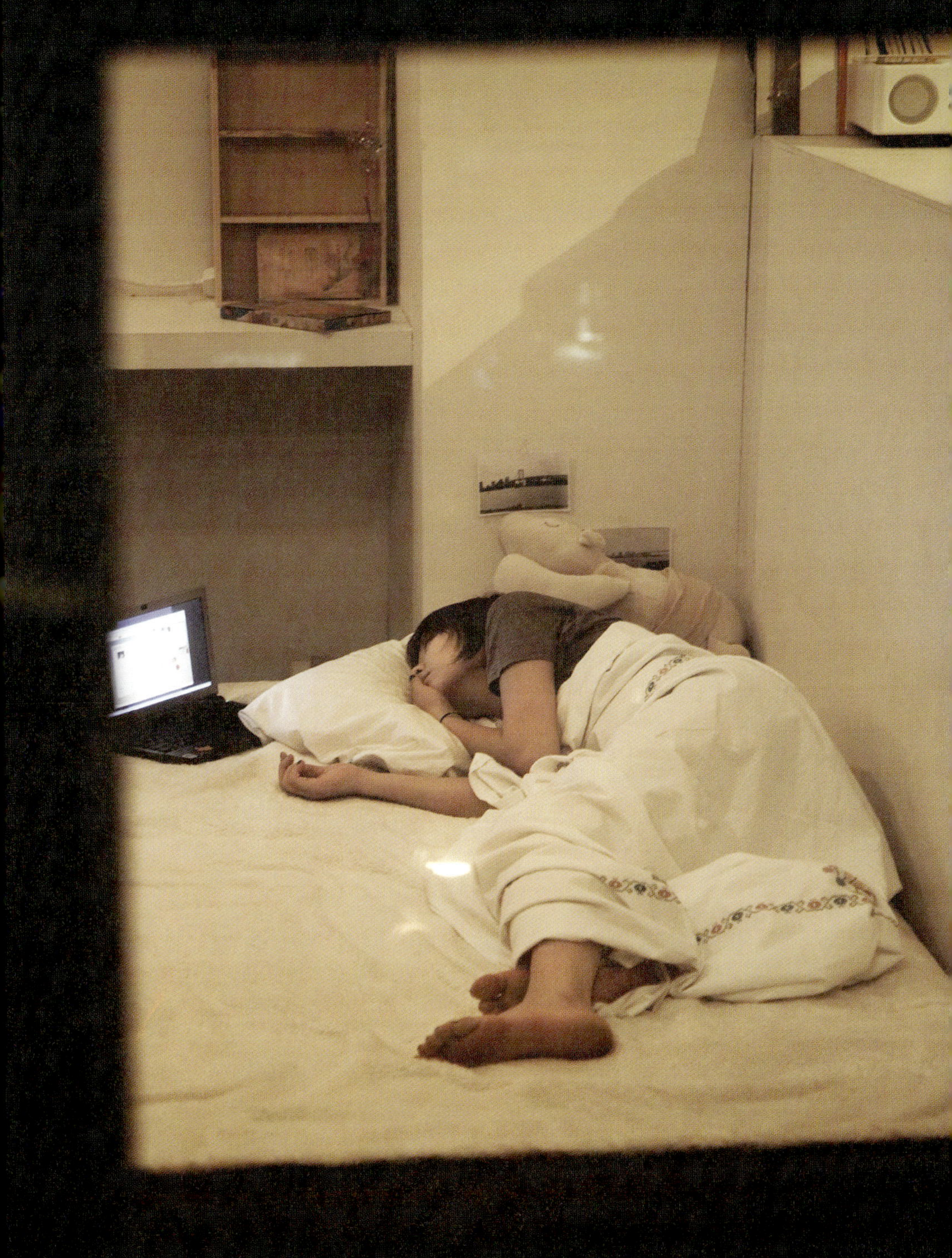

떠나고 싶습니다.
어디론가 훌쩍.

날아가고 싶습니다.
내가 숨 쉬는 공기 이상으로.

beyond buzz!

벌들의 윙윙거림 그것을 넘어선 그곳으로.

정할 수 없는 것에 아프고
파괴할 수 없음에 젖어듭니다.

안전할 수 있음에 어지럽습니다.

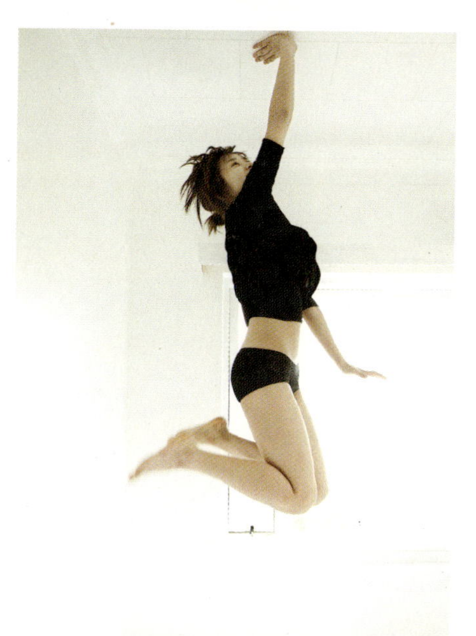
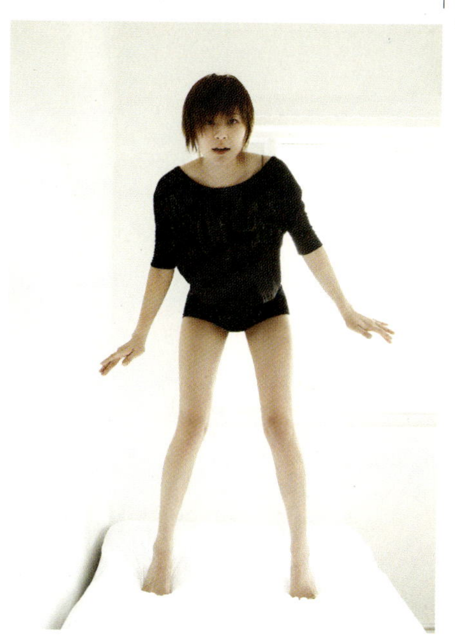
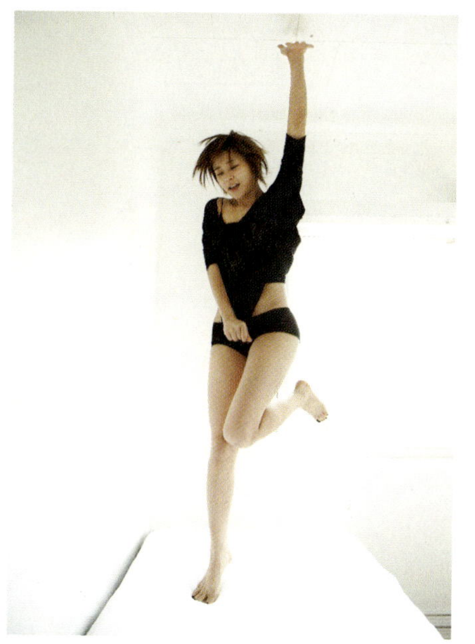
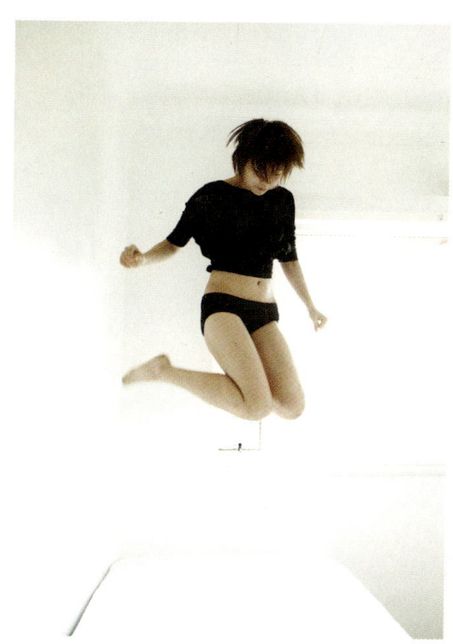

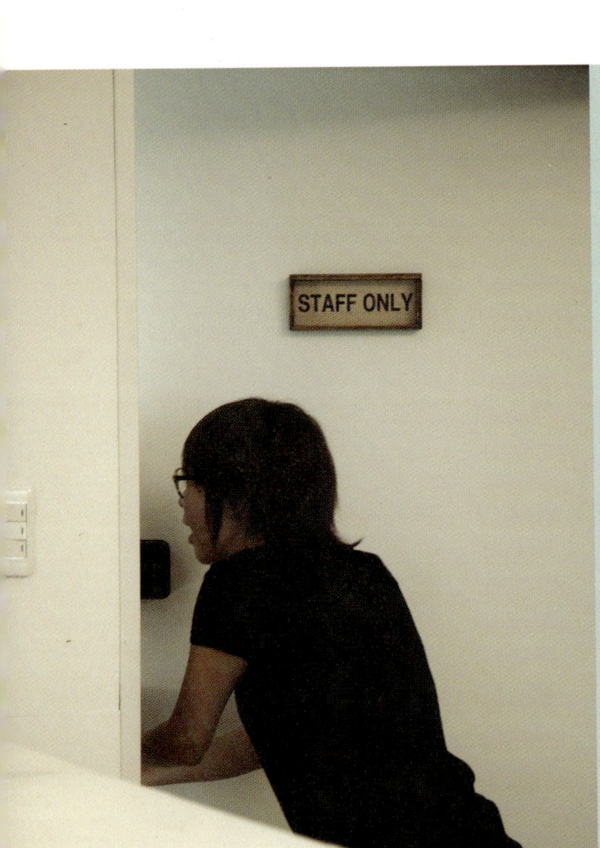

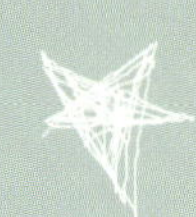

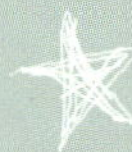

··· 나에게 친구는
너밖에 없다.
지금···

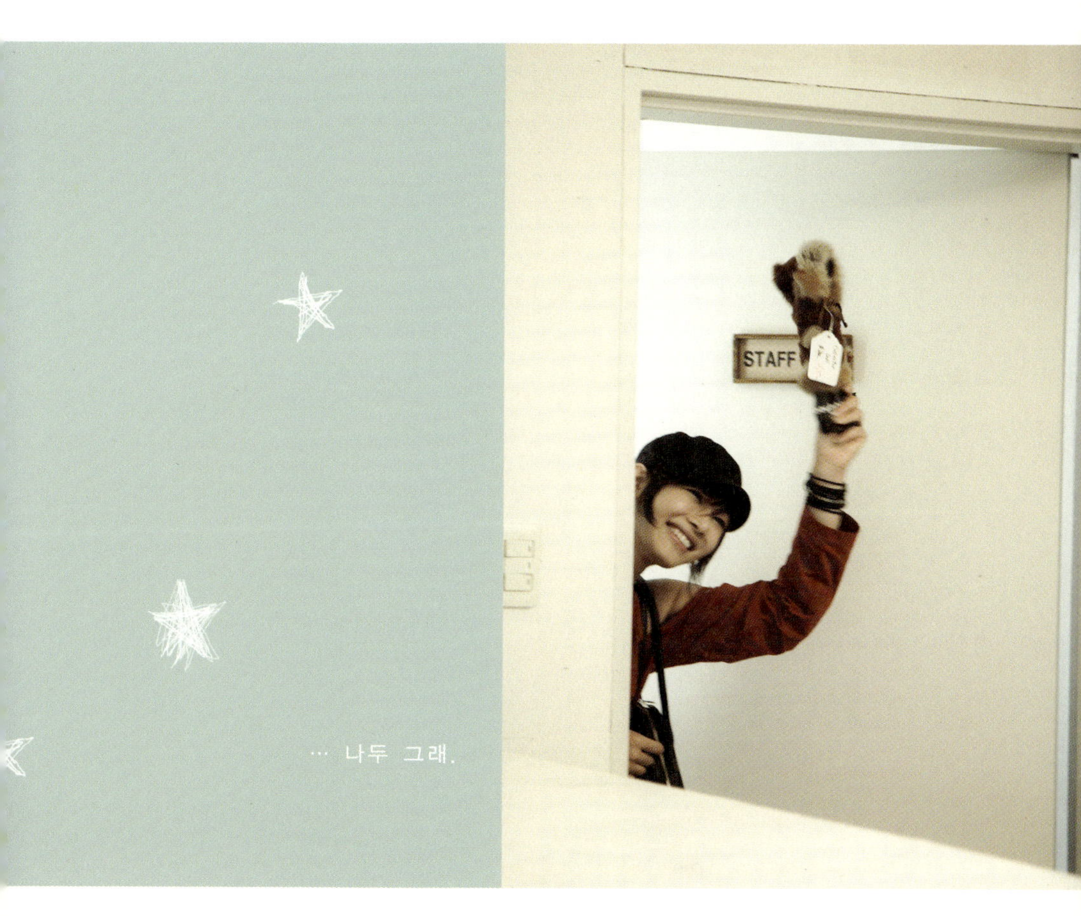

… 나두 그래.

친 구

D 여보세요?

J 여보세요.

D 뭐하냐?

J 응… 그냥…

D 뭔 일 있냐?

J ……

D 어디 아퍼?

J 아니… 그냥 있었어.

D 무슨 일 있지?

J ……

D 뭔 일 있네….

J ……

D 너 우냐?

J ……

D 내가 갈까?

J 아니야.

D 어딘데? 어디서 또 친
구 하나 없는 아이처럼 궁
상 떨고 있어?
내가 갈게. 집이야?

J 아니야. 그냥… 괜찮아.
글구 나… 밖이야. 그러니
까 안 와도 돼.
정말 괜찮아. 빈말이라도
고맙다. 글구 미안하다. 친
구 하나 있는 게 이래서….

D 병신…. 알긴 아냐?

[띵동 띵동]

J …?

D 나 왔어. 문 열어.
아, 추워. 빨리 문 열어.

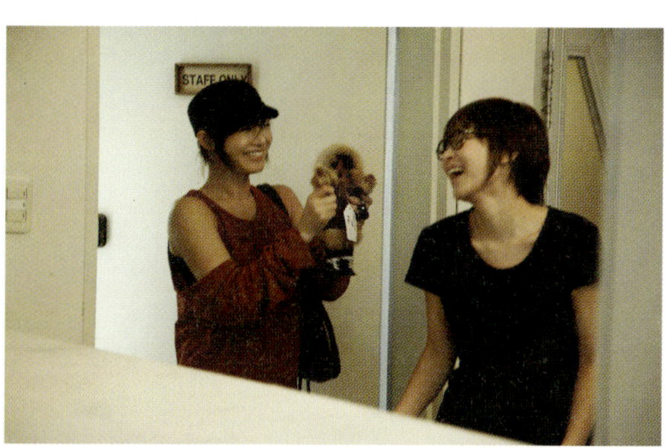

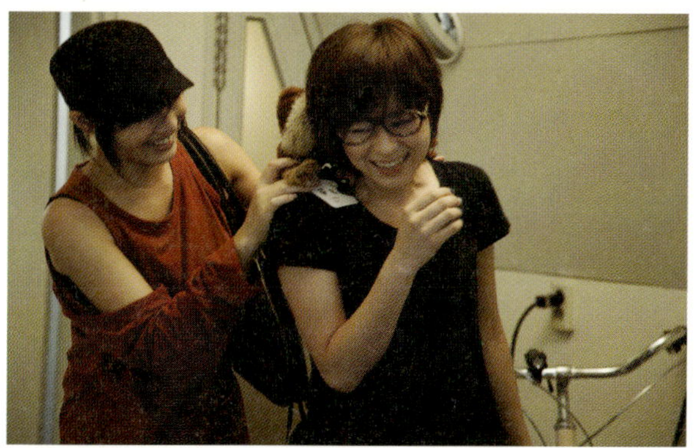

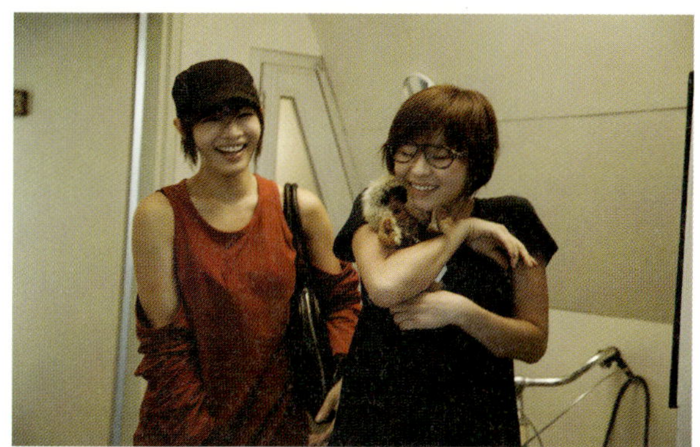

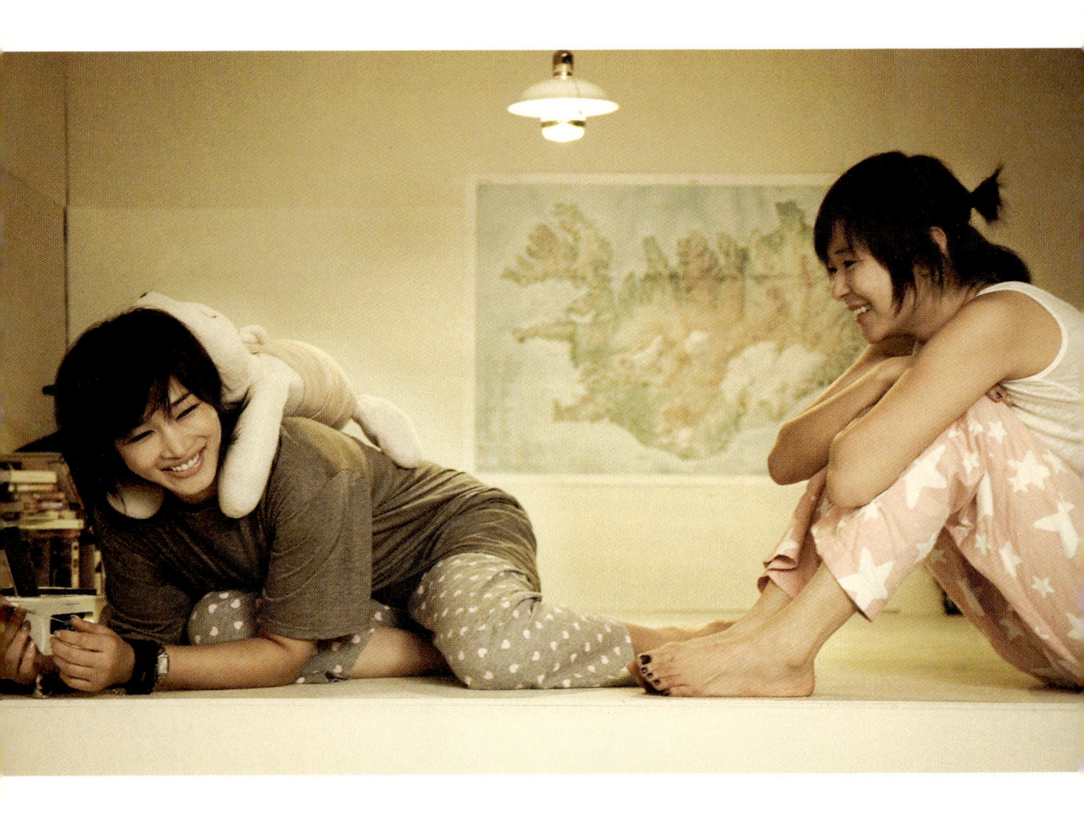

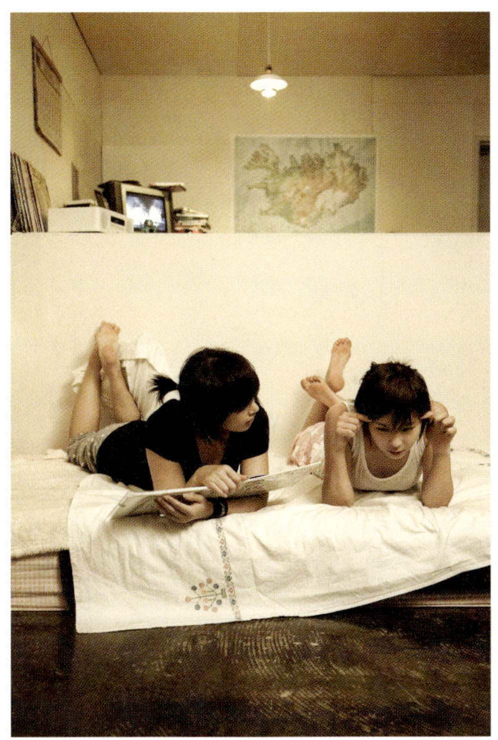
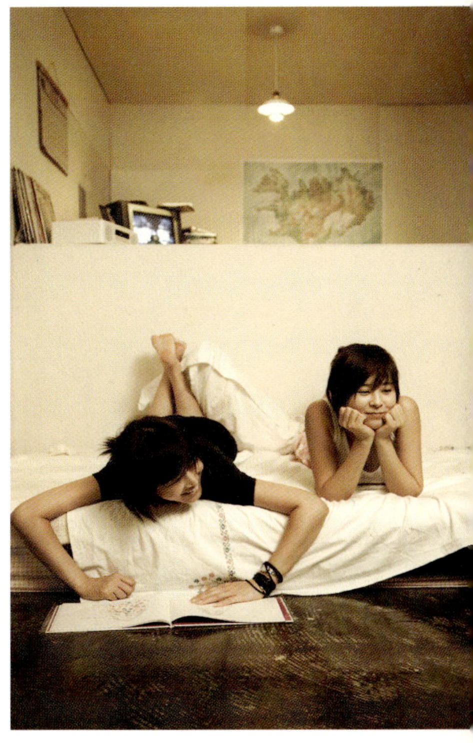

사진 도움_최강희이 정치 탤런트 선우선 님.

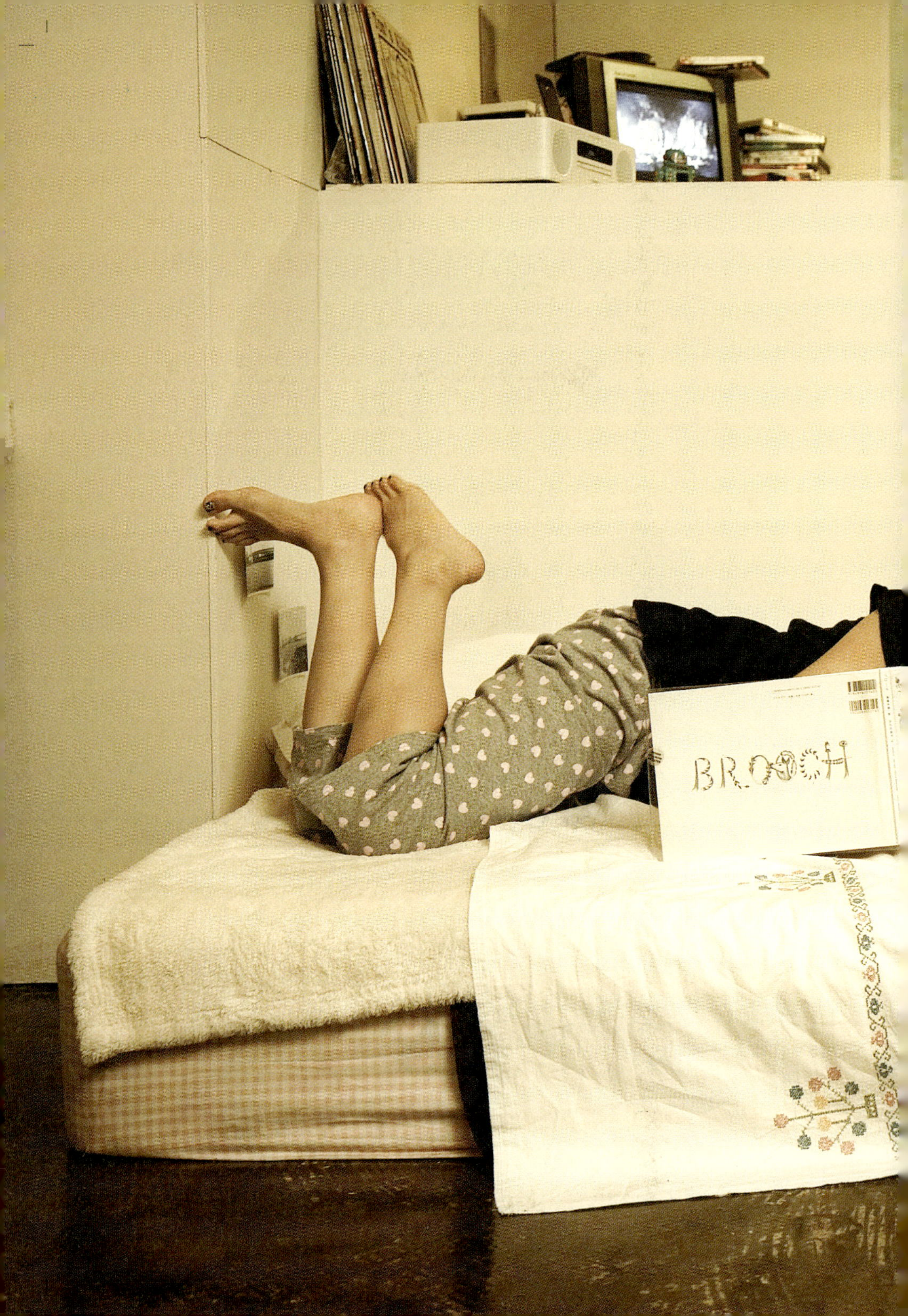

BROOCH

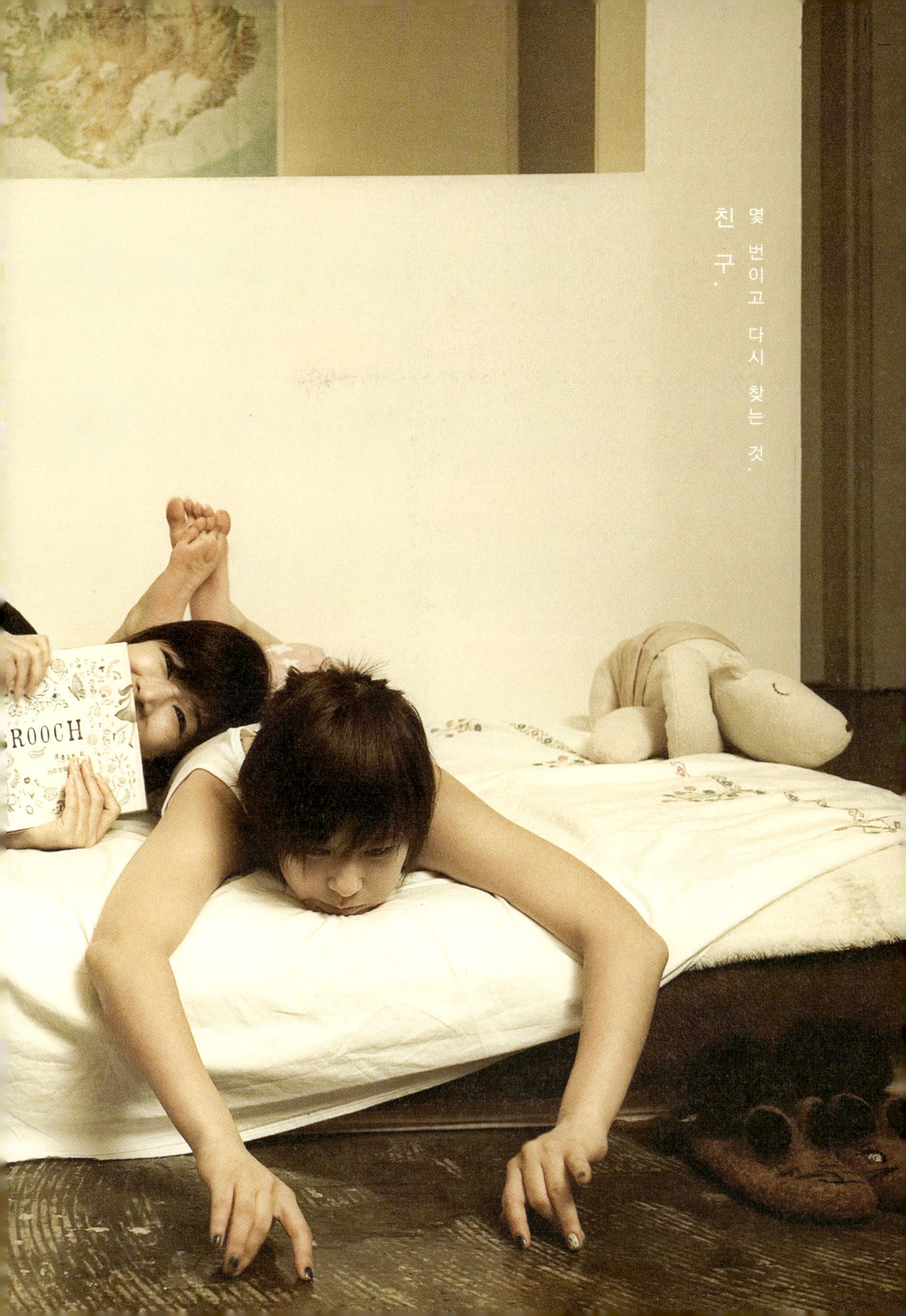
친구.
몇 번이고 다시 찾는 것.

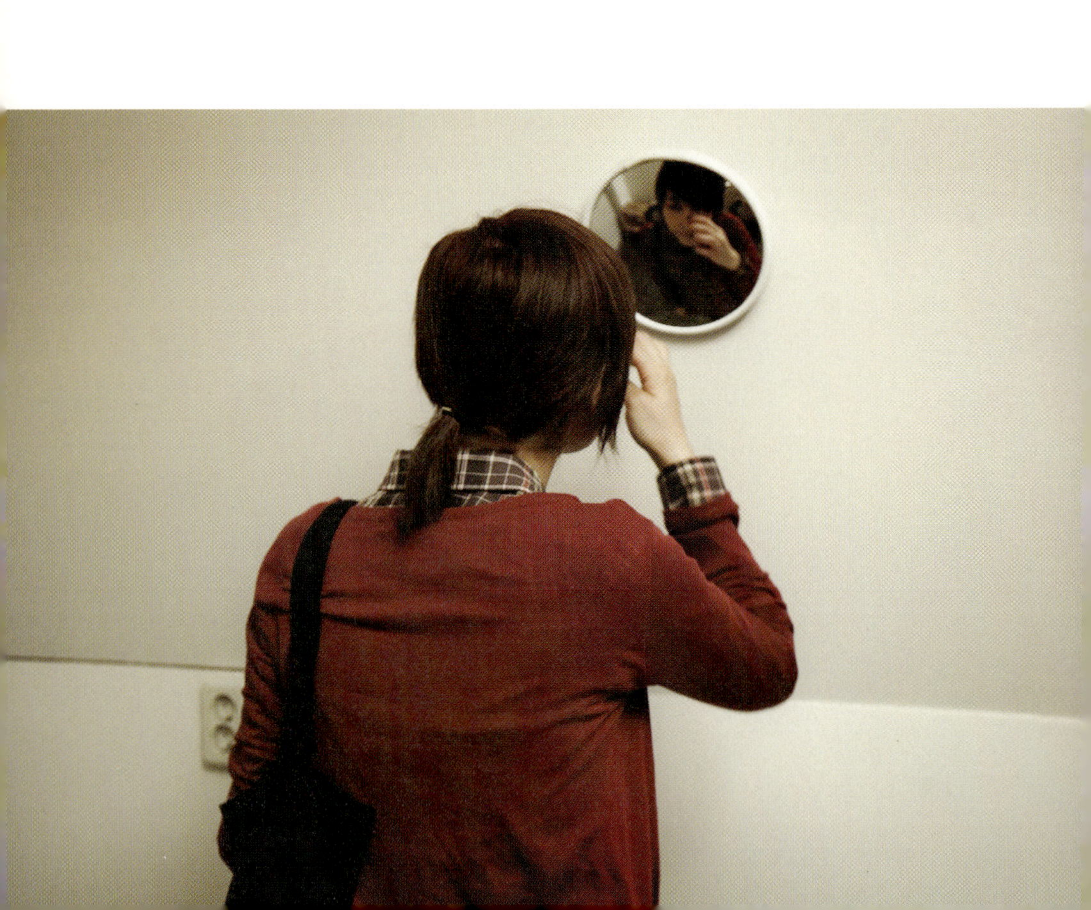

무 계 획

어쩐지 올해는 그냥 바람이 부니 바람을 맞는 것처럼
피할 것도, 원하는 것도 없네요.

그냥 넘치지도 모자라지도 않게
있는 행복 햇살 맞듯 한번 쬐어봤으면 좋겠어요.

버릴 것도
갖고 싶은 것도 없어요.

억울한 것도
미운 사람도 없어요.

무언가를 찾지도
계획하지도 않아요.

기다리지도
따라가지도 않아요.

지금 난 무계획.

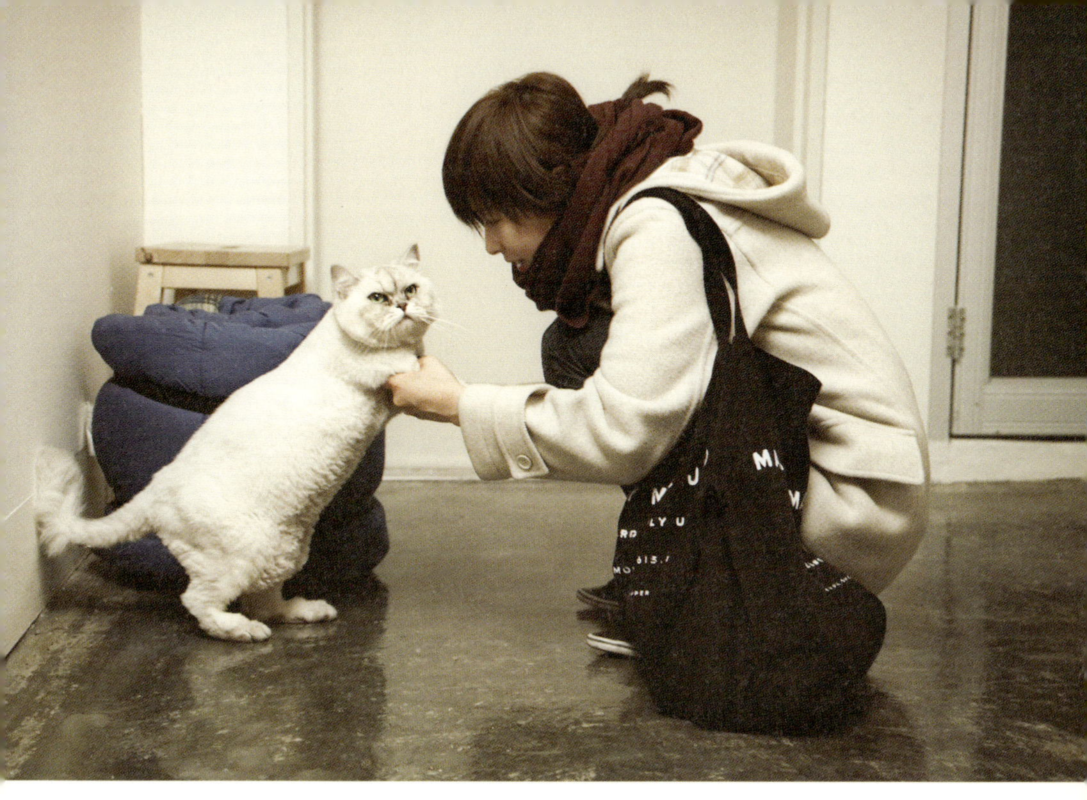

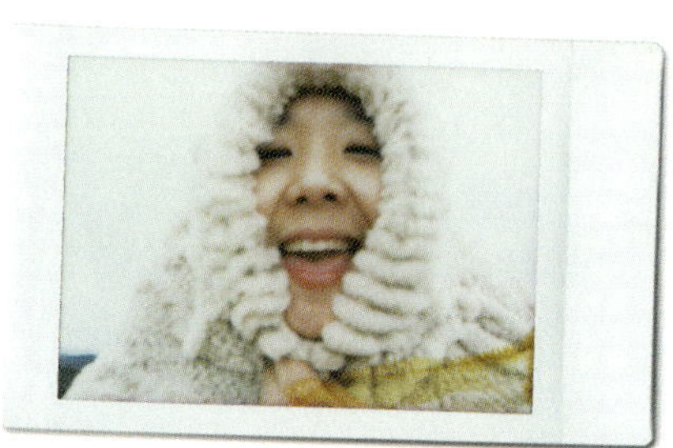

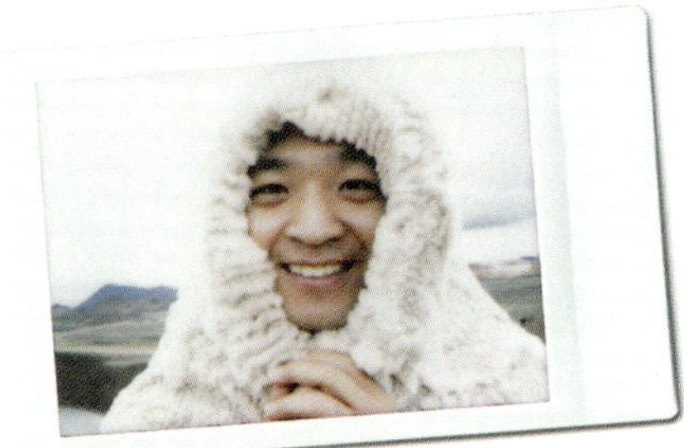

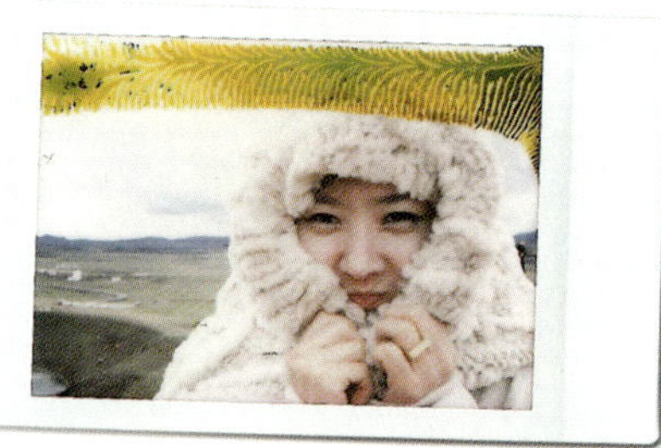

내　사　랑
못 난 이

굳이 매력 있다고 보면 매력 있고
그도 아니면
밍숭밍숭 못생긴 네 얼굴.

그럼에도 불구하고
난 네가 멋지다네.

밍숭밍숭해서
매력적이니까.

랄랄랄라~

난 미치지 않았어.
내 사랑 못난이.

밍숭밍숭
예쁜 네 얼굴.

어 때 ?

비 오는 길에서

깨끗하고 시원한 맥주 한 잔 어때?
왕복 8차선 도로 옆 길가에서 새벽 3시 20분
차가운 맥주 한 캔 어때?
비 맞은 프링글스 어때?
촉촉해진 맛밤 어때?

근데 '어때'가 이 '어때' 맞어?
오늘따라 이거 꽤 낯설다.

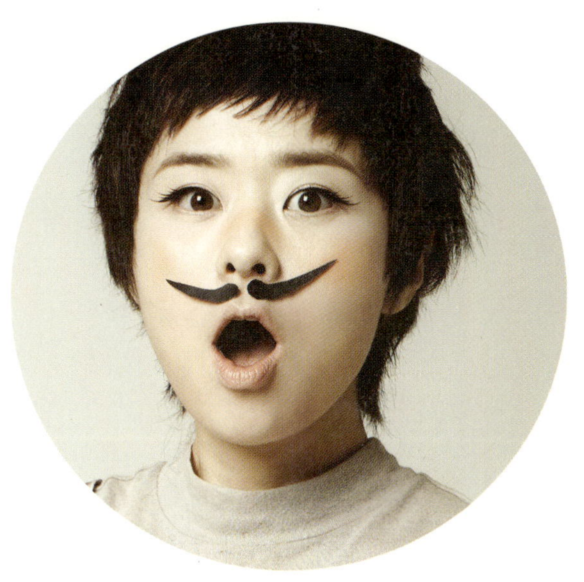

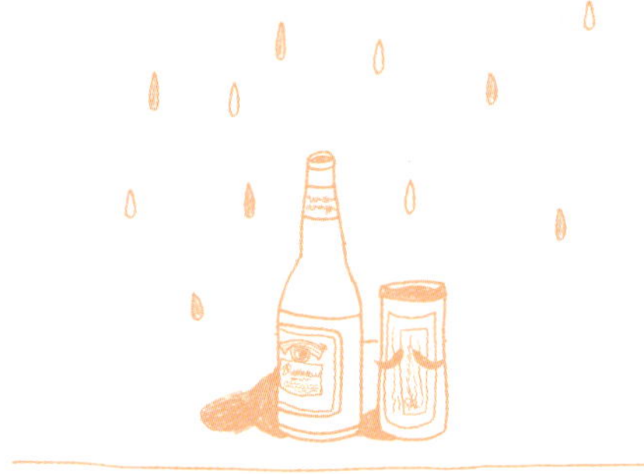

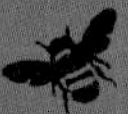

Heima*
아이슬란드

* '‘Heima(헤이마)'는 시규어 로스가 고향 아이슬란드에서 가졌던 라이브 투어 필름이자 다큐멘터리 영화에서
가져왔습니다. '‘Heima'는 '집으로' 또는 '고향'이라는 의미입니다.

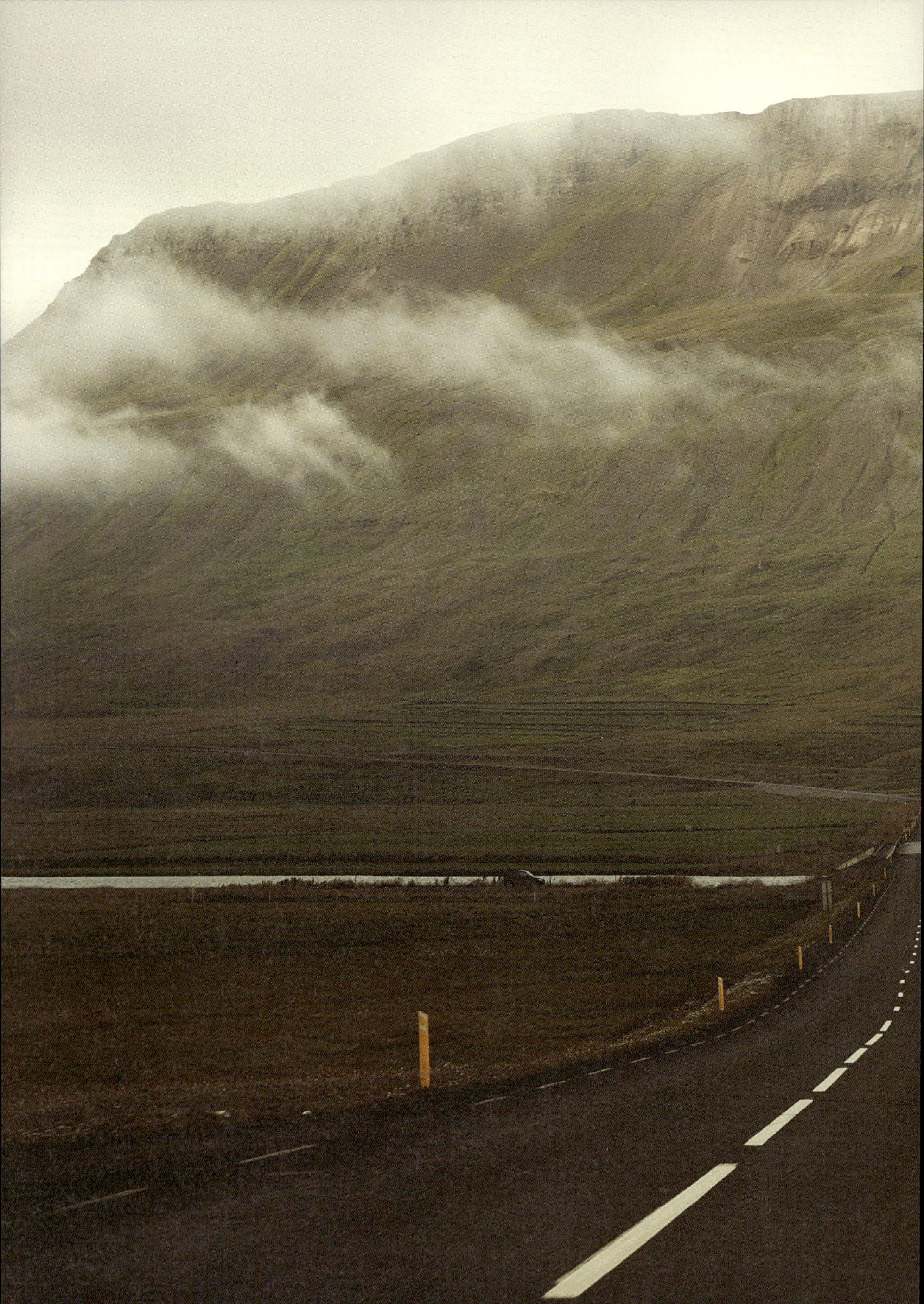

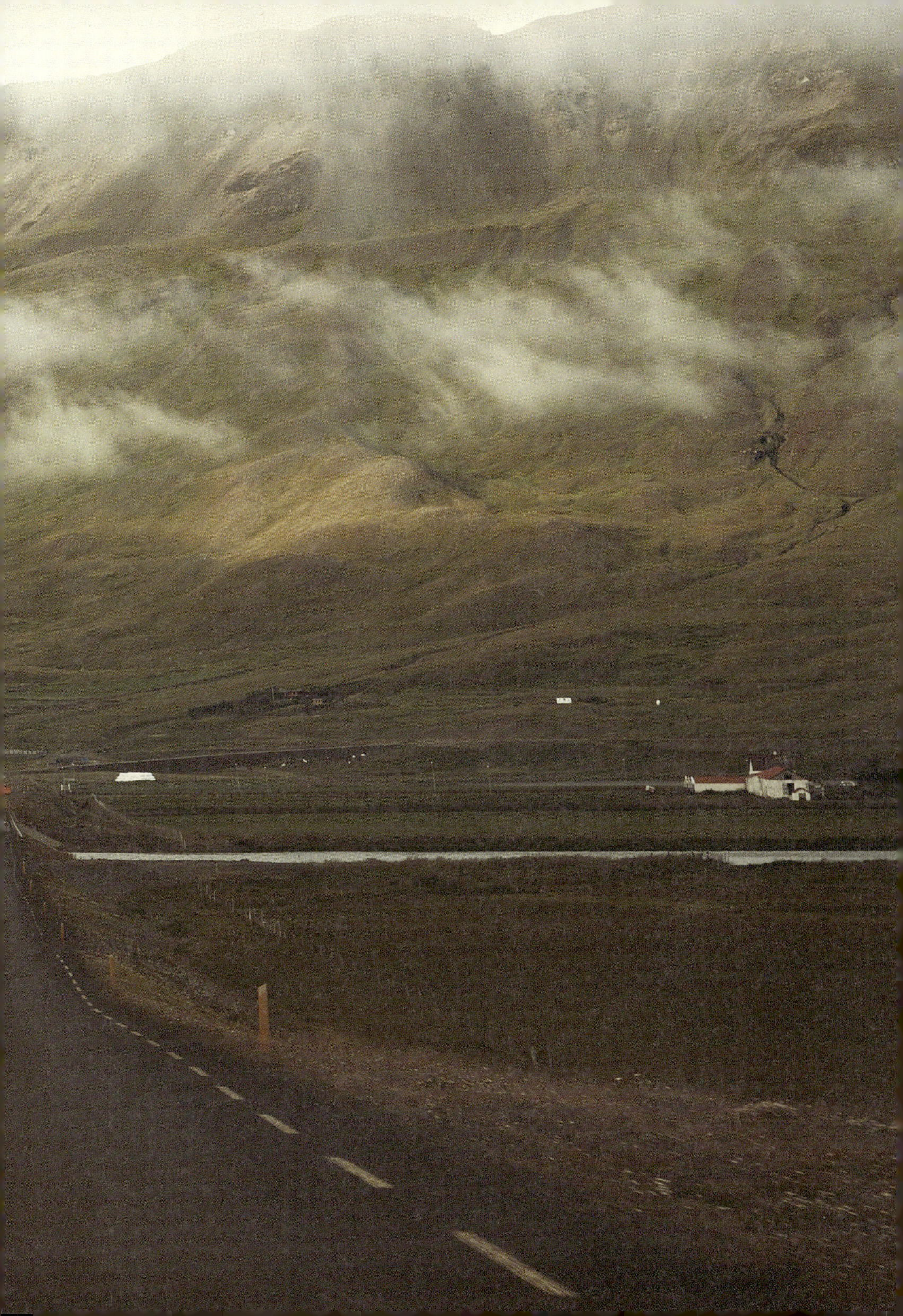

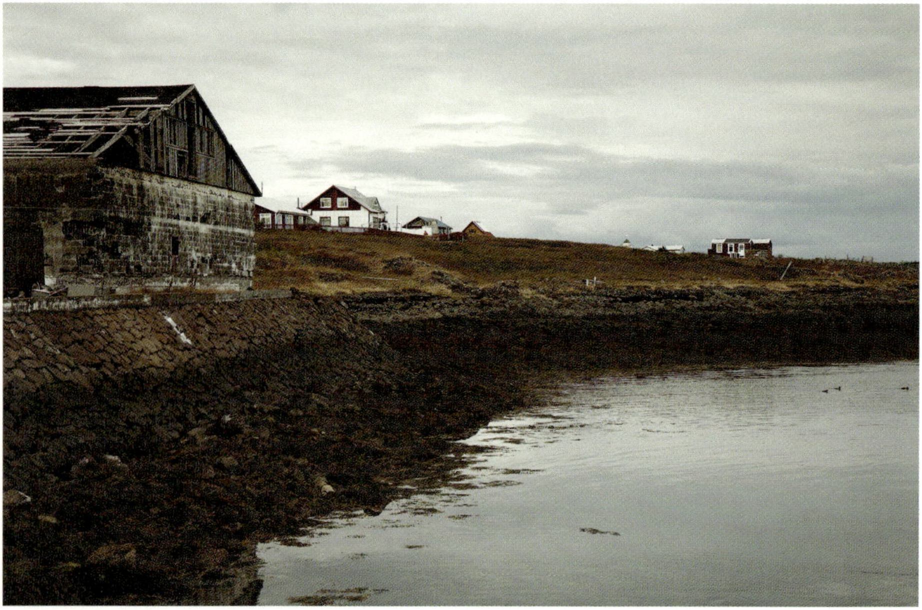

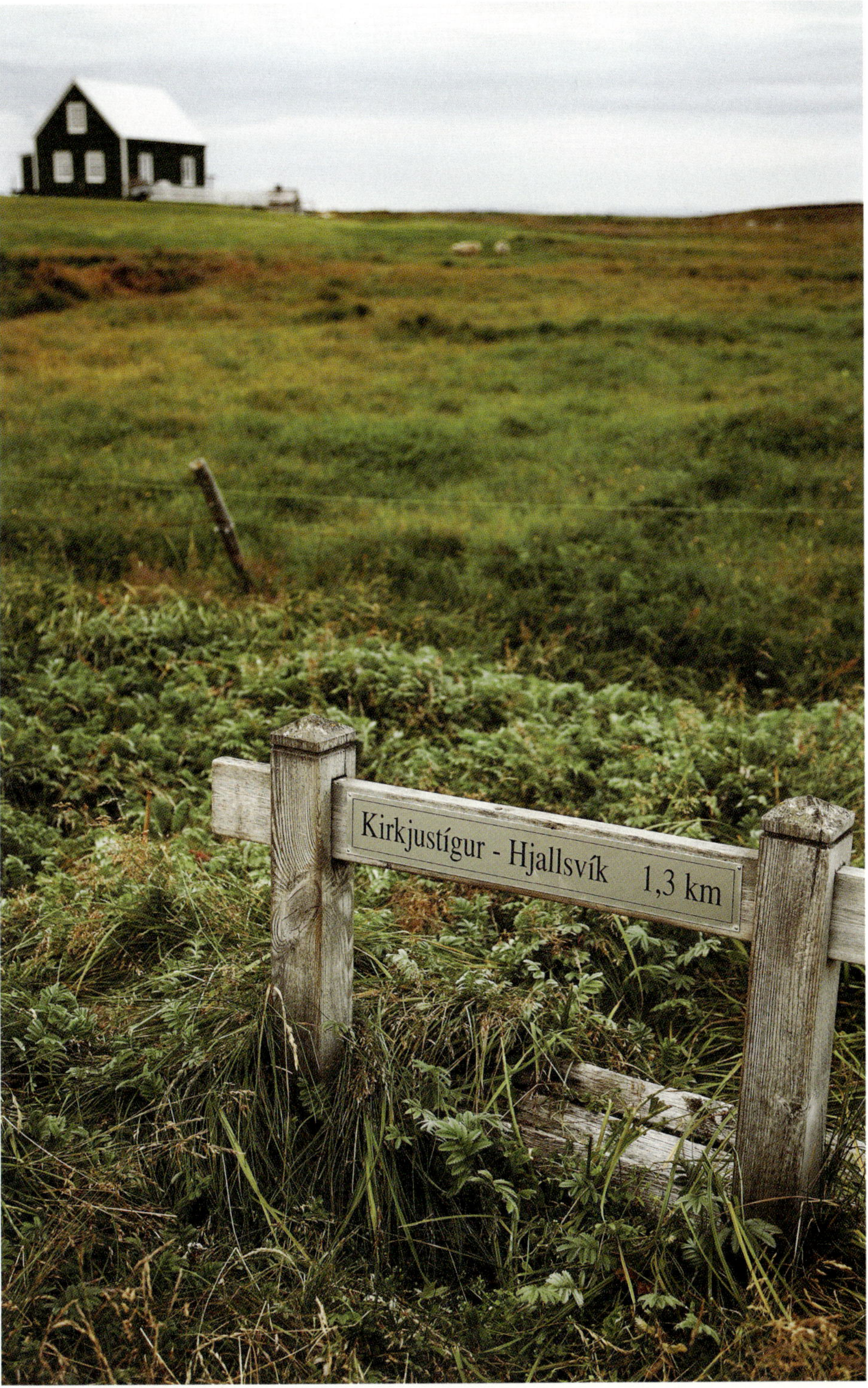
Kirkjustígur - Hjallsvík   1,3 km

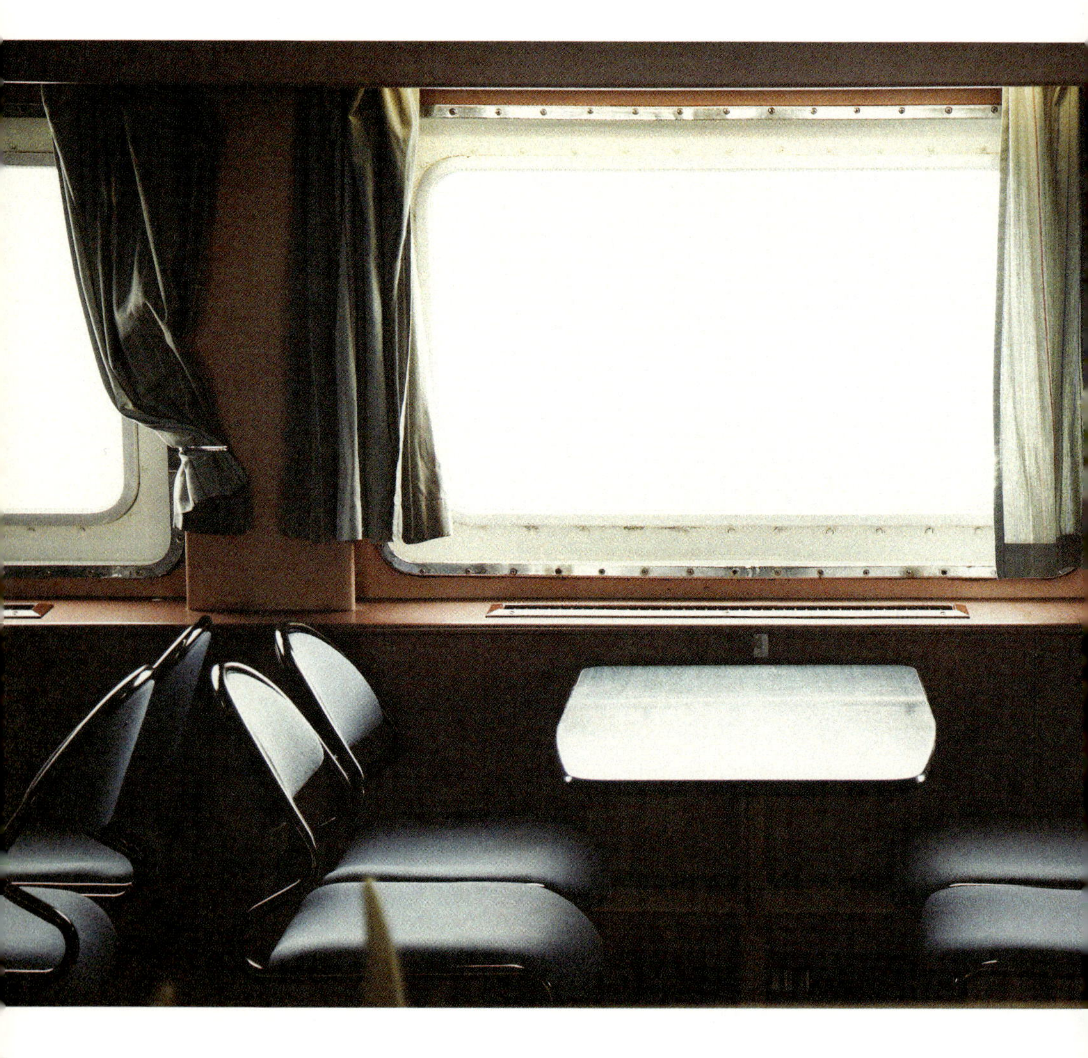

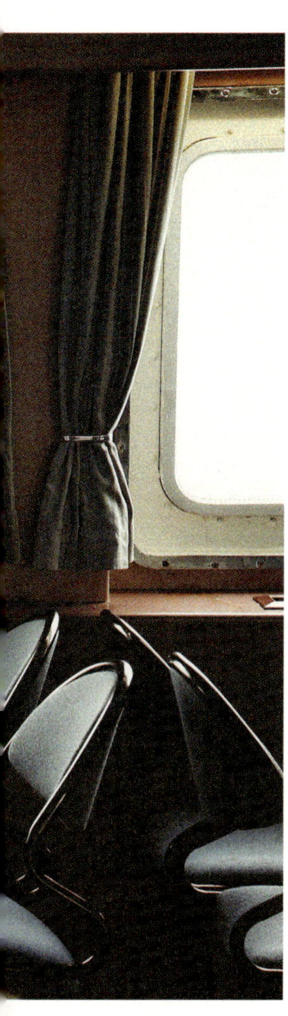

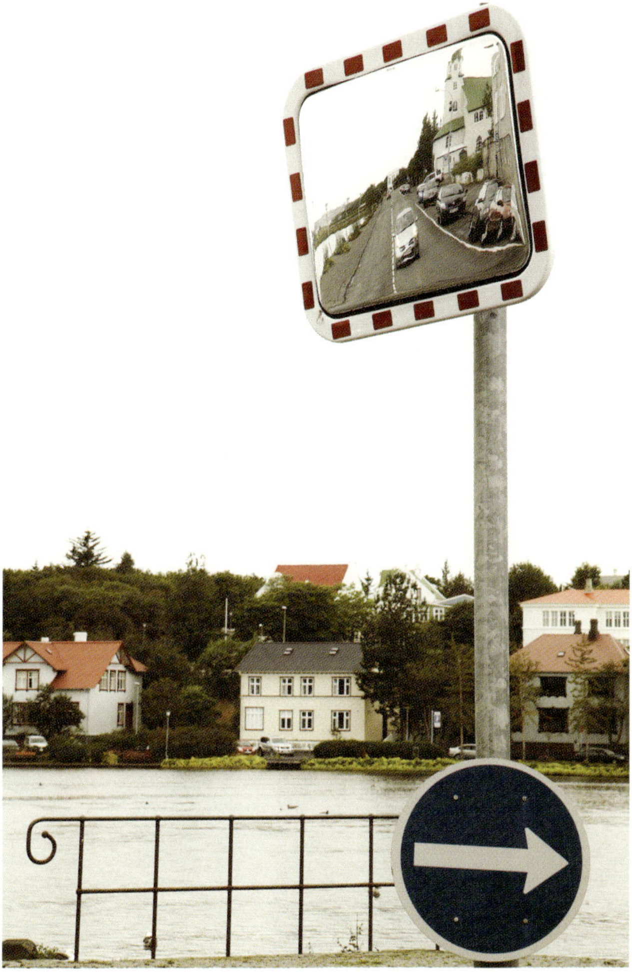

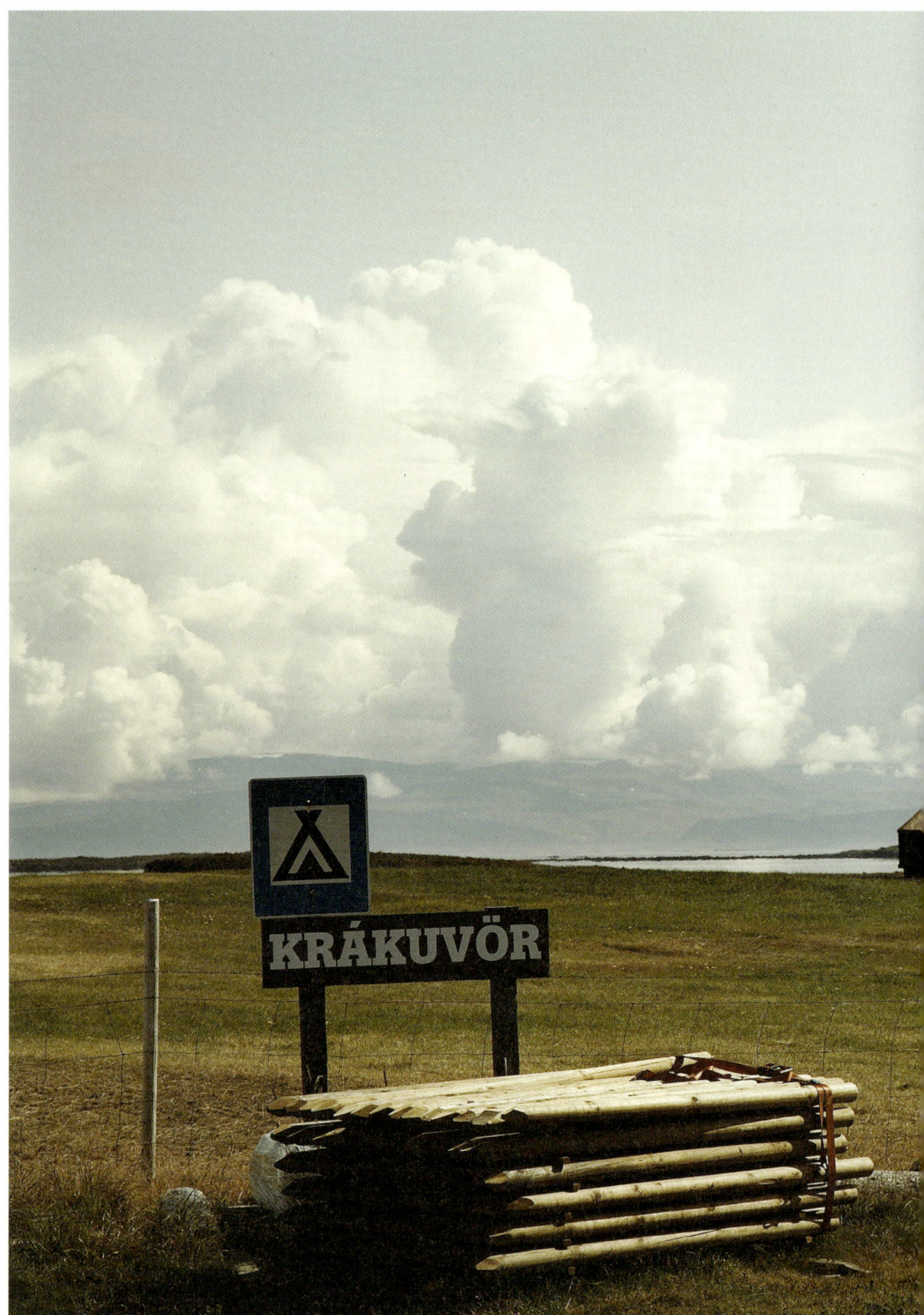
KRÁKUVÖR

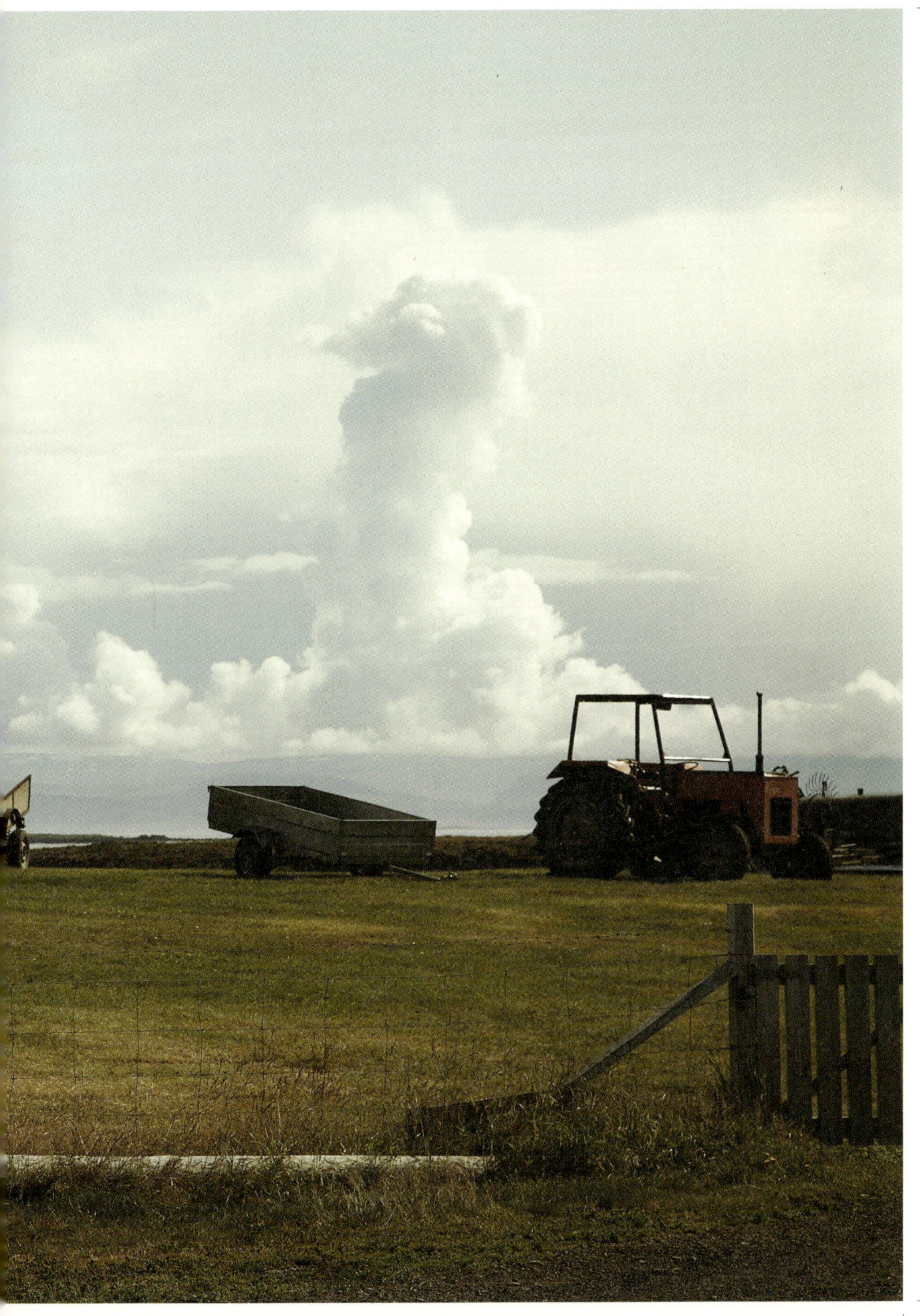

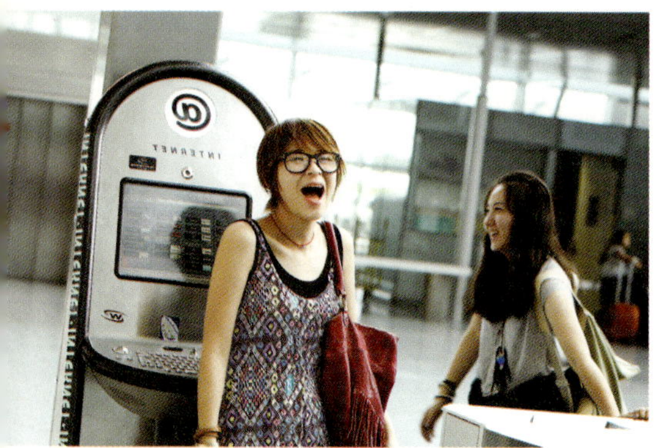
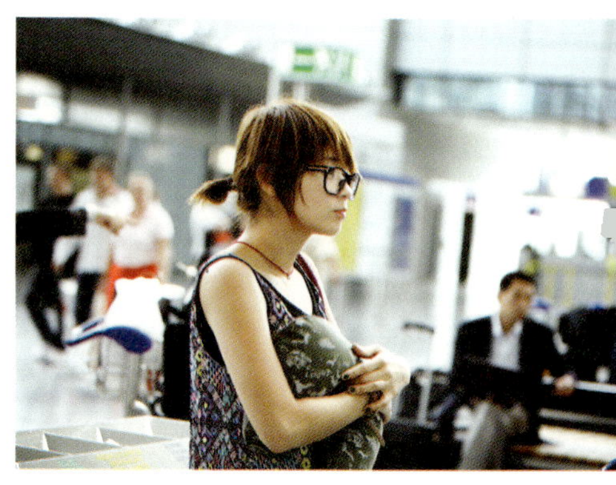
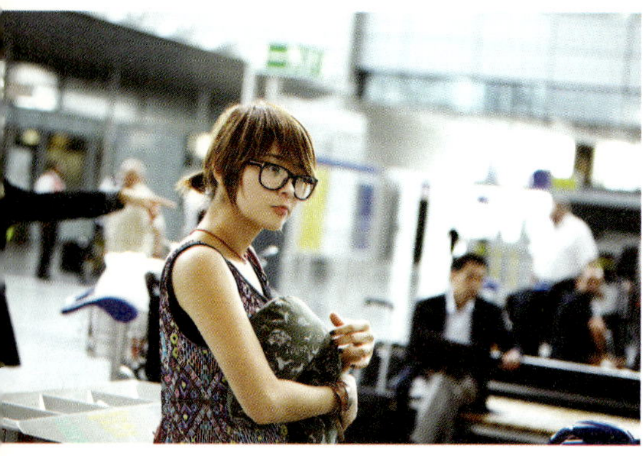
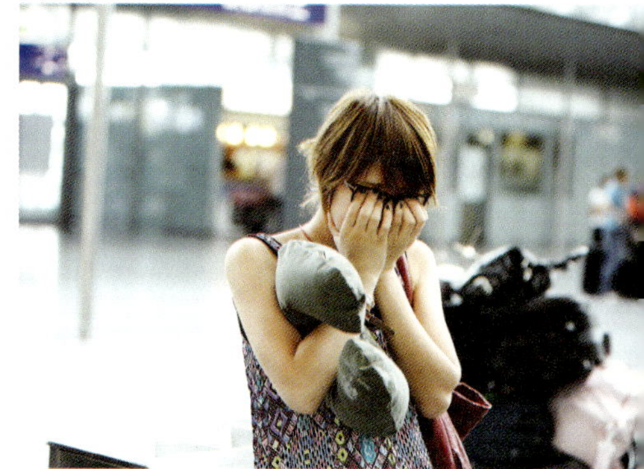

I'm
bbong

뚝뚝뚝 흐르는 바보. 푸석푸석 구르는 바보. 그저 헤~하는 바보.
두근두근 멍청이. 삐거덕삐거덕 팔푼이. 땅만 보고 뛰는 머저리.
궁상만 떠는 궁상이. 밤에 잠도 안 자는 모지리.
바보 멍청이 궁상 모지리.
우울 축축 새벽 3시 33분의 좁쌀 속에 숨어 버린 덜떨어진 외계인.
아~ 하고 외치면 아~ 하고 돌아오는 메아리만큼 웃기는

좁 쌀 마 왕

뽕 .

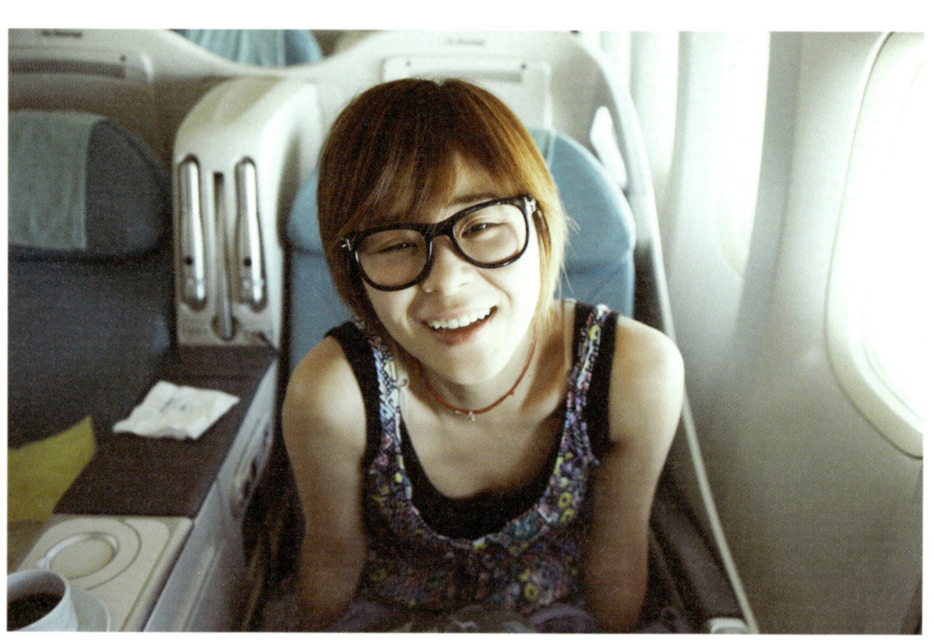

"강자 첨 봤을 때 얘 어땠는 줄 알아?
하하하.
축구복 입고 편의점에 누가 서 있는 거야.
그때 그게 강자였어.
얼마나 웃겼는지~.
그때 강자 머리에 밥풀이 붙어 있었거든. ─김미자

난 강자 첨 봤을 때
어떤 애가 은이 언니랑 같이 왔는데
걔 탤런트잖아.
근데 빵구난 티를 입고 있는 거야.
그리곤 낯가리면서 앉았는데
지금 생각하면 진짜 웃겨.
낯가리면서 우리 집에서 삼일씩, 지네 집에 안 가구.
그래서 내가 그때 "강자야, 너 일 좀 해" 그랬지. ─개그우먼 김숙

난 시트콤할 때 강짱은 재모랑 대기실을 쓰고
난 은이 누나랑 대기실을 썼는데
어느 날은 강짱이 내 대기실로 이만한 카세트 진짜 큰 걸 가지고 방문을
쓱~ 열고 들어와서는 거리의 시인들 노래를 틀어놓고 막춤을 추기 시작하는 거야.
웃어야 되는 건지, 어떡해야 되는 건지 몰라서 난감했었지. ─뮤지컬 배우 정성화

강자, 이거 웃기는 애야.
얌전하게 생겨서는.
난 솔직히 얘 완전 똘아인줄 알았어." ─개그우먼 송은이

지나고나니 내가 언제 저랬나 싶지만
그러고보니 지금도 기억하고 있습니다.
그때는 내가 당신들과 친해지고 싶었던 때….
그리고 지금 당신들이 아직도 내가 사랑하는 사람들이어서
눈물나게 행복하지요.
똘아이 같대도 좋아요.

그건 우주를 껌뻑거리는 기분이었으니까.

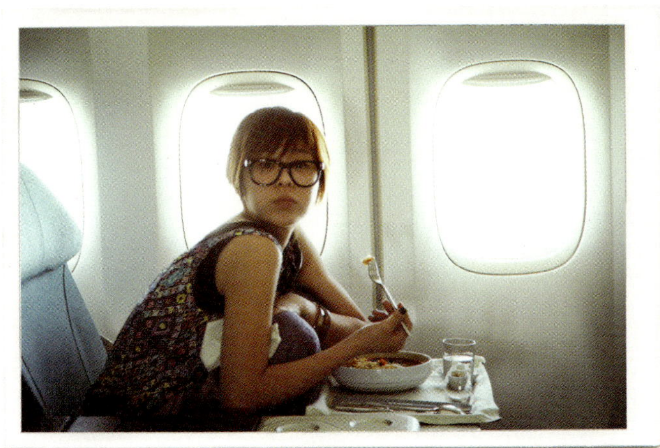

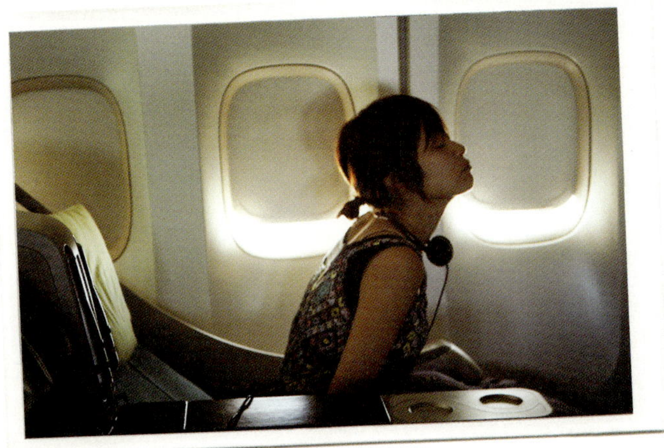

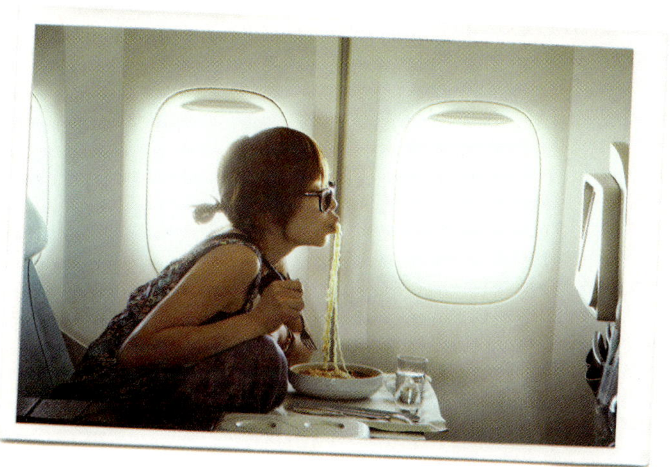

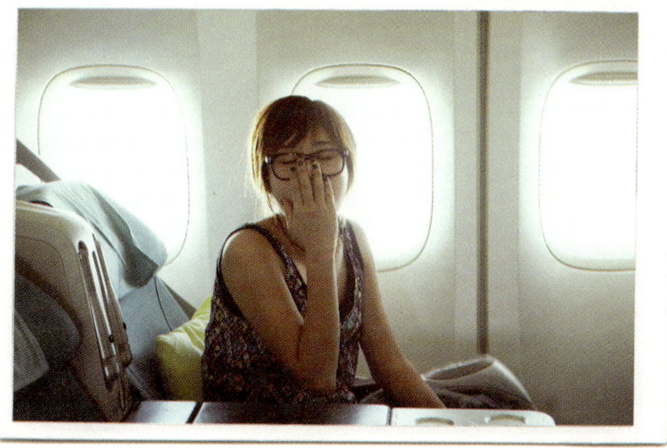

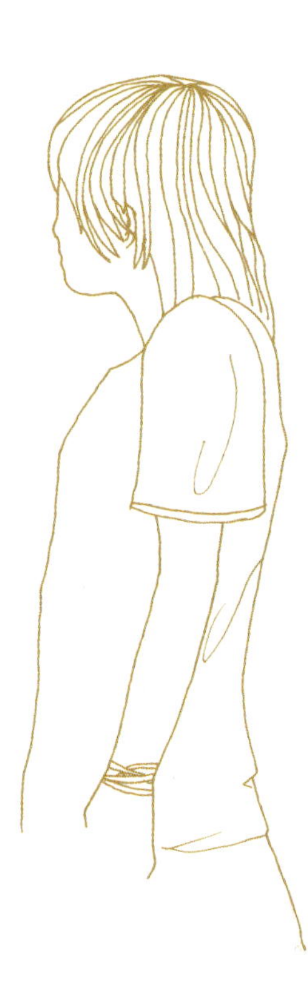

대상이 필요했습니다.
서른두 살…
뒤를 돌아보니 내가 사라져 버렸습니다.

내 나이 서른 셋.

문득 돌아보니 서른두 살. 서른두 살에 '최강희'라는 이름 앞에는 '최강동안'이라는 타이틀이 붙어 있었고, 사람들은 저를 '4차원 소녀'라고 했습니다. 그들은 어느 날엔가 순간의 나의 행동에 주목했으며, '골수천사'라 불러주기도 하고, 언젠가 문득 드라마에서 입었던 의상들은 히트를 쳤고, 그 후로 저는 '패셔니스타'라고도 불리워졌습니다.
그리고 정신을 차려보니 지금의 저인 것입니다. 그때부터였을까요. 저는 궁금했습니다. '나는 누구일까요? 누군가가 알려주는 내가 나인 걸까요? 그렇게 말하니 그런 것도 같.아.요…'
연기 경력 14년. 그동안 저는 연기자였지만, 저와 다른 캐릭터는 겁이 났어요. 따라서 저는 저만을 사용하기로 했습니다. 제 자신을, 조금씩 저만을 오려내서 연기를 하기 시작했어요. 저는 경험도 부족했고, 연기를 배워본 적도, 친구가 많은 것도 아니었으니까요. 경력이 쌓일수록 타인의 감성을 이해하고 상상하는 능력이 생겼지만 시간이 지날수록 저는 저를 알 수 없었습니다. 결국 저의 감정은 제 것인지 아닌지조차 구분하기 힘들어졌어요.
저를 알고 싶었어요. '나는 어떤 사람일까. 서른두 살 지금 나는 어디쯤 와 있는 걸까.' 그래서 한번은 일기장을 펴놓고 글을 적으려 했지만 한 글자도 적을 수 없었어요. 저에게 저란 무엇도 없는 느낌이었죠. 그립고 외로웠지만 그리움에는 대상이 없었고, 울고 싶었지만 눈물은 한 방울도 흐르지 않았어요.
음악과 그림을 좋아하지만 그것은 오히려 머릿속을 시끄럽게 할 뿐이었고,
밖을 나가고 싶지도, 듣고 싶은 음악은 찾을 수조차 없었죠.
나를 도둑맞은 느낌.
좋아할 수 있는 것들이 필요했죠.

아마도 그쯤이었던 것 같아요.
김C에게 [헤이마 Heima]'라는 DVD를 선물 받았어요.
'제발'이라는 말과 함께.
김C의 어법에 의하면 '제발'은 '좋다'와 '틀림없이 네가 좋아할 것이다'입니다.
제가 그것을 본다면 좋아할 것이라고 그는 이야기 해주었어요.

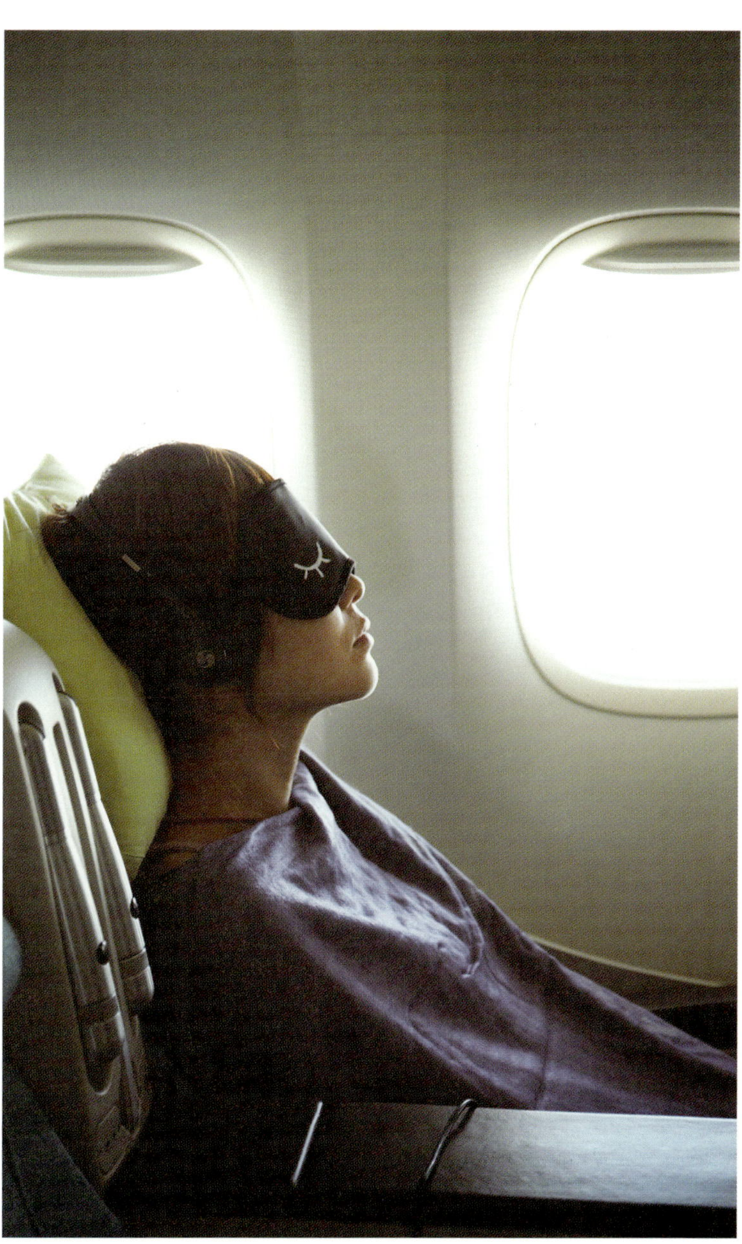

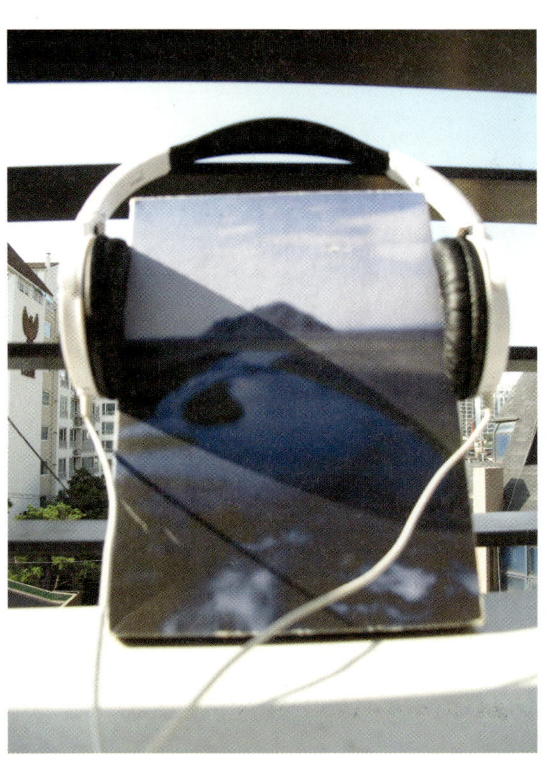

[헤 이 마] 를
보 다

시규어 로스의 [헤이마]는 '집으로' 혹은 '고향' 이라는 뜻입니다.

시규어 로스는 우리나라 남한만큼 작은(인구가 31만 명이 조금 넘는)
'아이슬란드' 라는 나라의 대표밴드이고, 아이슬란드인들은
아이슬란드어와 영어를 동시에 사용하고 있고,
시규어 로스는 아이슬란드어, 영어, 그리고 희망언어hoplandic로 노래합니다.
희망언어는 시규어 로스의 보컬인 '욘 쏘르 비르기손Jon Por Birgisson' 이 창조한
시규어 로스만의 언어입니다.
그것은 귀가 아닌 가슴으로 듣는 언어라고 합니다.
시규어 로스가 월드 투어를 마치고, 자신의 나라에서 무료 투어를 하며
공연한 영상을 기록해 DVD로 만들었는데, 그것이 [헤이마]입니다.

[헤이마]에 담긴 아이슬란드라는 나라와 음악은 정말 신비로웠습니다.
당시 저에게 그것은 충격이었고, 저는 김C의 말처럼 그것에 빠져들었습니다.
위로가 되었어요. 그 모든 것이….

좀 우습지만 저는 매일 아침, 그리고 저녁, 심지어 잠이 드는 순간까지
그것을 보고 들었죠.
그리고 그곳에 가고 싶었어요.

"언젠가 간절히 바라면 이루어진다는 말을 들은 적이 있습니다.
그리고 저는 지금, 아이슬란드입니다."

한 두   번 이
아 니 야

나도 그렇게
혼자 밥을 먹고
혼자 잠을 자고
몇 날 며칠을 그랬던 것처럼

아무렇지도 않아 보일 수 있다면.

강아지처럼 안쓰럽고 걱정스러운 사람이고 싶지 않다고
신나게 꼬리를 흔들어도 소용없다고,

그저 눈을 크게 뜨고 많은 걸 담은 채 웅크리고
단잠을 자고 싶었던 적이 한두 번이 아니야.

섭섭함도 설렘도 들키지 않은 채

누군가 그리워진다면 그곳으로 또다시
누구도 없다면 또 그런 대로 발걸음을 돌려

아무 일도 없던 듯

사뿐사뿐 유유히

발자국도 남기고 싶지 않았던 적이
한두 번이 아니야.

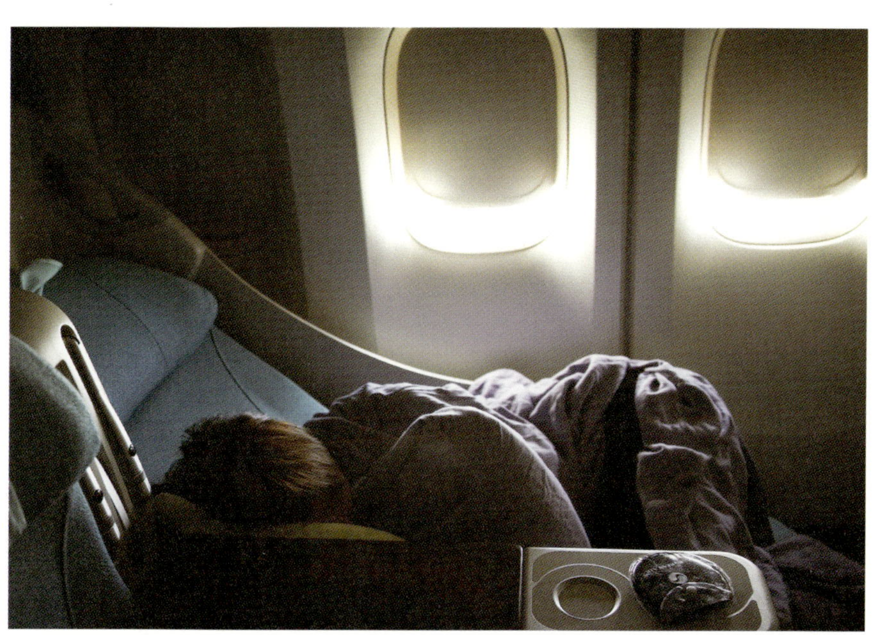

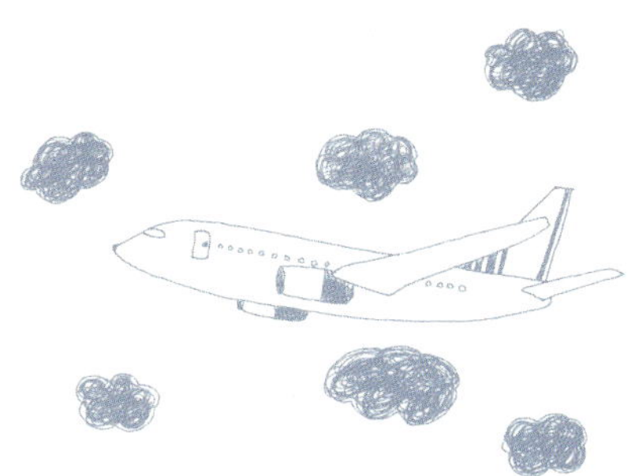

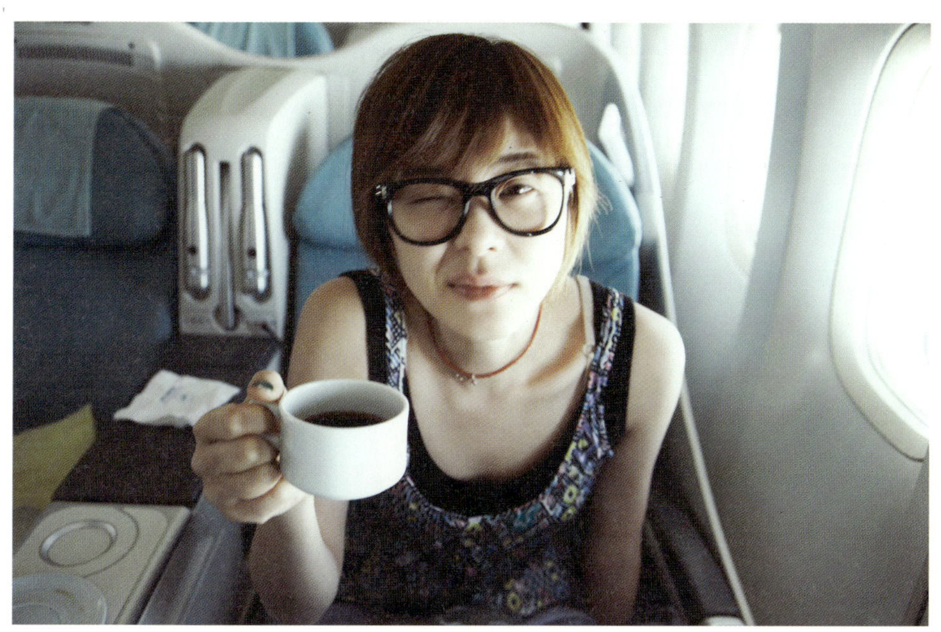

"밥 먹었어?"

"응."

"어제"

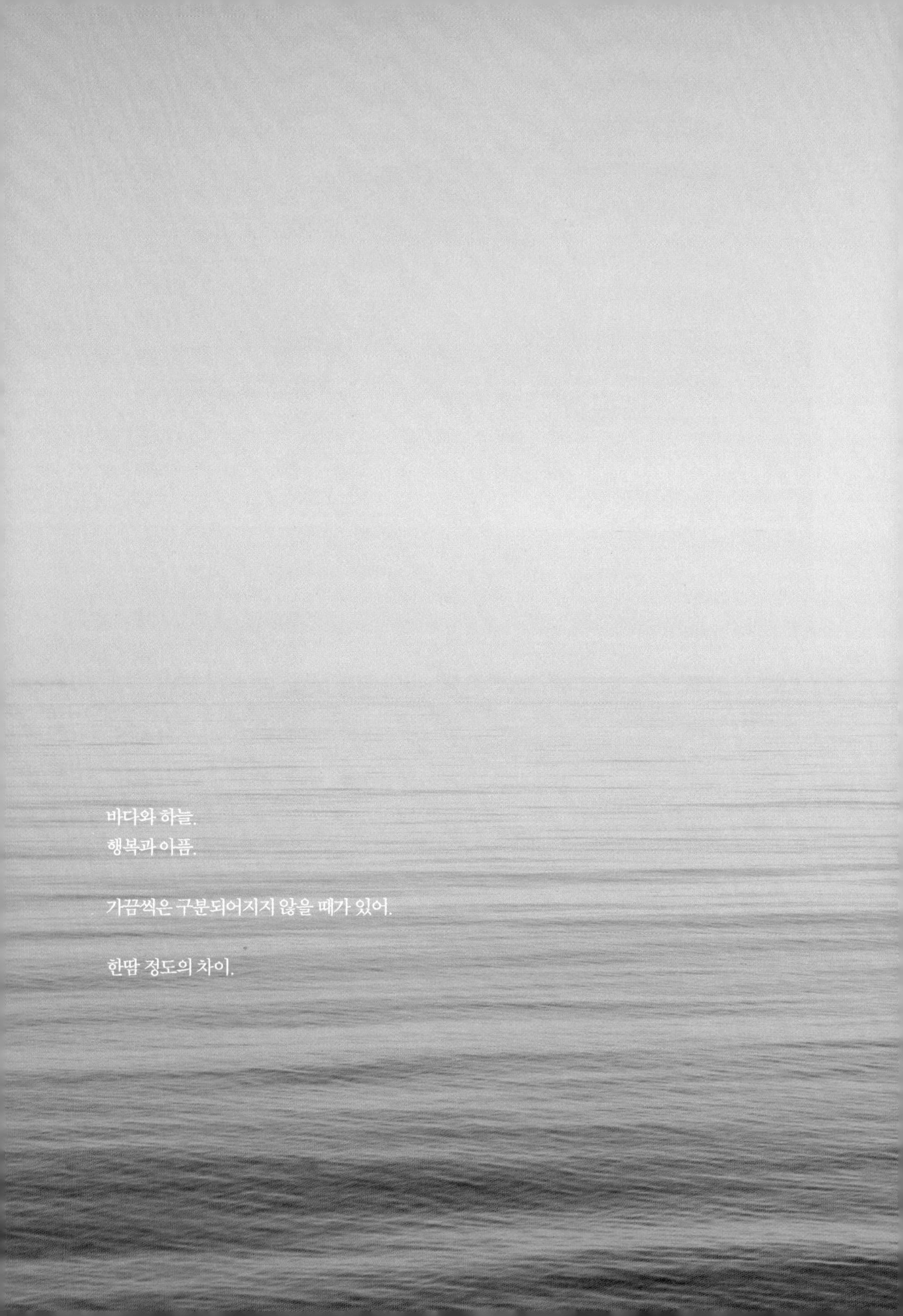

바다와 하늘.
행복과 아픔.

가끔씩은 구분되어지지 않을 때가 있어.

한뼘 정도의 차이.

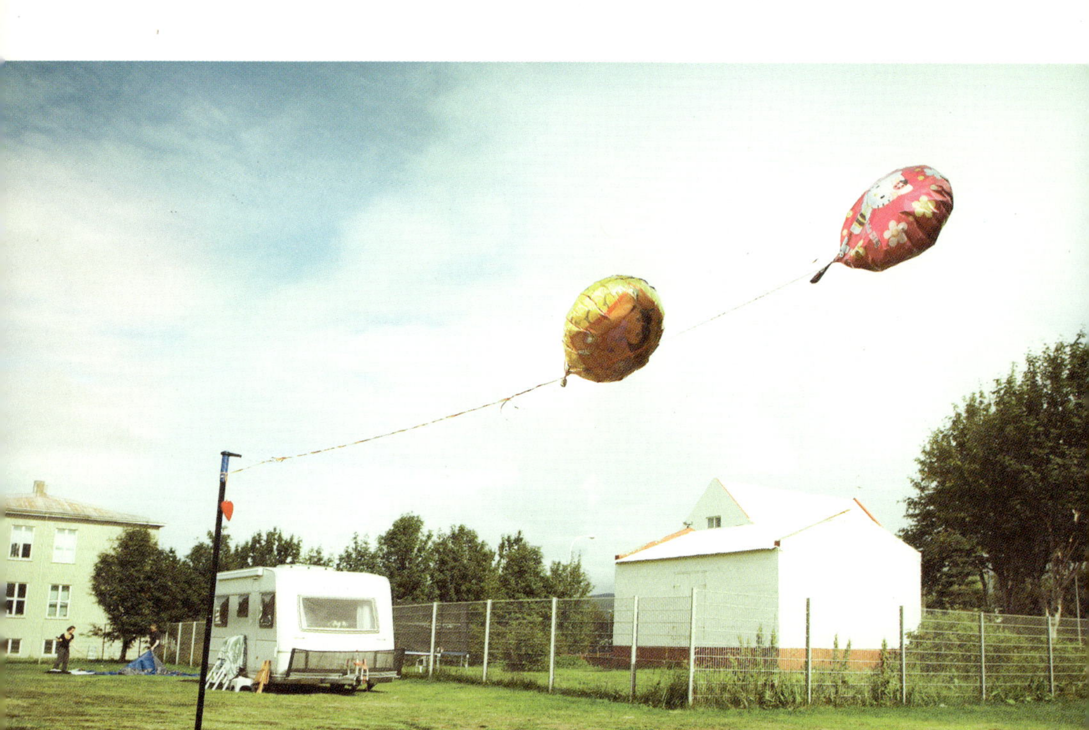

산 책
기 간

삶이란 어떠한 시기의 연속이라고, 누가 하던데.

나에게 지금은
시기를 잊기로 한 시기.

산책 기간.

::느린 것과 게으른 것에 무척 큰 차이가 있다고 봅니다. 때론 느림이라는 게 삶을 여유롭고 더욱 풍요롭게
만들어주지만, 게으름이라는 건 삶을 더욱 초조하게 만들기도 하니까요.

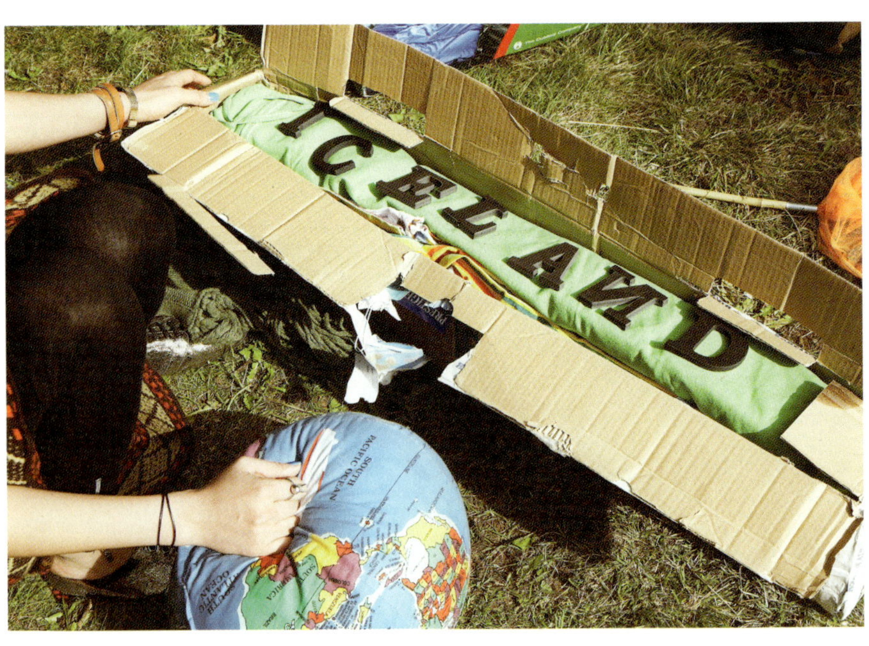

ICELAND

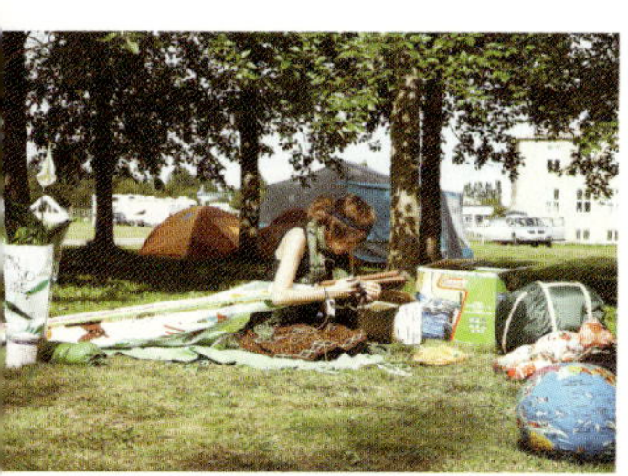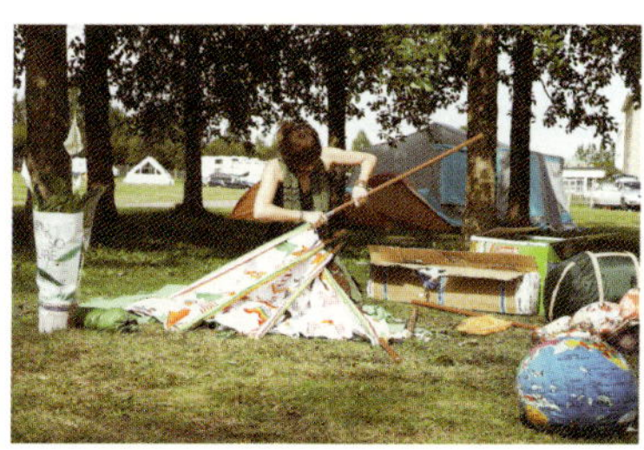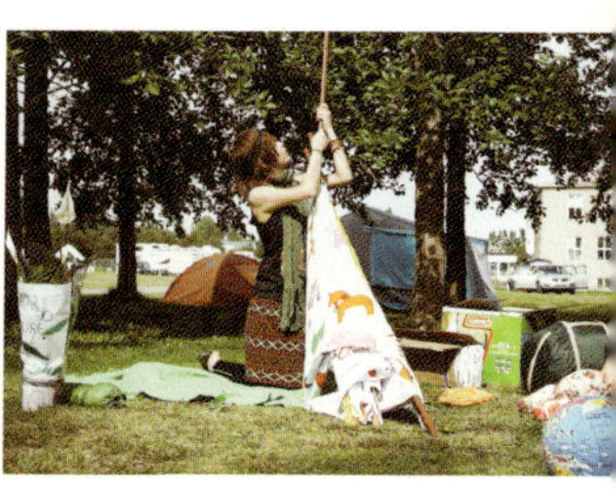
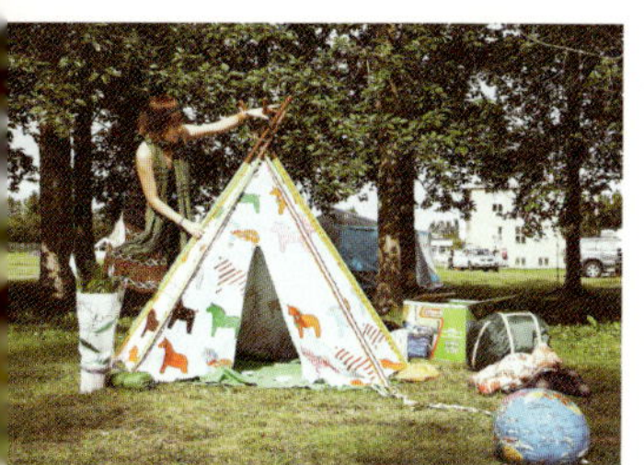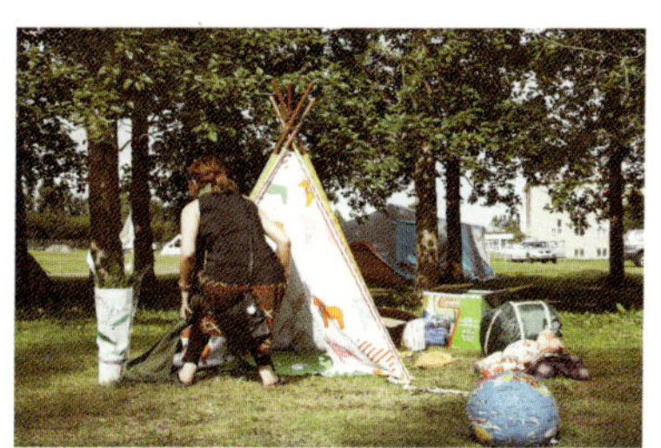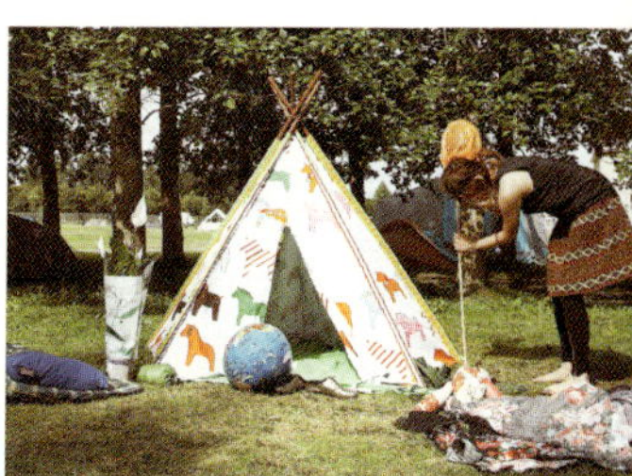

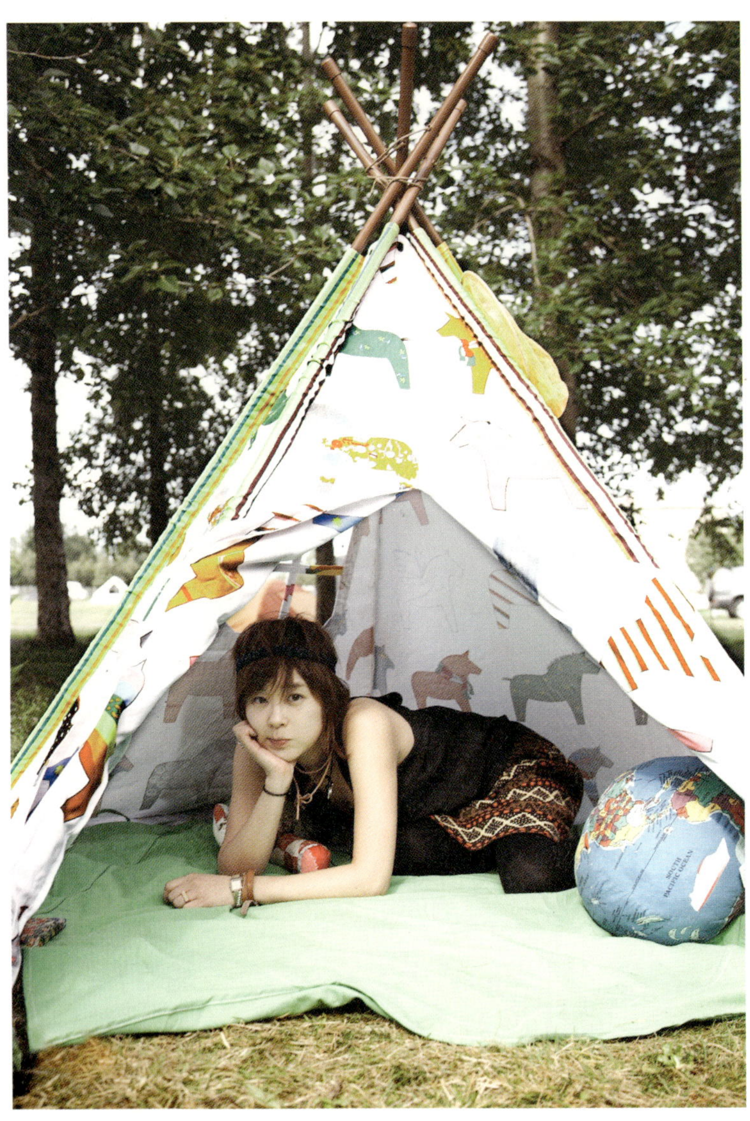

이상한
주문

심 **심** 쓸 쓸 심 드 **렁** 질 **경** .
군 바 이 **탄** 탄 :

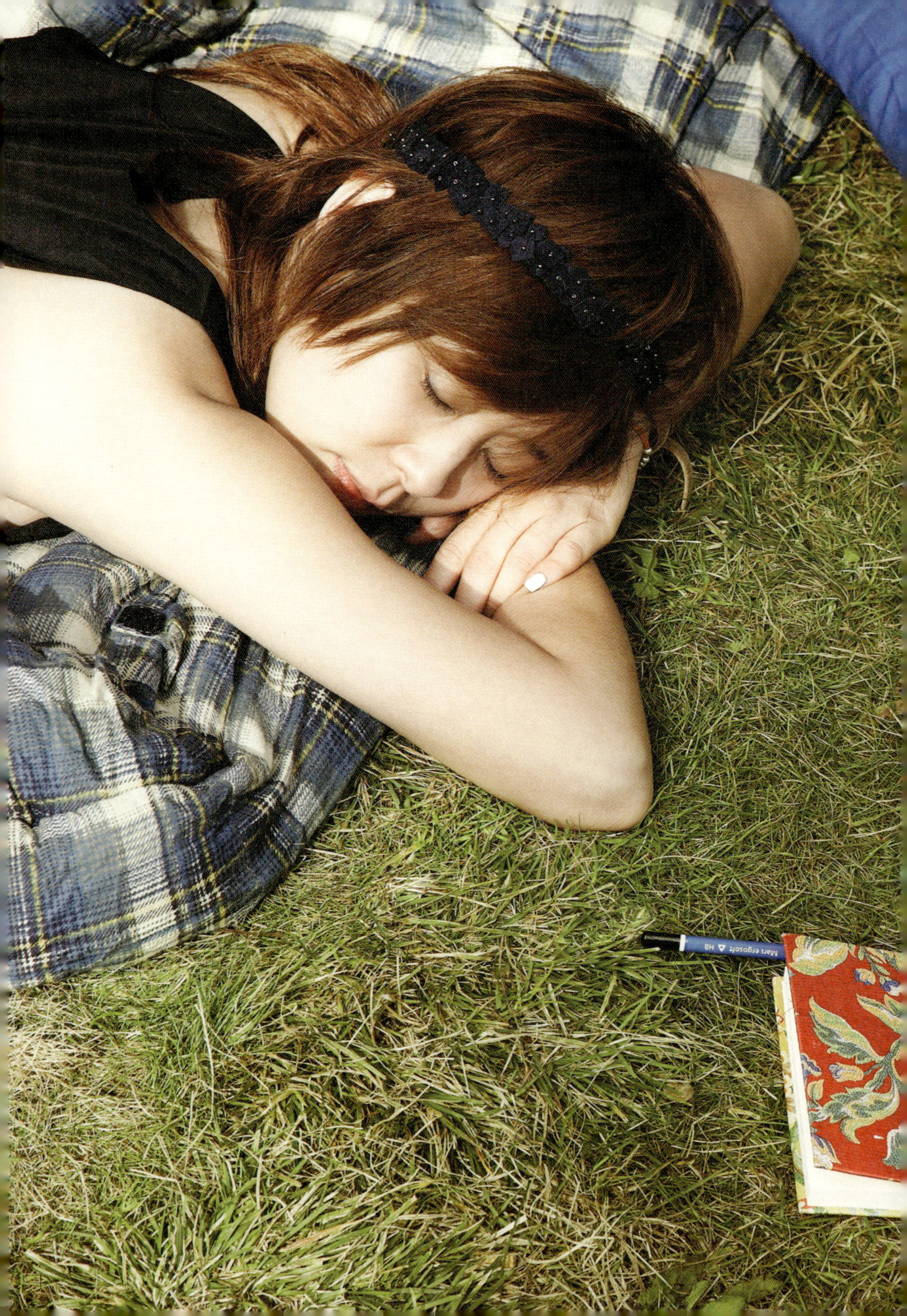

Mars ergosoft HB

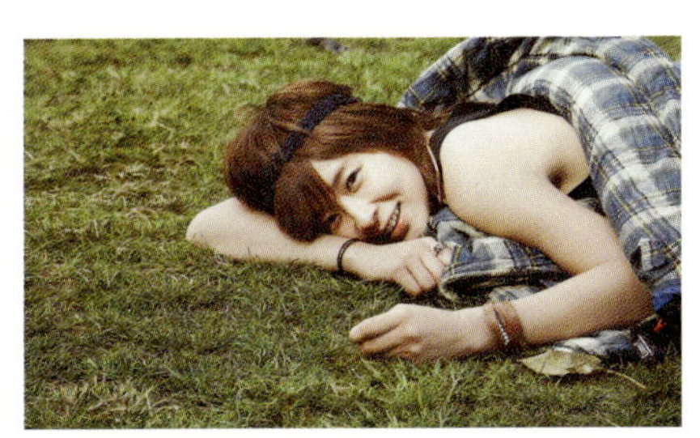

내일은 열심히 살겠지만
오늘은 다시 오지 않을 것 같아서요.

그러니까 이건
내 고백이야

더운 게 좋아.

그냥 뭔가 꽉 찬 느낌이 좋아.
요즘 같은 날에는 하루에도 몇 번씩 하늘을 올려다봐.
아침이면 몇 번이고 창밖으로 손을 내밀어.

조금은 차가워진 날씨에 '슬프네' 라고 말했어.

왠지 나마저 그러지 않으면
아무도 그래주지 않을 것 같아서.

후회는 해본 사람만이 알지.
"하늘이 너를 조금 빨리 데려가는 것 같아서 조금은 슬프네"라고 말했어.

그러니까, 이건… 내 고백이야.

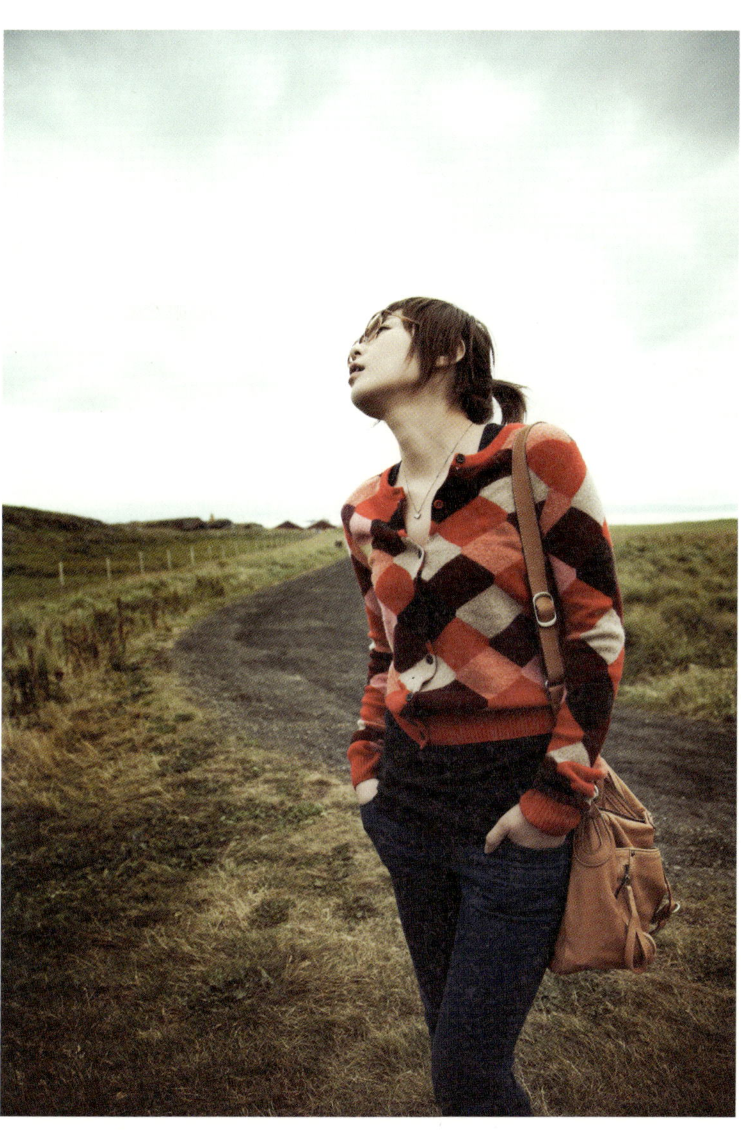

지지지직.
덜컹덜컹.

3주째 바뀌지 않는 기내 모니터의 녹화 프로그램이 잠시 멈추더니 연이어 조종사의
목소리가 내 눈앞 모니터 속 브래드 피트의 목소리를 먹어치워 버린다. 어느새 브래
드 피트는 조종사의 목소리를 내고 있다. 어울리지 않는 상황이 기내의 오믈렛처럼
물컹하다. 이번이 세 번째다.
"기류 변화로 기체가~~ 승객 여러분은 자리에 벨트 사인이 꺼지기 전까지~~"
원하든 원치 않든 우리는 그것을 받아들인다.
아까부터 건조했던 내 피부는 페이스 라인을 타고 콧속까지 타들어가 급기야는 머
릿속까지 말라붙는 느낌이다.
때마침 앞 선반에 콜라가 '출렁~' 그리고는 나도 모르게 잠이 들었다.

다시 눈을 떴을 땐 어린 아기가 울고 있었고, 눈앞 모니터에는 종전의 멈춤 장면이
풀리더니 브래드 피트가 움직이기 시작했다. 한참을 연기하고 있던 그는 불현듯 내
게 친절한 스튜어디스처럼 말을 걸기 시작했다. 5분 14초 후면 휴게소에 도착할 예
정이니 메뉴를 고르라며 모니터 밖 내 가슴팍 앞까지 메뉴판을 내밀었다?
그리고 얼마 후 비행기가 하늘의 중간에 멈춰 섰다. 우리가 타고 있는 비행기는 저
쪽에 있는 구름과 공기로 잡아끄는 듯 밀착하더니 문이 열리고 밖을 보니 아까까지
뿌연 하늘, 그러니까 내 눈앞에! 그러니까… 눈앞엔 언제 왔는지 뭉게구름이… 세상
에나… 이게 뭐지? 밟아도 되나 싶어 조심스레 발을 길게 늘여 발가락 끝만 대어보
니 엄지발가락 끝에 하얀 모래 몇 알이 묻어난다.
사실 구름 위는 백사장이었구나. 나는 그동안의 지식과 내 상상들이 얼마나 어이없
는 것들이었는지를 깨닫게 되었다.

호기심 있게 몇 걸음을 떼었을 즈음인가?(역시 사람의 기억력이란 자꾸만 보태어지고 뭉뚱그려진다) 암튼 어느새 파스쿠찌가 눈앞에 있었다. 파스쿠찌 앞이었다. 파스쿠찌? 내가 아직 메뉴를 고르지 못해서였을까? 파스쿠찌…. 커피가 먹고 싶었나? 그러고 보니 그런 것도 같다. 여기가 하늘나라인가 싶어졌지만 하늘나라에 파스쿠찌가 웬말이냐. 주문을 받는 사람은 흑인이어서 나는 조금 당황했지만 다행히 주문은 순조로웠다.

어쨌든 커피를 테이크아웃해서 나오니 기분이 한결 좋아졌다. 외국인과의 대화 성공으로 인한 기쁨이었는지 뭔지는 잘 모르겠다(분명 내 친구가 함께였다면 그 때문이라 했을 것이다). 다시 빡빡한 비행기로 올라타려 했을 때 발목에 따뜻한 느낌이 들어 무언가 싶어 나는 잠시 멈춰 섰고, 내 앞에 올라타던 승객은 자는 아가를 안고 조심스레 기내로 탑승했다. 그러고 보니 아까 울던 그 아이인 것 같았다.
이구… 아가가 놀랐다가 겨우 잠이 들었나 보구나.
아가의 자는 모습에서 하얀 분유냄새가 나는 것만 같았다. 아가를 안은 엄마의 조심스런 움직임에서 또한 분유냄새가 난다. 어쨌든 목적지까지는 조용히 갈 수 있겠구나.

이제 나도 한 비행기에 탑승하려고 조금 전의 그 따뜻한 기운을 확인하려는데 뒤에 누군가 내게 말을 걸었다. 아까 그 흑인 점원이다.
"손님은 운이 좋으시네요. 무지개가 발목에 걸쳤어요."
"……?"

나는 아래를 내려다봤다. 연기 같은 촉촉한 것이 내 맨발을 감싸고 있다.
"이곳은 무지개가 워낙 자주 뜨긴 하지만 발목에 무지개를 건 사람은 당신이 두 번째입니다"라고 그는 말했다. 무지개는 생각처럼 따뜻했고 공기였고, 그러니까 따뜻한 가습기 공기 같은 느낌이었다. 이 또한… 몰랐었다.
"무지개를 발에 걸다뇨? 그럼 무슨 좋은 일이 있다고 하던가요?"
무엇인지 나는 커피를 주문할 때보다 조금 자신있게 질문을 할 수 있었지만…
그는 대답하지 않았다.

다시 의자에 앉았는데 아직도 발목이 따뜻하다. 그리고 나는 다시 잠이 들었다.

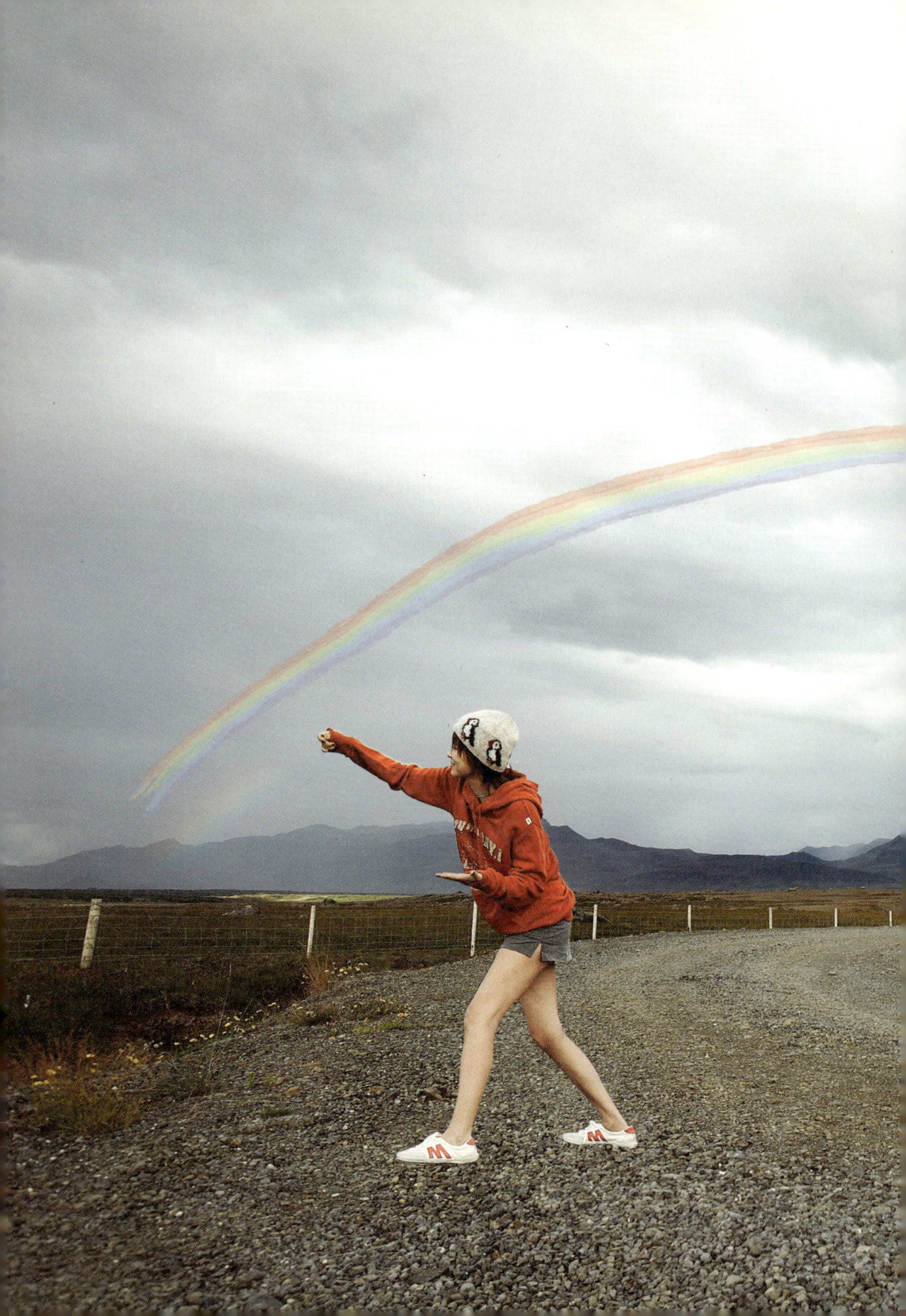

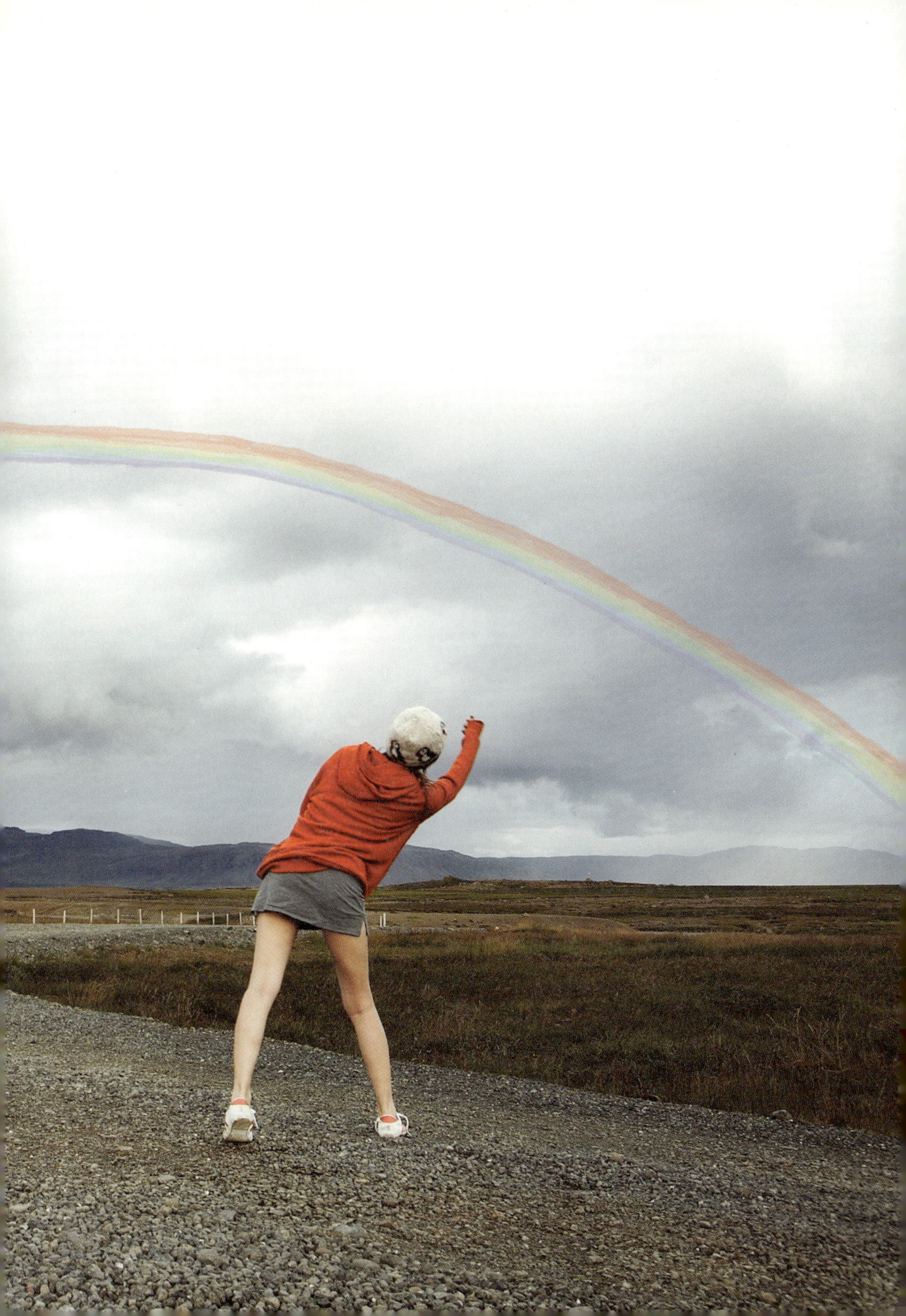

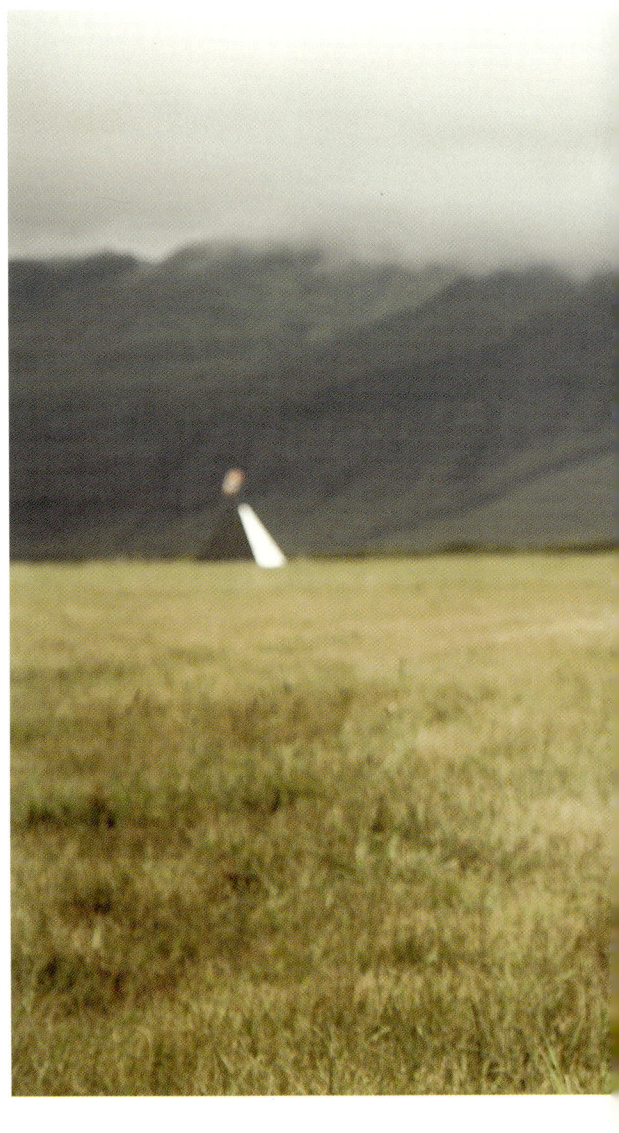

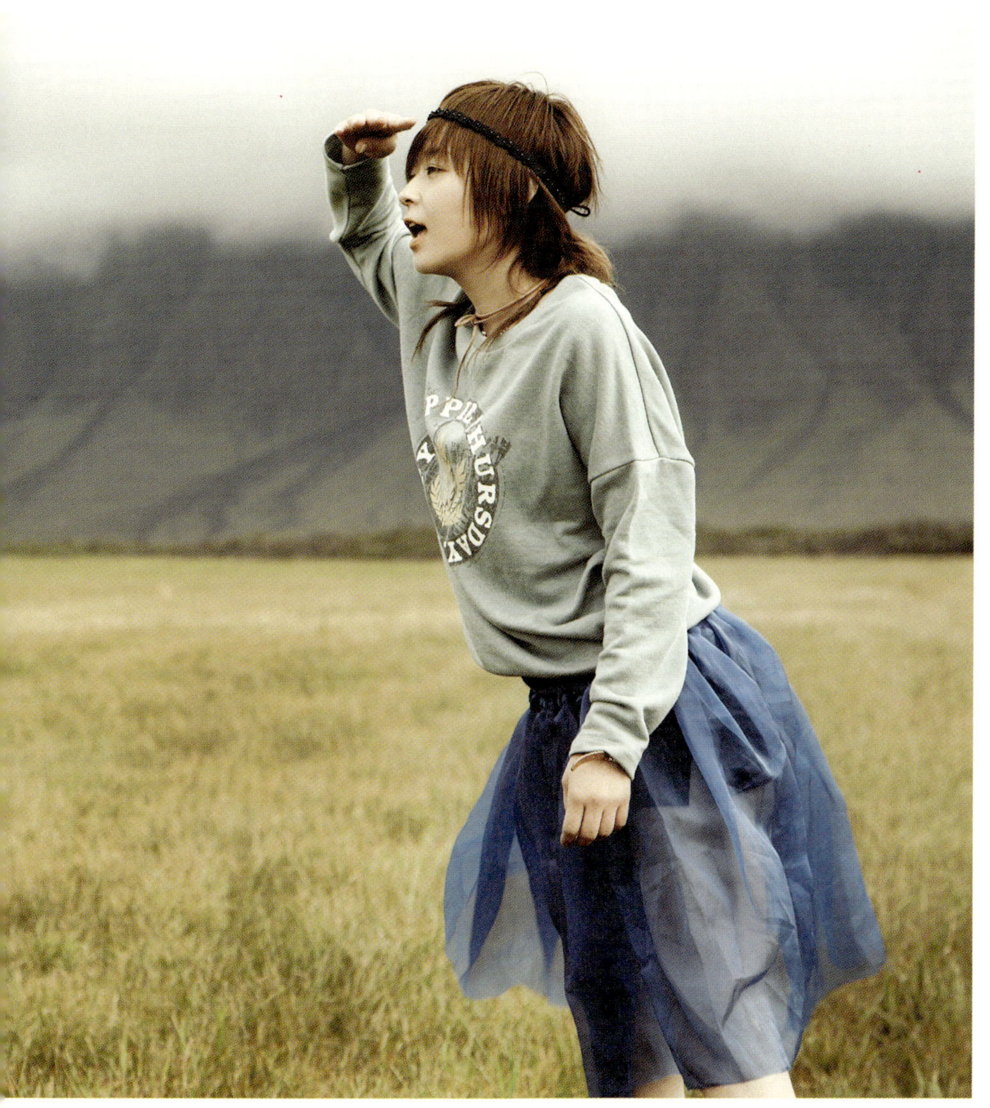

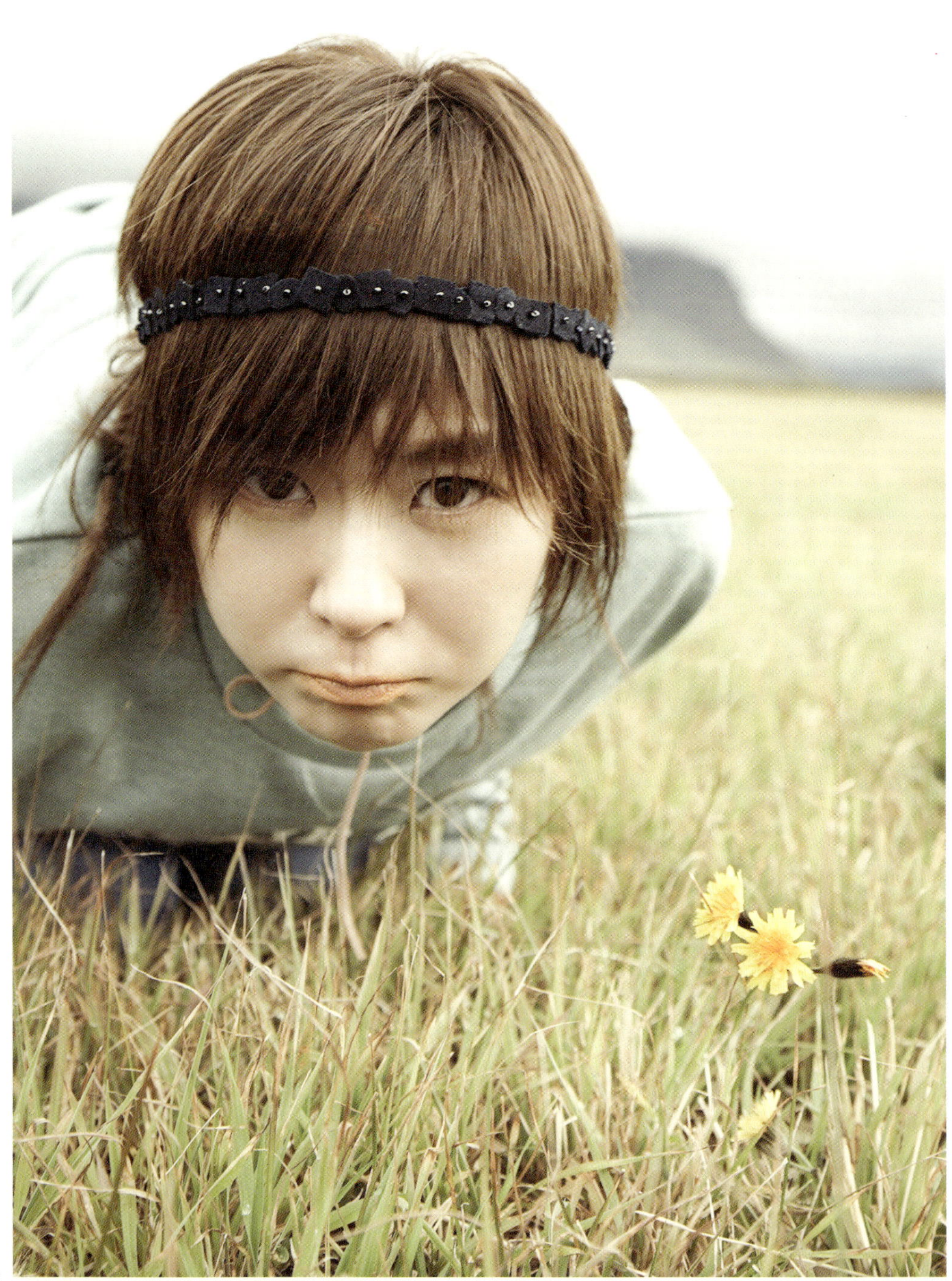

츄파르~

나 여기 있어…
돌아봐
돌아봐.

— 최강희 데뷔작 〈신세대 보고서 ‘가을날의 동화’〉 중에서

:: 츄파르choop.ir….
(류)현경의 미니홈피 대문에 적혀 있던 말인 데요. 너무 예쁜 말이어서 가져왔어요.
츄파르… 텔레파시와 유사한 표현이라고 할까요?
저는 이 예쁜 말을 이렇게 사용합니다.
전하고 싶은 마음을 공기 중에 띄울 때…
마법이라도 필요할 때…
기적 같은 일을 꿈꾸며…

츄파르….

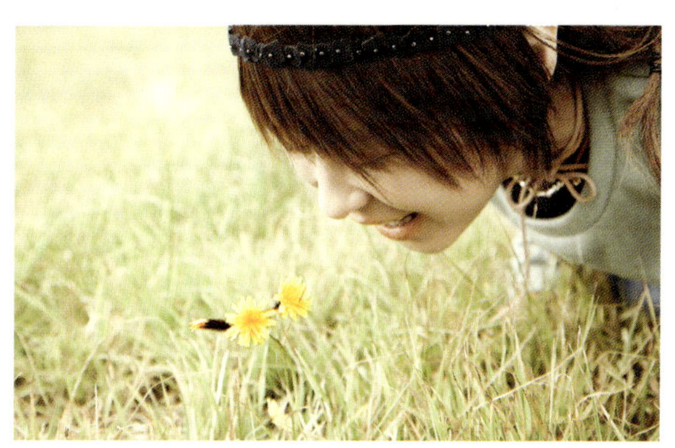

너에게 파이팅을 외칠게.
내가 지금 너의 기도를 하고 있어.
부디 너만은 이 혼란에 휩쓸리지 않길 바랄게.
아픔이 너를 비껴가길 바랄게.

그리고 나는
어떻게든 해볼게.

아이야

힘차게 달려라, 아이야.
지금 뒤를 돌아본다면 너는 아주 주저앉아 버릴 거야.
달려라, 아이야.
억지로 고개를 내빼 가야할 곳을 본다면 너는 주저앉을 수밖에 없을 거야.
아직 많이 두려울 테니까.

가끔 무섭다면 눈을 꼭 감고 조금씩 걸어보렴.
앞이 안 보여 비틀거린대도 넌 참 귀여울 거야.
넌 그렇게 이쁠 나이거든.

달려보자, 아이야.
아직 많이 오지도,
적게 가지도 않았단다.

그렇게 가다가
다른 길로 가도 좋아.
길은 끊임없이 펼쳐져 있고
우리는 아직 아주 이쁜 나이거든.

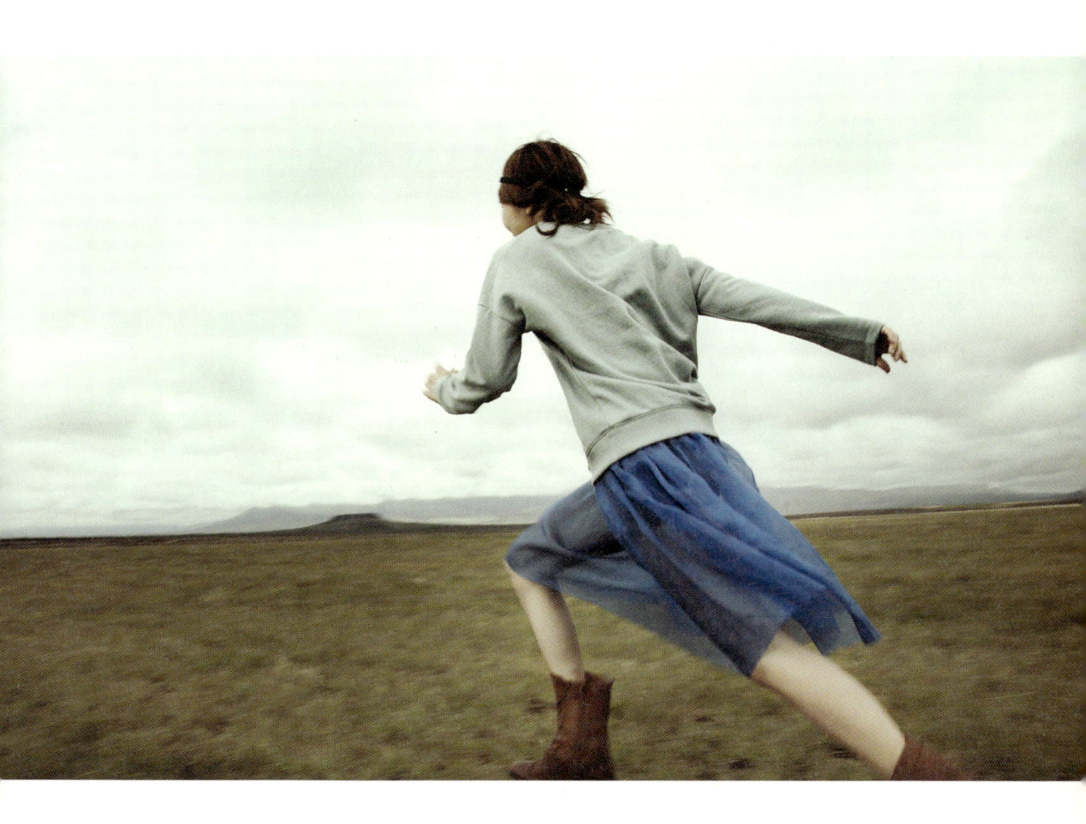

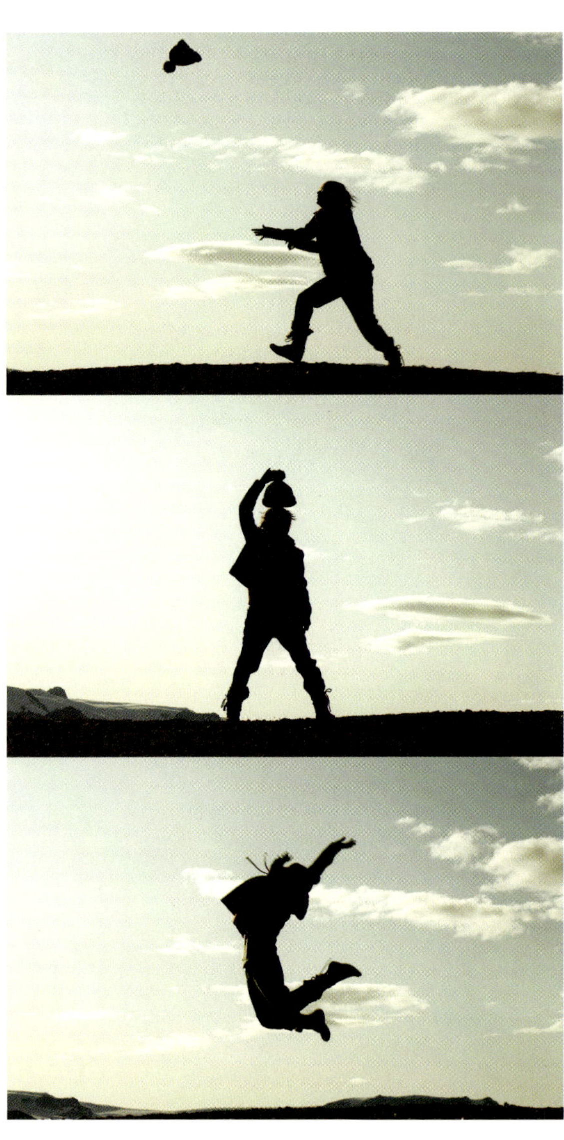

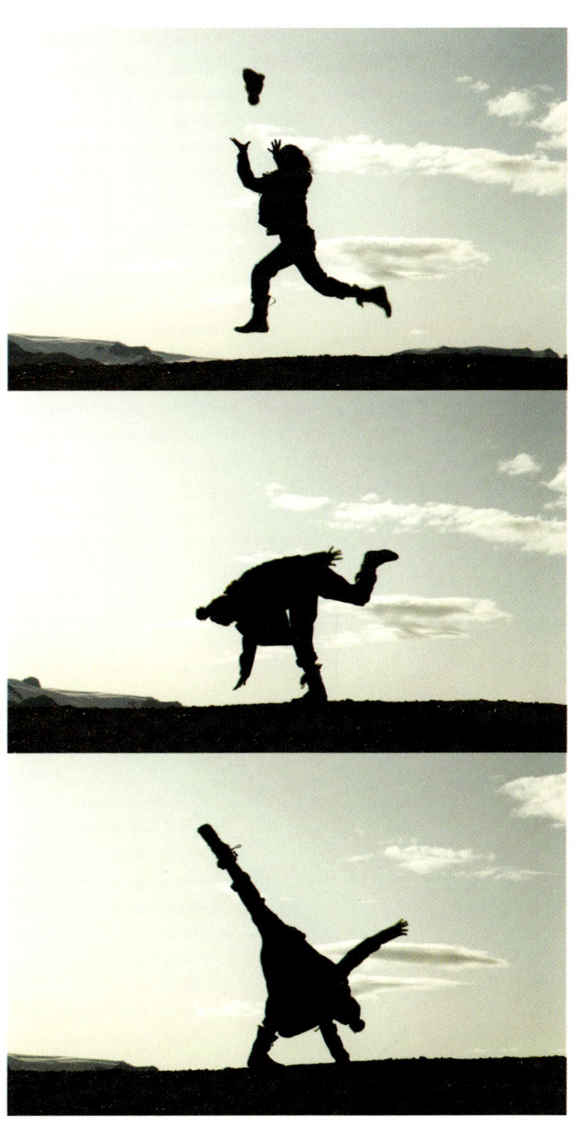

끄 덕
끄 덕

따라해볼래?
끄덕끄덕.

가만히 생각하고
끄덕일 수 있을 때까지 기다렸다가

이때다 싶으면 끄덕끄덕.

미루면 못써.
생각해봐.
끄덕여질 거야.

'맞아, 그건 내 탓이 아니었어' 라며 끄덕이고
때론 용서의 의미로 그를 이해하며 끄덕여질 거야.

어때? 머리가 좀 개운해지지 않아?

일주일에 한 번은 힘든 걸 버려 내야지.
자꾸자꾸 무거워지면

작은 네가 버티기 힘들잖니.

한 번 따라해봐.
끄덕끄덕.

어때?
쉽지?

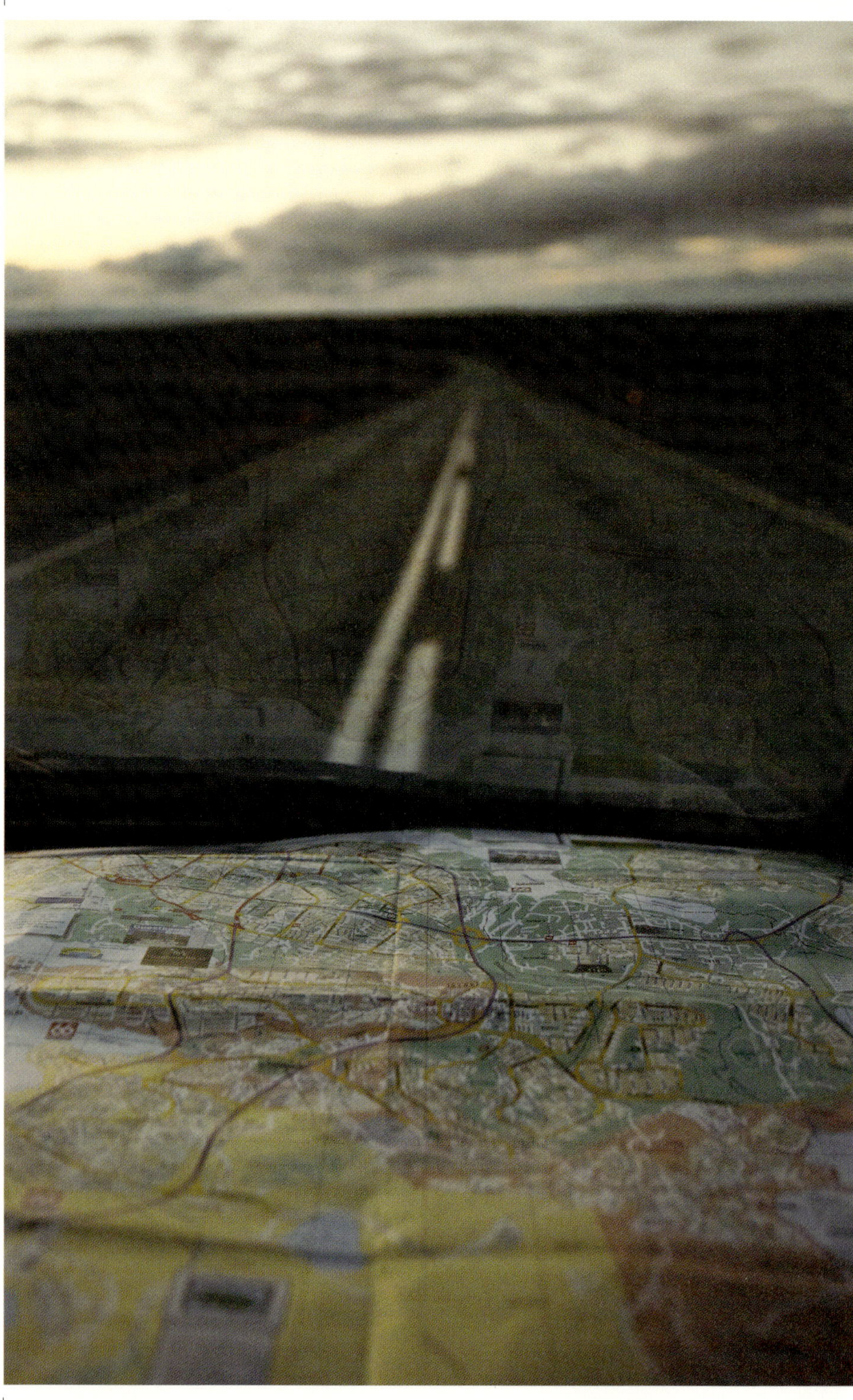

사 진 은

마 음 으 로 찍는 것과

마 음 이 찍는 것이 있다.

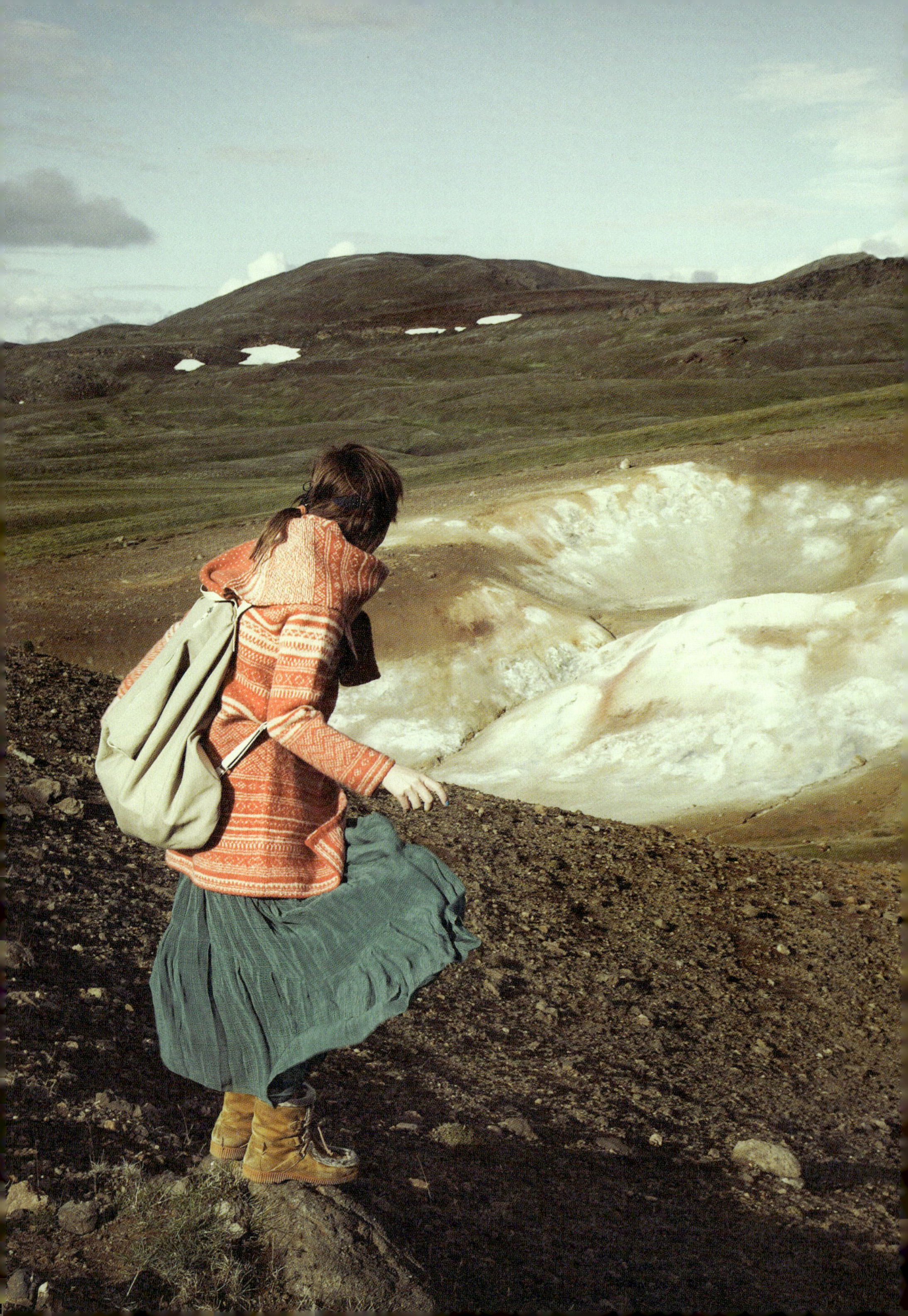

소녀의 향기

깃털처럼 가벼운 마음을 가진 소녀가 산을 걸어 올라갑니다.

소녀는 바람을 느끼고,
초록을 보고,
구름을 담은 물가도 만져보지만,
그것들은 그냥 제자리에 있습니다.
다만 향기를 입을 뿐입니다.
매일 그렇게 다른 향기를 입습니다.

저기, 누군가가 소녀의 향기를 사려 하네요.
소녀는 어쩔 줄 몰라 사양을 해보지만,
결국 소녀의 손에는 예쁜 금이 쥐어져 있습니다.

공기처럼 가벼운 마음을 가진 소녀가
자기보다 무거운 금을 지고 다시 향기를 입으러 산을 오릅니다.

소녀는 바람도 가르고,
초록을 밟고,
구름을 담은 물가를 스칩니다.
향기를 지나칩니다.

자꾸만 지나치고 맙니다.

할머니.
전 할머니의 가슴을 갖고 싶어요.
할머니의 고약하고 단단한 마음을 갖고 싶어요.

못쓰게 된 딱딱한 마음을 저에게 버려주시면
대신 제 것을 드릴게요.
제 것은 아직 아주 좋거든요.

단단해지고 싶어요.
저도 고약해지고 싶어요.

지금 이런 마음 따위 시시때때로 아픔에 반응하여 눈물을 끓여냅니다.
할머니와 같이 무관심한 가슴을 갖고 싶어요.

소녀는 지쳐 보였다.

그녀는 애절한 눈빛으로 할머니를 바라보았고,
고약한 할머니는 소녀의 이야기를 듣는 동안 예상대로 잠자코 눈썹 하나 까딱하지
않았지만, 잠시 후 뜻밖의 얘기를 꺼내셨다.
제 가슴을 줄 순 없지만 원한다면
자신의 마음을 보여주겠노라고 말한 것이다.

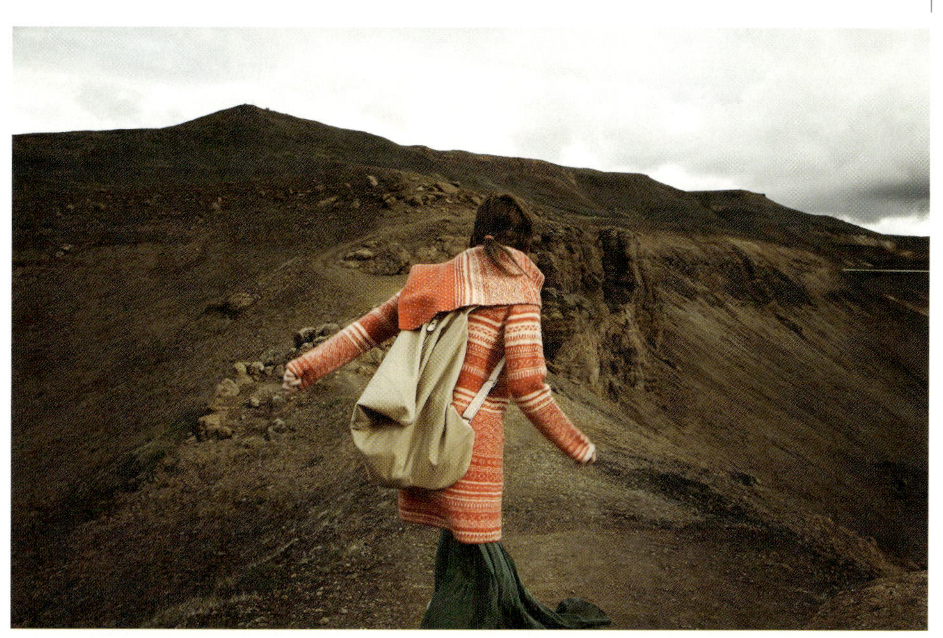

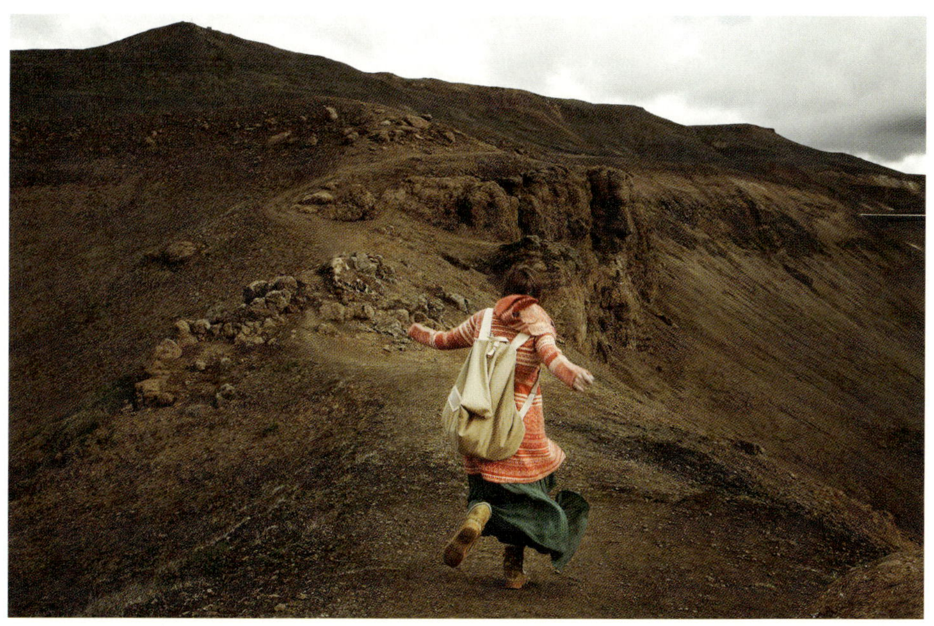

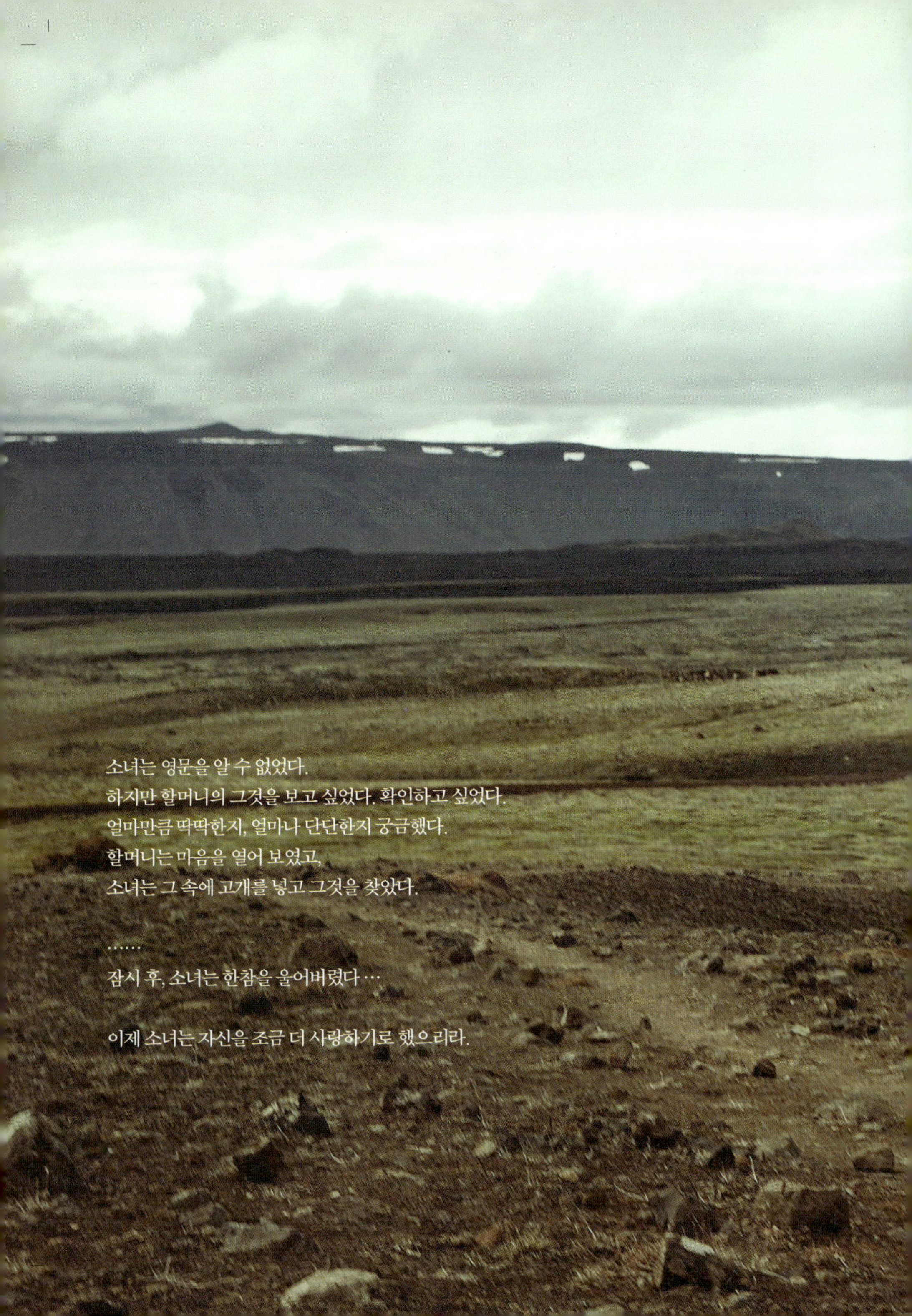
소녀는 영문을 알 수 없었다.
하지만 할머니의 그것을 보고 싶었다. 확인하고 싶었다.
얼마만큼 딱딱한지, 얼마나 단단한지 궁금했다.
할머니는 마음을 열어 보였고,
소녀는 그 속에 고개를 넣고 그것을 찾았다.

……

잠시 후, 소녀는 한참을 울어버렸다 …

이제 소녀는 자신을 조금 더 사랑하기로 했으리라.

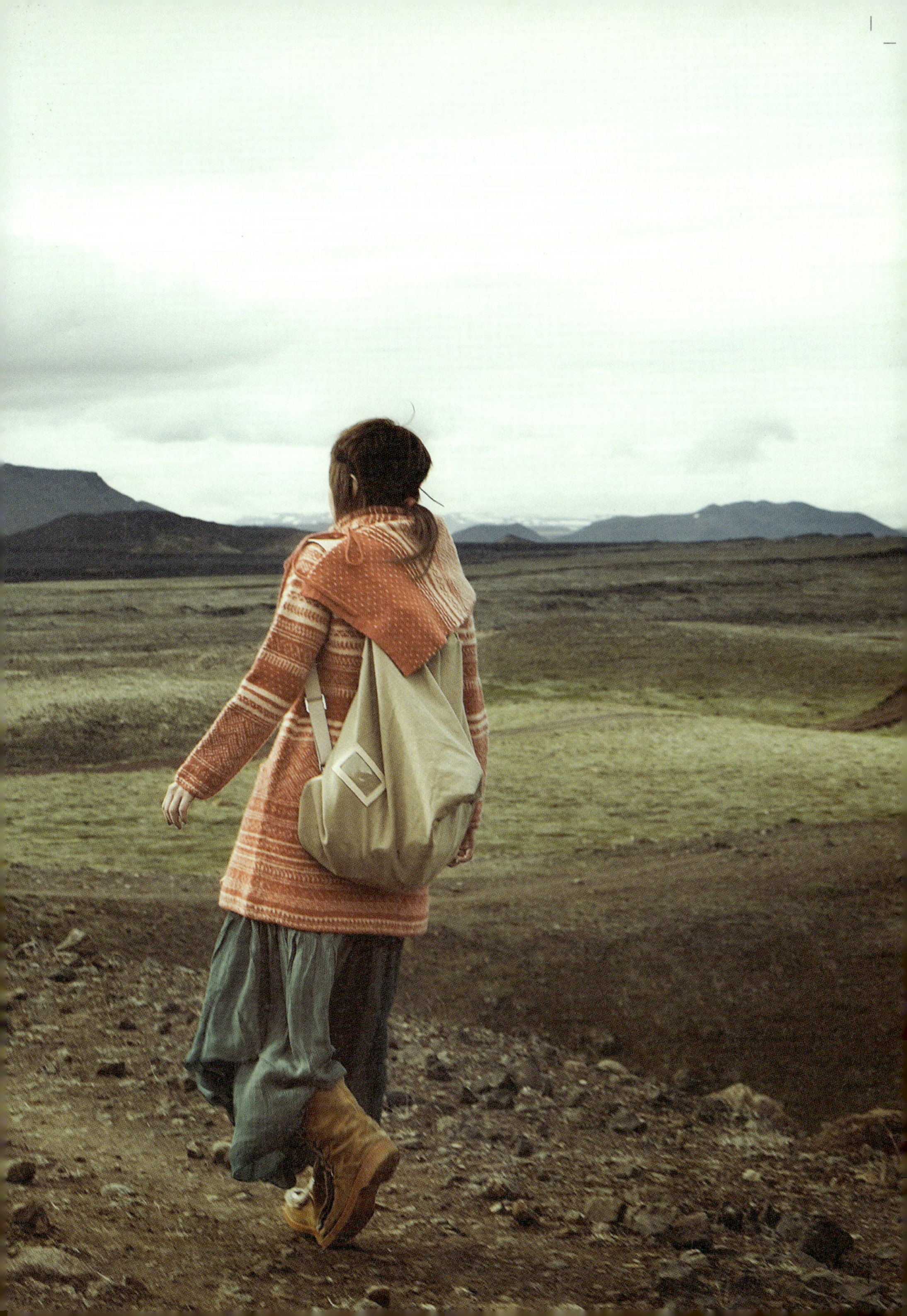

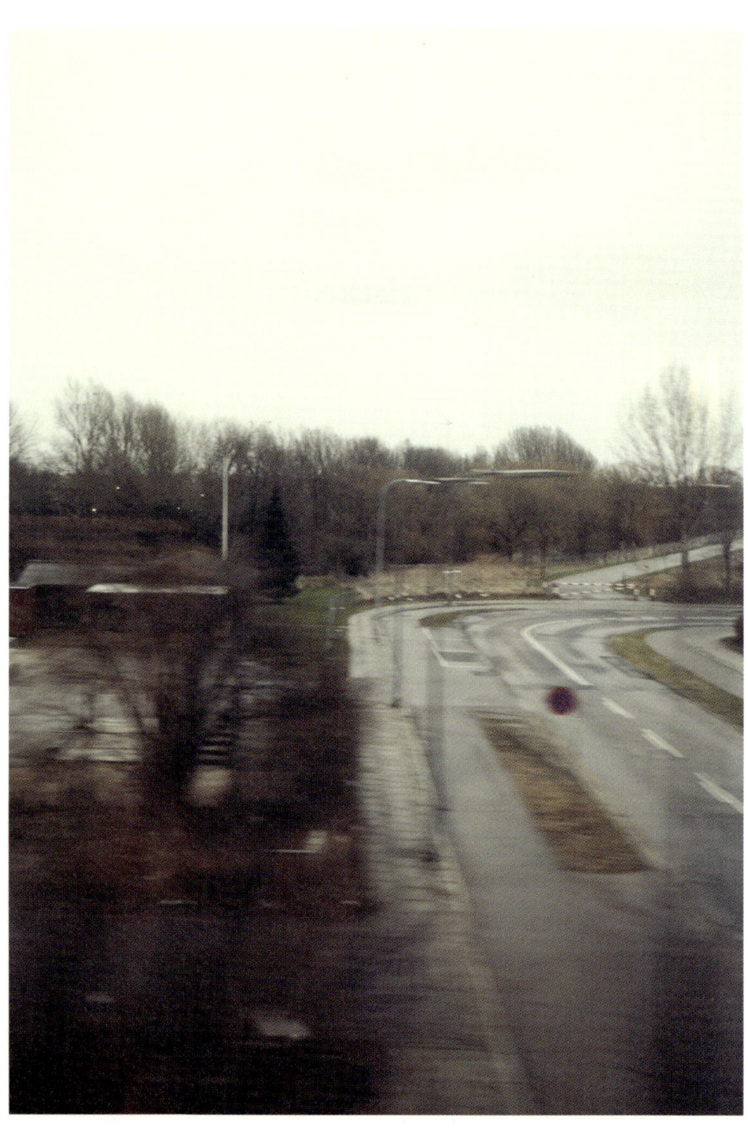

언젠가 한 번쯤
구름 속에 들어가보고 싶다는 생각한 적 있어?

쓸쓸한 도시 빛이 차라리 더 따스할 것 같지?

촉촉하다는 건.
무언가 전달될 수 있을지도 모른다는 희망.

전봇대가 '아마도' 라고 말하는데?

∧∧

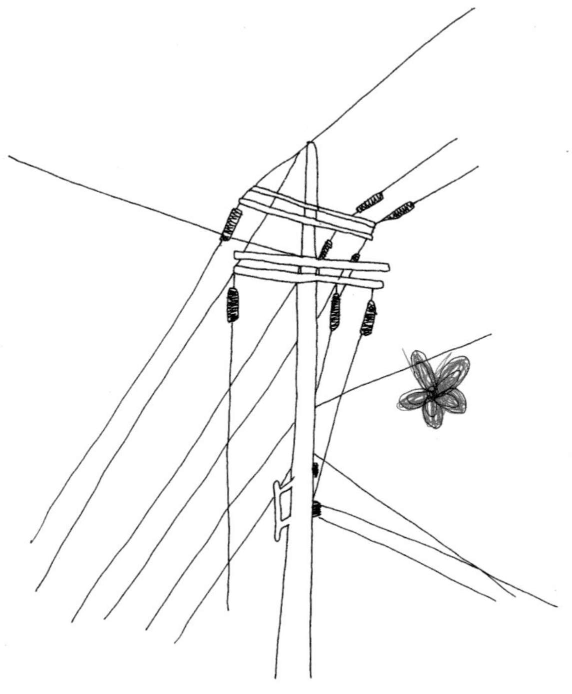

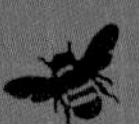

Von*
희망

* '희망'이라는 의미의 'Von(폰)'은 시규어 로스의 첫 번째 앨범에 실린 노래입니다. 사랑, 희망, 그리움 등 최강희가 이 세상 사람들에게 선물로 주고 싶은 따뜻한 마음을 대신할 수 있는 단어이기도 합니다.

이런 프러포즈를 받고 싶어.
나랑 같은 보자기를 쓰지 않을래?

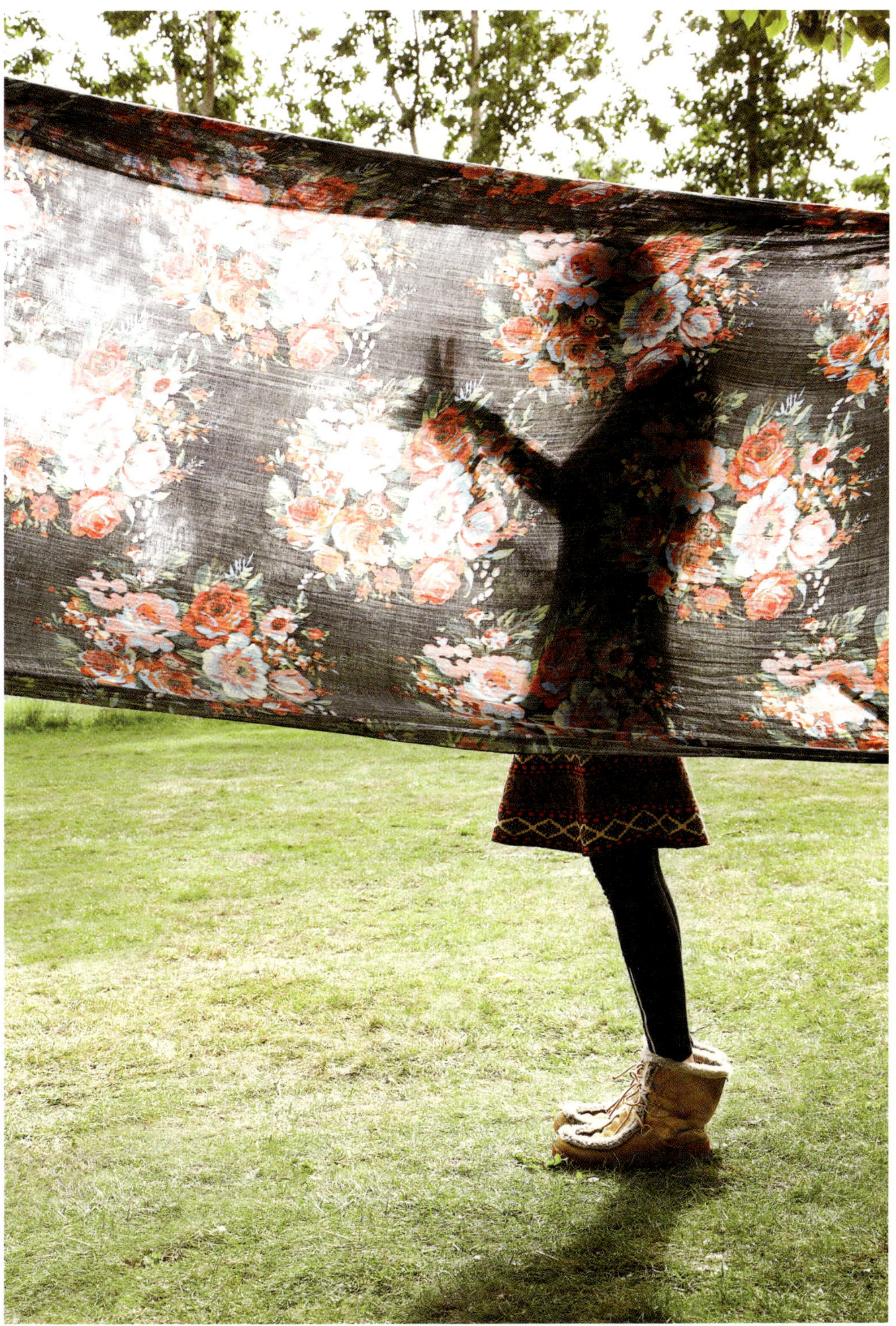

사 랑 하 고
싶 다

사랑하고 싶다…
자유롭고 싶다…
중얼중얼.

자유. 사랑.
같은 것일까?

언제까지나 동경해야 하고, 언제까지나 또 언제까지나
믿어볼만한 내 속의 간직꺼리, 그리움, 한 움큼의 눈송이.

언젠가 맡아본 너의 냄새는
지독한 나의 사춘기.

평생
함께할 거지?
나의 그리움.
이쁜.
아픈.

아픈 만큼 이쁜, 이쁜 만큼 아픈,
따뜻한.

시리도록 따뜻한,
또. 따뜻했던 만큼 시린.

144

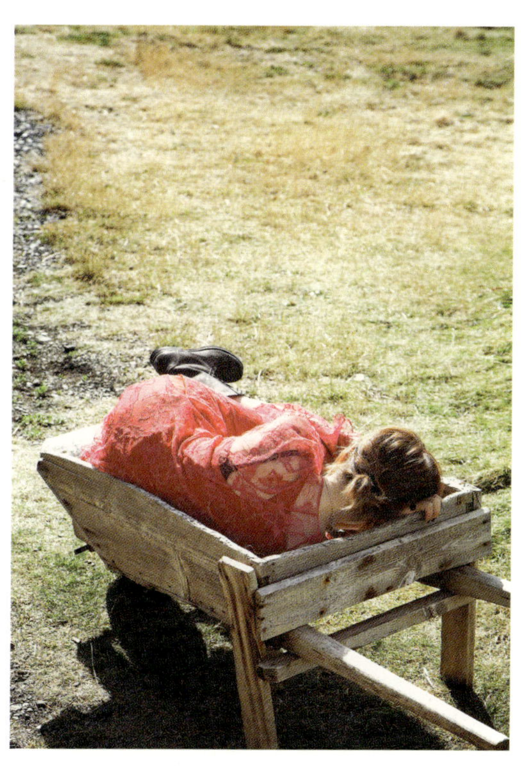

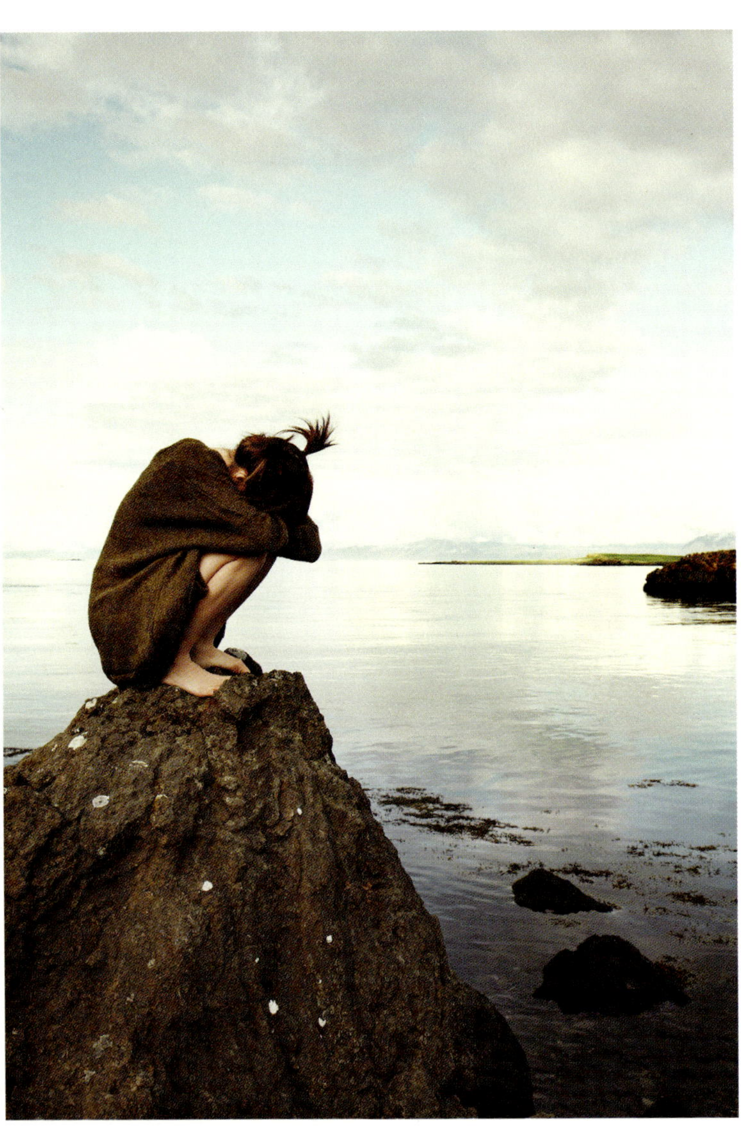

내 게 존.재 하 지 않 는 2 0 %

딱딱한 의자에 앉아도 '여자' 와 같은 자태로 그것과 어울려보고 싶다.
정자세로 누워서 아침까지 잠들어보고 싶다.
머리손질을 다 끝내야만 차 밖을 나설 수 있었으면 좋겠다.
비스킷이나 과자를 지저분하지 않게 먹을 수 있었으면 좋겠다.
누군가의 뾰족한 말 때문에 10분 이상 고민해보고 싶다.
좀 더 나를 사랑해봤으면 좋겠다.
고기가 맛있어봤으면 좋겠다.
좋은 사람과 밥을 먹을 때 체하지 않았으면 좋겠다.
낯선 사람 앞에서도 화사한 얼굴 띄우는 법을 터득했으면 좋겠다.
상대방과 눈을 마주하고도 피하지 않았으면 좋겠다.

적어도 낯가림 심한 어린아이 같은 내 모습은
더 이상 내게는 흥미롭지 않다.

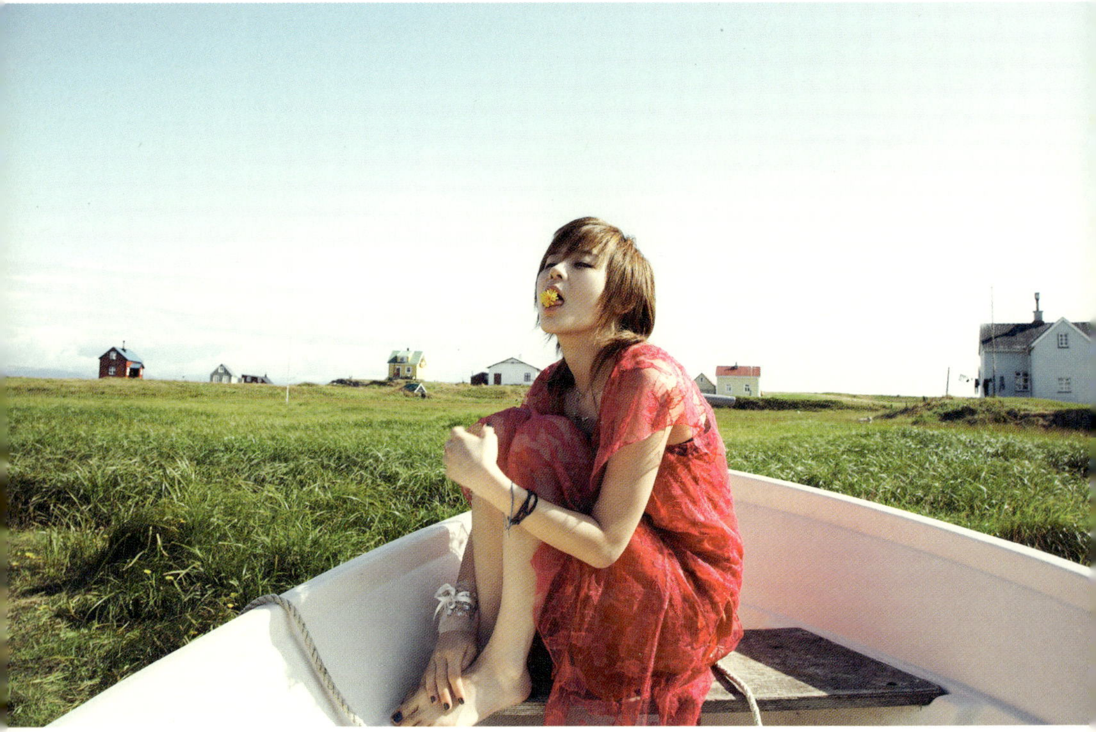

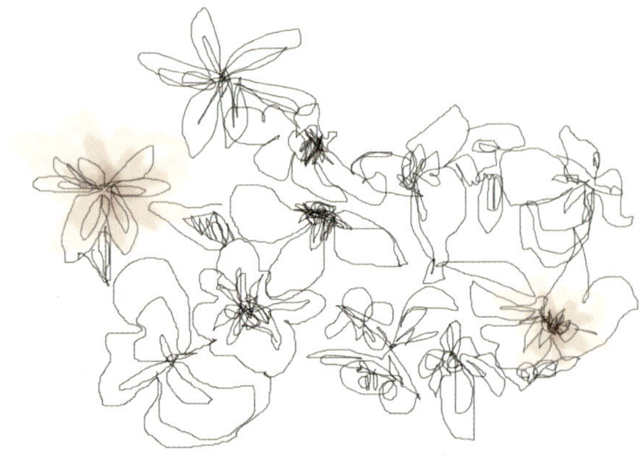

내가
아닌 나

나는 내가 아닌 다른 사람처럼 꾸미는 것을 좋아한다.

매일매일 '나'로 살아갈 필요는 없다.
그렇게 사는 것이 쉬울 때도 있다.

내가 하고 싶은 것들은 셀 수 없이 많다.
달리고 헤엄을 치고, 웃으며 손깍지를 껴본다.
서로 겹쳐져 또 다른 색을 만들어내는 물감들을 상상하며,
꽃을 한 송이 두 송이 꺾어본다.
그리고 화환을 만든다.

삶은 놀이이다.
하얀 구름, 분홍색 코트, 생은 작은 손.
저 높은 하늘을 나는 비행기. 탱고. 노래. 리듬.

삶은 언어다.
언어는 유리와 마른 나무판, 그리고 풀로 만들어져 있다.

나는 아침으로 꽃다발을 먹는다.

- 쉰네 순 뢰에스 『아침으로 꽃다발 먹기』 중에서

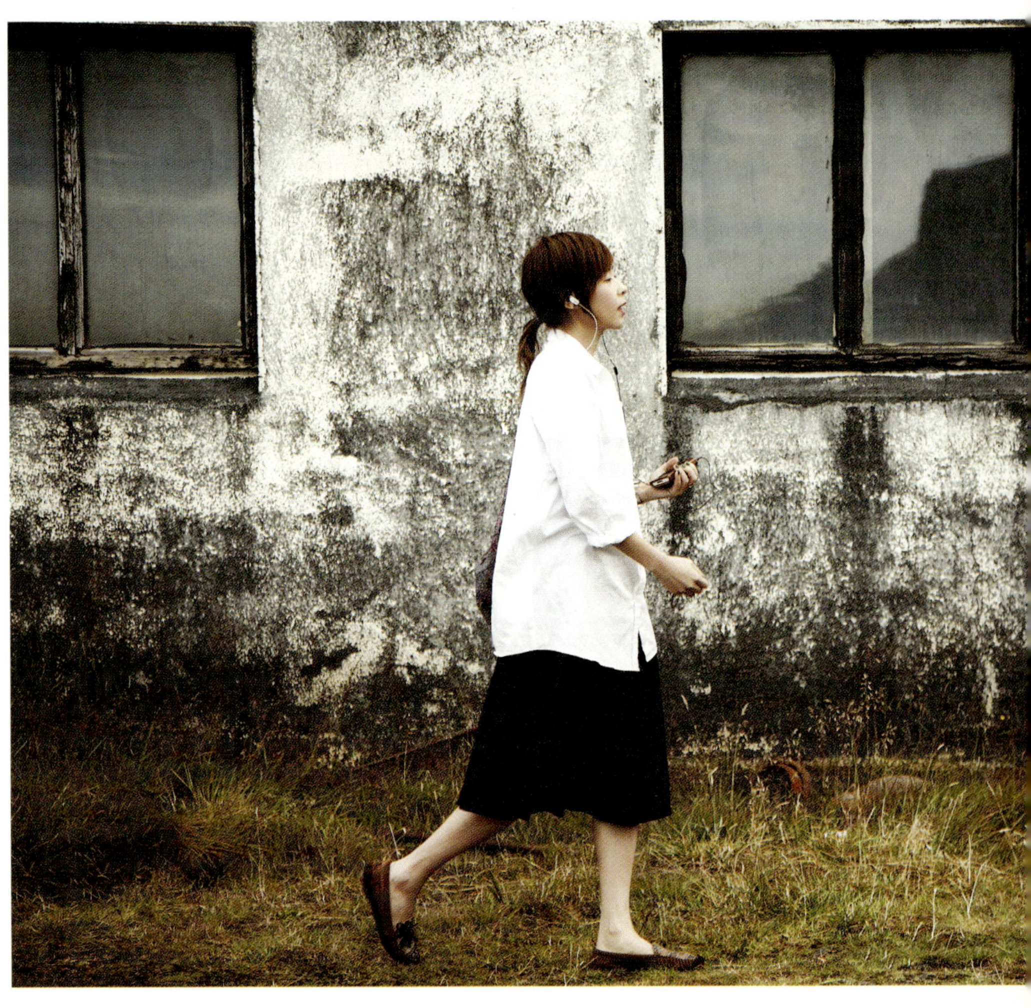

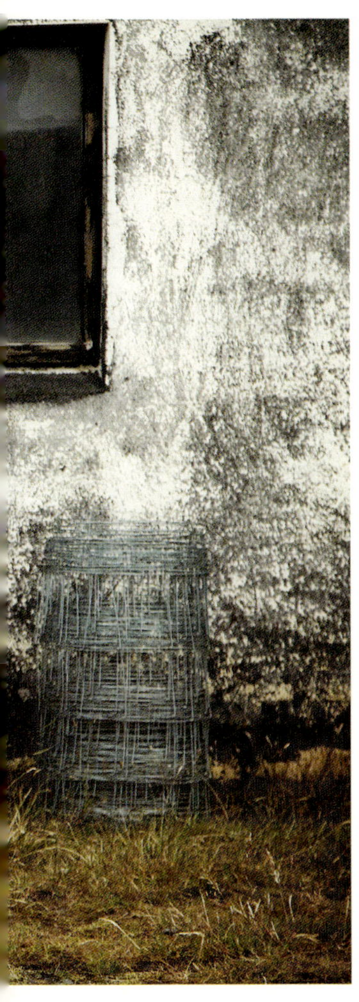

비타민 C 35개를 갈아 마셨던 날.
그만큼 알싸했던 날.
그런 기분.

바닥을 꾹꾹 내려밟을 때마다
모두 내 것이 되는 기분이야.

밑창이 얇은 신발을 신고 나가길
정~말 잘. 했. 어.

사 랑 한 다 는   말

찌 리 릿 ! 하 면 서
몽 클 하 면 서
툭 ! 퉤 ! 뱉 는 거 .

? ? ?

누 가 뱉 고 있 을 까 ?
그 런 보 석 …

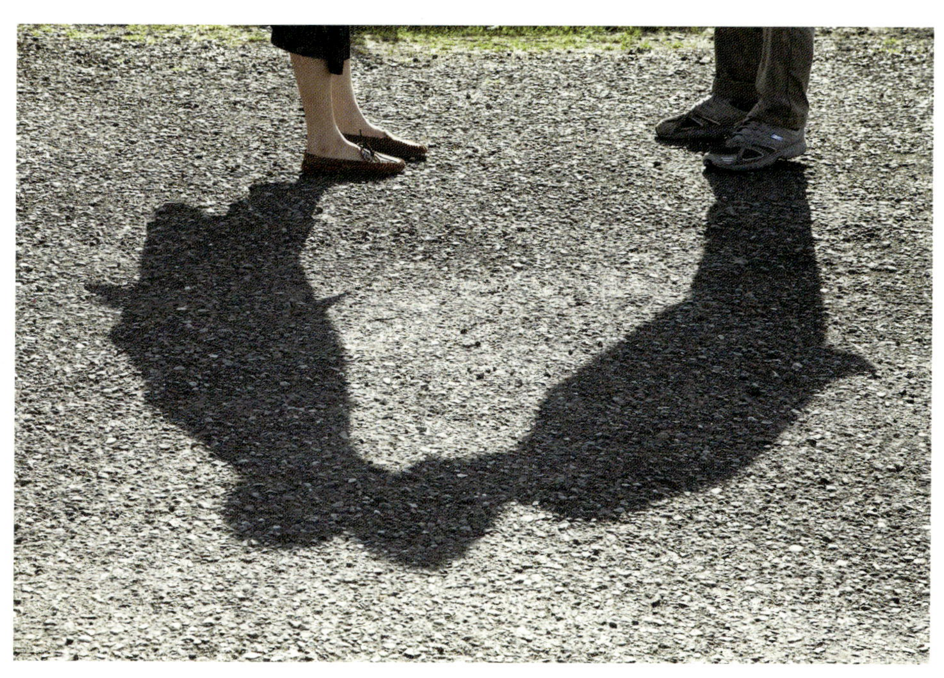

beyond buzz

L . O .
V . E .

겨울에 후~하고 불면 나타났다 사라지는 입김처럼

반짝이는 것들.

나타났다 사라져 버리는 것들.

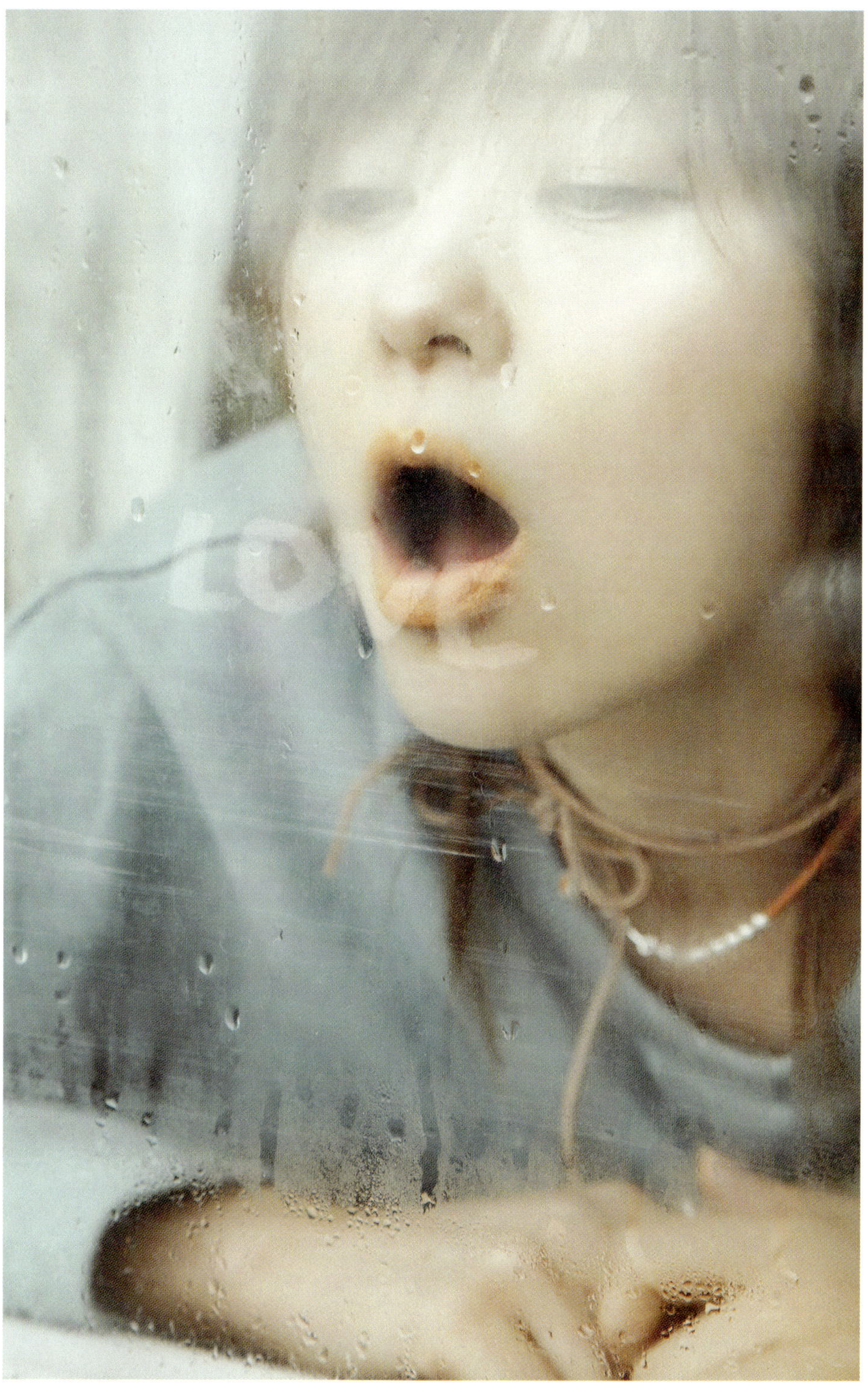

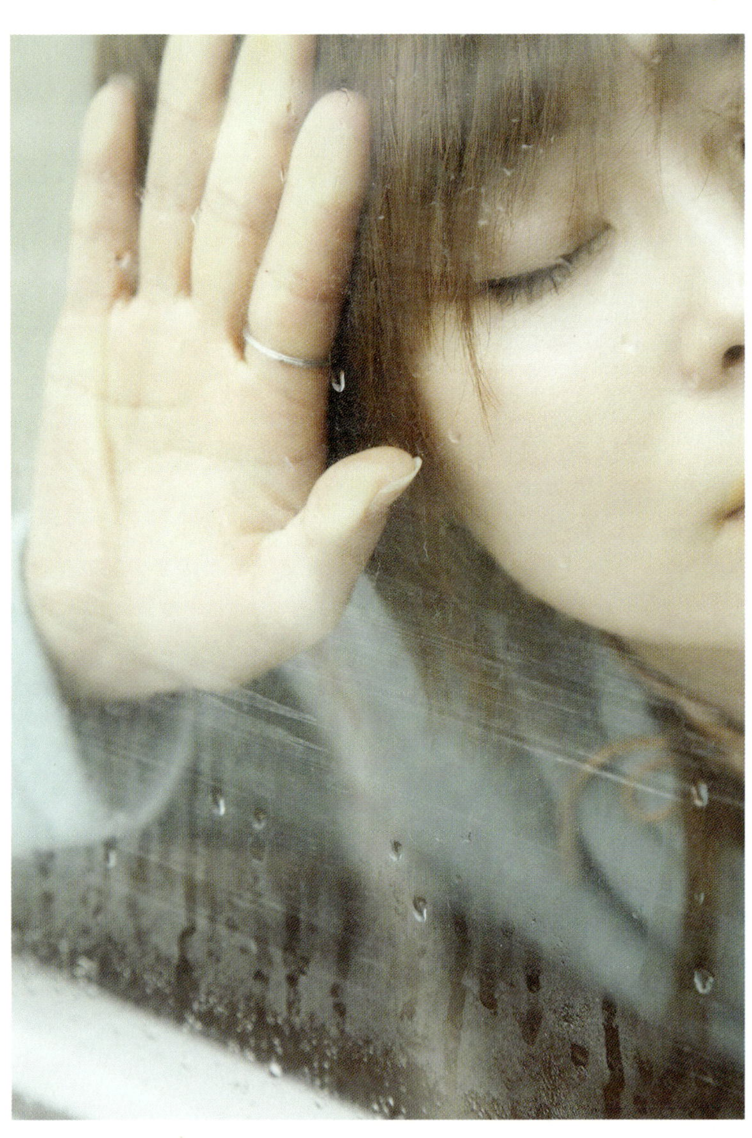

약 속

약속 하나만 해.
어떤 약속?

만약에, 그럴 일은 없겠지만.
우리 중 누군가 서로가 싫어지게 된다면…
먼저 싫증난 쪽이 더 많이 노력해주기로.

그런 말은 왜 해?
우린 그런 일 없을 것 같은데.
그래서 만약에 라고 했잖아. 만약에.

…좋아…
만약 말도 안 되는 그날이 내 쪽에 먼저 찾아온다면
난 지금보다 두 배는 더 노력할 거야.
지금보다 두 배로 널 사랑하겠어.
대신 그때 귀찮다고 딴말이나 하지마.
ㅎㅎ 그렇게까지 장담하란 말은 아니었는데.

그럼 이제 약속해줘.
자, 약속.
고마워, 이제 됐어.

:: 지킬 수 없는 약속을 했던 너였지만, 사실 그 약속이란 거 꼭 지켜야만 하는 마음에 하자고 한 건 아니었어. 그냥 네가 너무 아름다워서, 또 그날의 공기가 너무나 포근해서 순간을 간직하고 싶었던 것 뿐이야. 순간의 진심을…

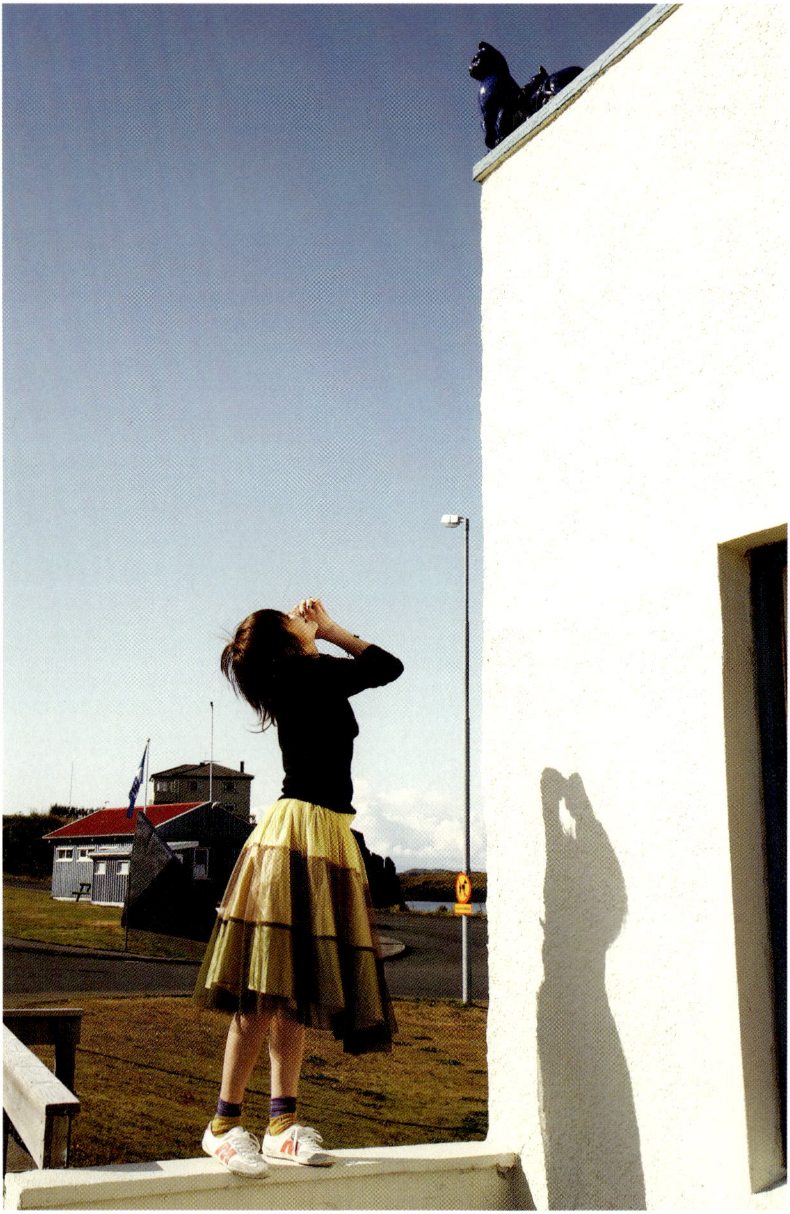

매 순간 순간은 정지된 듯 또렷하지만

눈 깜짝할 사이 흐트러져 버려.

하나도 잊어버리기 싫지만

하나만 간직하기로 합니다.

나는 오늘 내가 '이만큼 좋아하고 사랑한 것들' 중에서

'이만큼'을 기억하기로 했습니다.

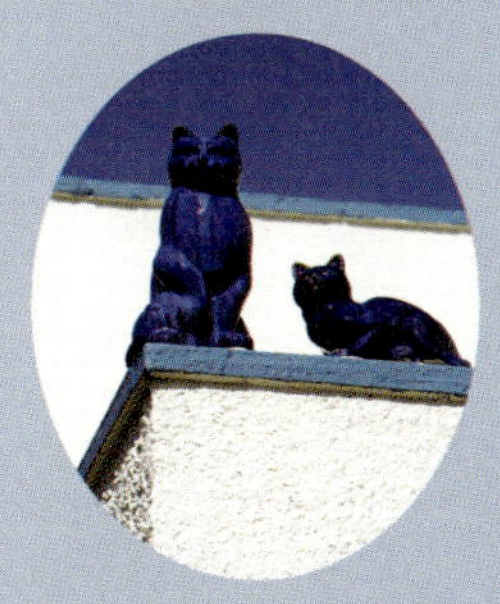

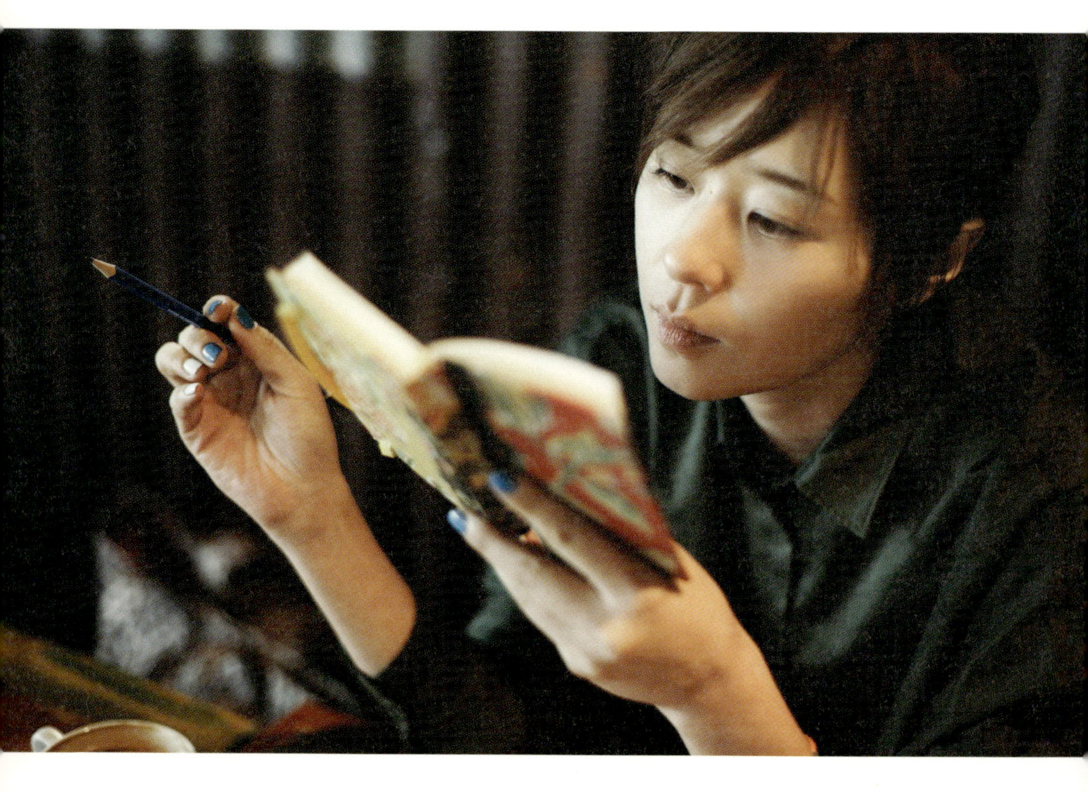

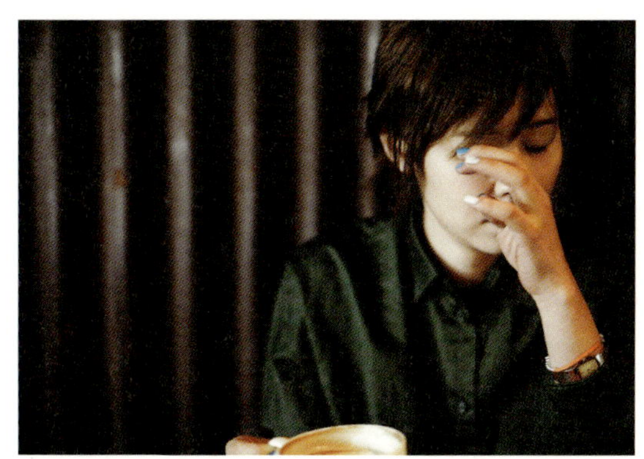

띨, 나 언젠간

밤 10시부터 해가 뜰 때까지만 하는 북 카페를 만들 거야.

그러면 아주 싼 가격에 맛있는 커피도 주고, 무릎담요도 주고.

그런데 연인들은 안 받아줄 거야.

그러니까… 행복하지 않을 때 행복하고 싶은

사람들을 위한

뭐 그런 곳을 만들 거니까.

:: '띨'은 동료이자 친구인 류현경의 별명입니다.

마 음
블 라 인 드

세상 사람들의 눈에 타인이 닫을 수 있도록 해놓은 블라인드가 있다면.
나는 무척 용기를 내어 네게 다가가 블라인드를 닫고 말 거야.

"당신을 본 게 아닌 데요~"라고
건방지게 말한다면,
눈물쯤 흐르겠지만,
나는 반드시 용기를 내어

내게 내어진 너의 블라인드를 닫고 말 거야.

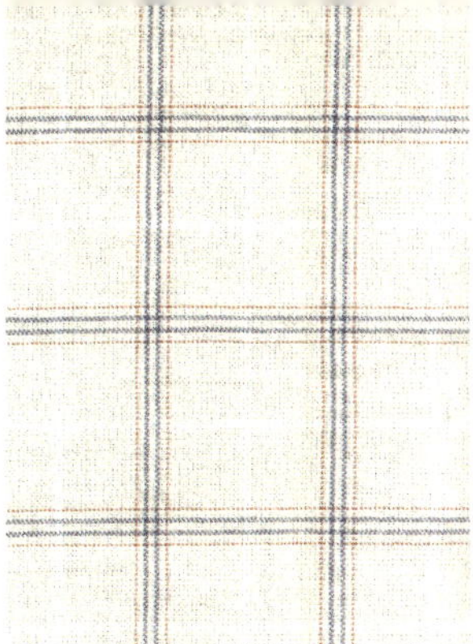

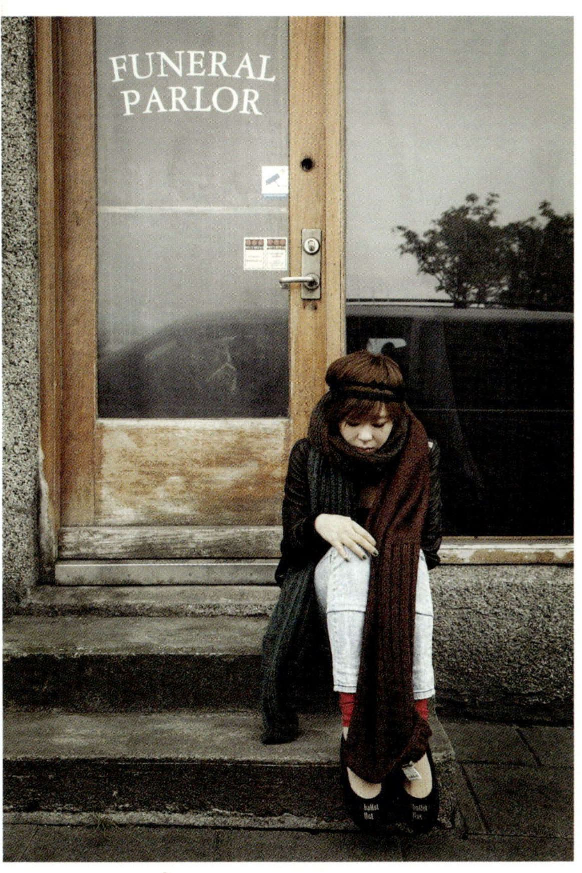

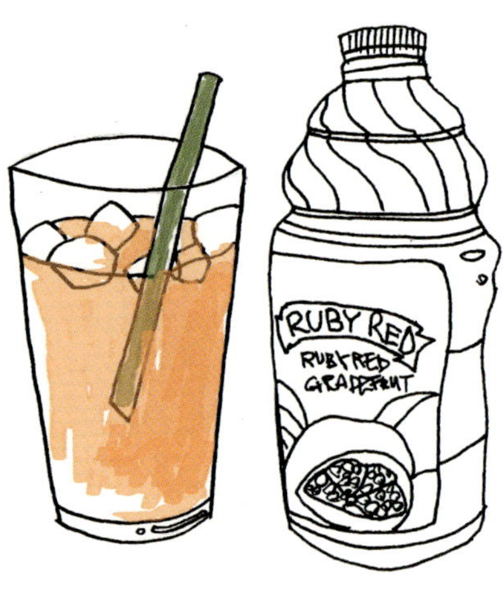

RUBY RED
RUBY RED
GRAPEFRUIT

자 몽 주 스

자몽주스.
쓰다!
하지만 단맛을 잊게 해주는 건 역시 쓴맛뿐일까?
위로의 맛.

얼음 넣은 자몽주스.
차갑다.
며칠 전보다 더욱 차가워진 손으로 부들부들 떨며
집 앞에서 자몽주스 마시고 들어가기.

자몽주스.
자각의 맛.
기억을 지우는 온도.
얼음 많이, 아삭아삭,

달콤한 위로보다
차가운 너의 배려가
고마워.

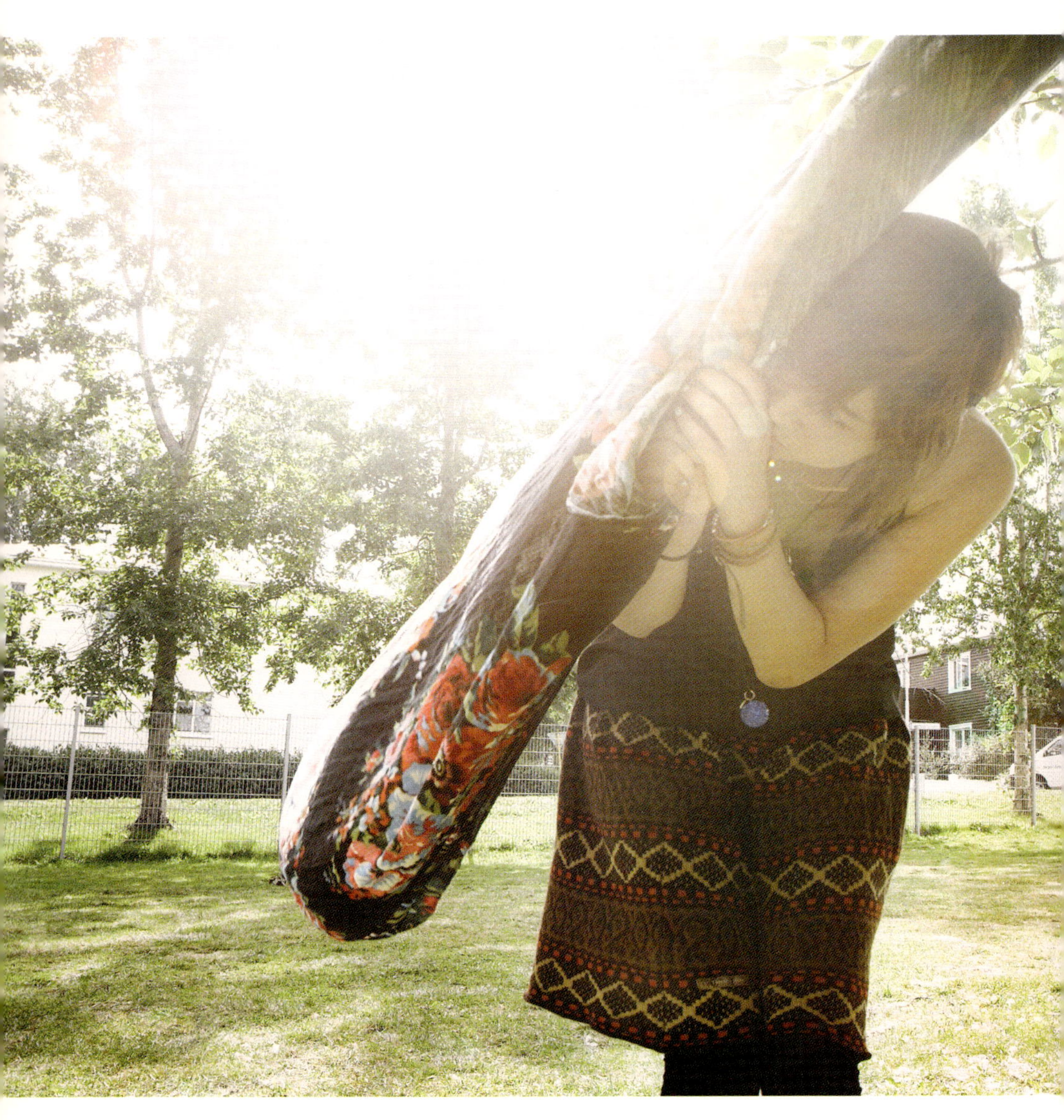

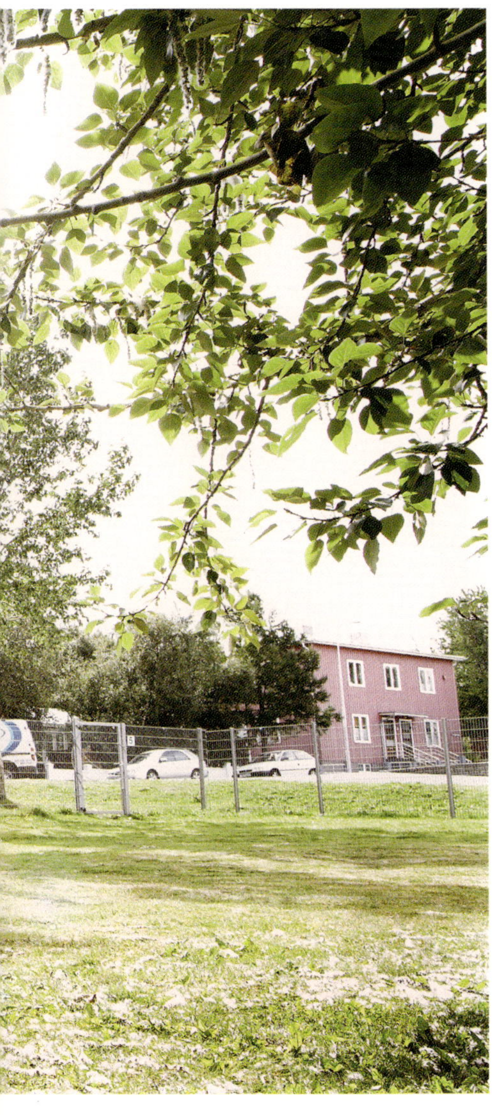

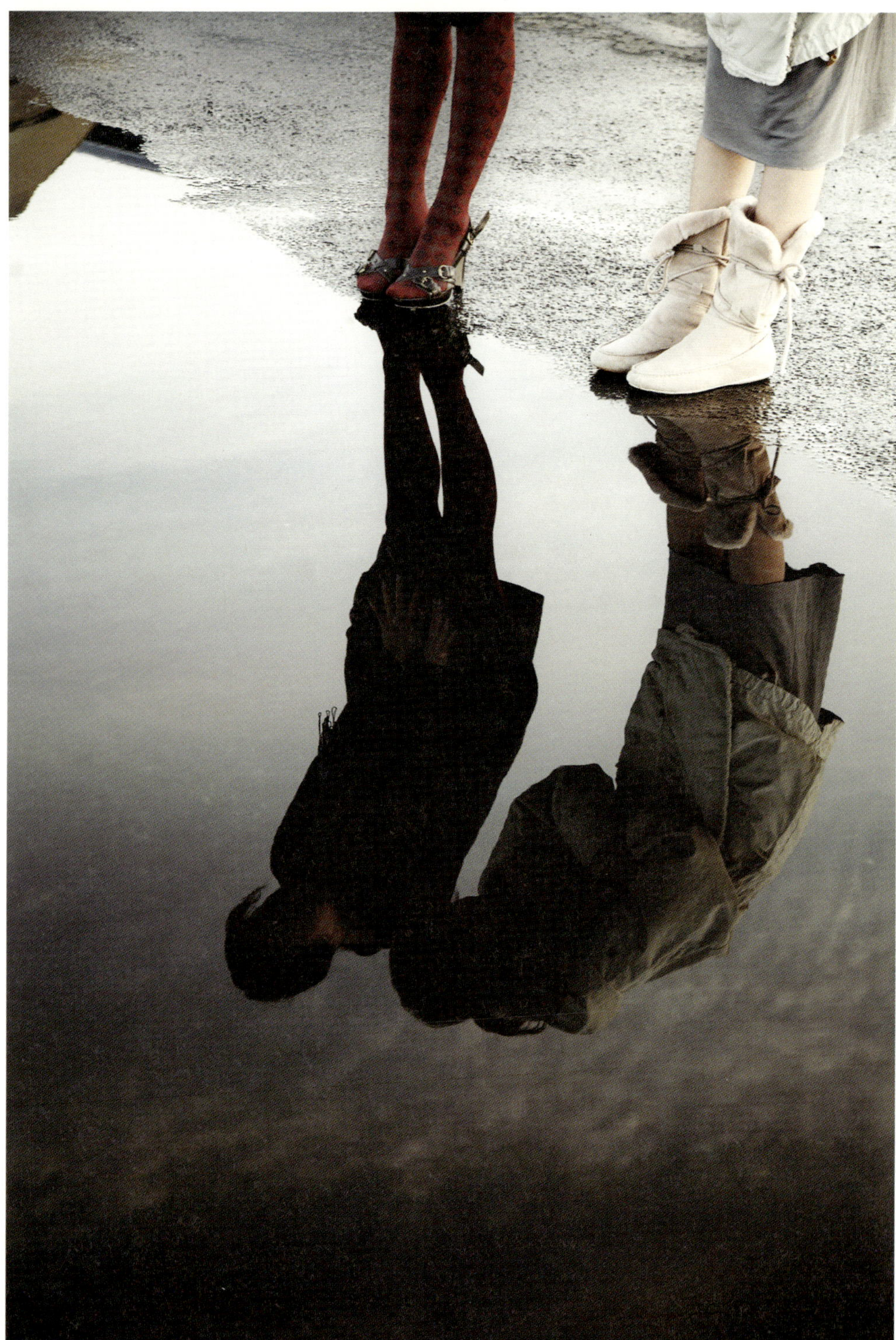

따 뜻 한
바 닥

낯선 사람과 바닥에 누워
신나는 이야기를 하고,

눈부신 이름과 밤을 새도 모자랄 시간을
어릴 적 맛난 과자 깨먹듯
아삭, 아사삭
아껴가며 네 곁에 이렇게….

끝이 없을 것 같던 길이라도,
아무도 모르게 다정하다면
예쁜 색이 없더라도,
씩씩하고 힘차게.
널 위해 따뜻한 바닥을 준비할게.

끝이 없을 것 같던 길이라도,
예쁜 색이 없더라도,

아무도 모르게 다정하다면.

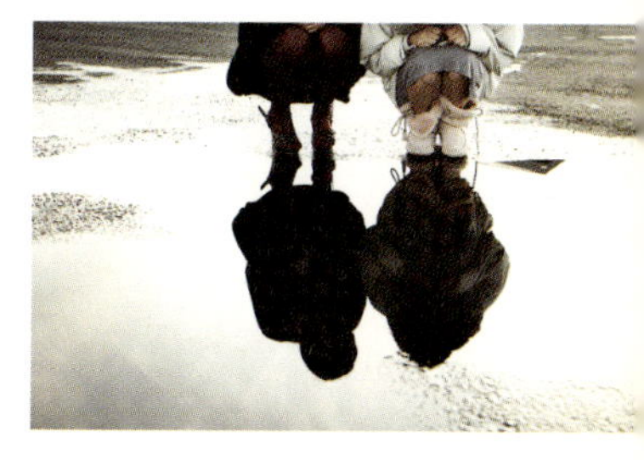

시 간 의
조 각

춤추는 뇌.
일렁이는 심장.
빼앗기고 싶은 기억.
멈춰버리고 싶은 시간의 조각을 주워 두 손에 쥔 채
눈물을 흘리고.

끊겨버린 관계.
도망치는 눈빛.
차라리 바보가 되어 버렸으면 하는 나는, 이 바보는
오늘도
새하얀 아침이 되어야 나를 놓는다.

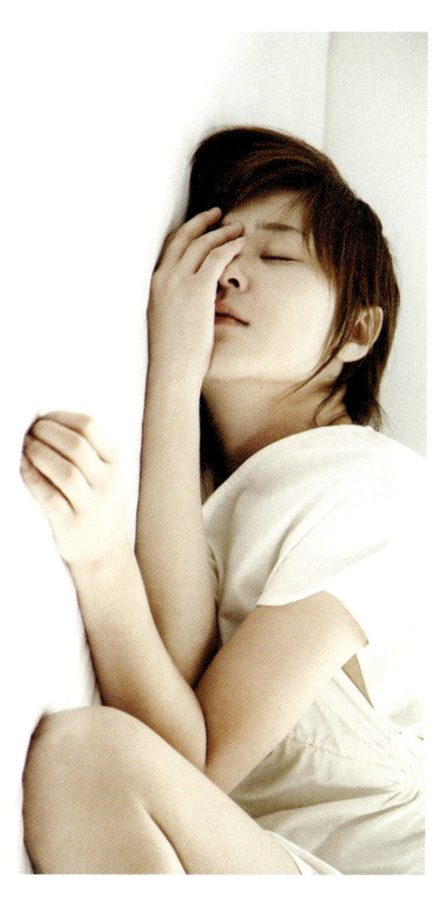

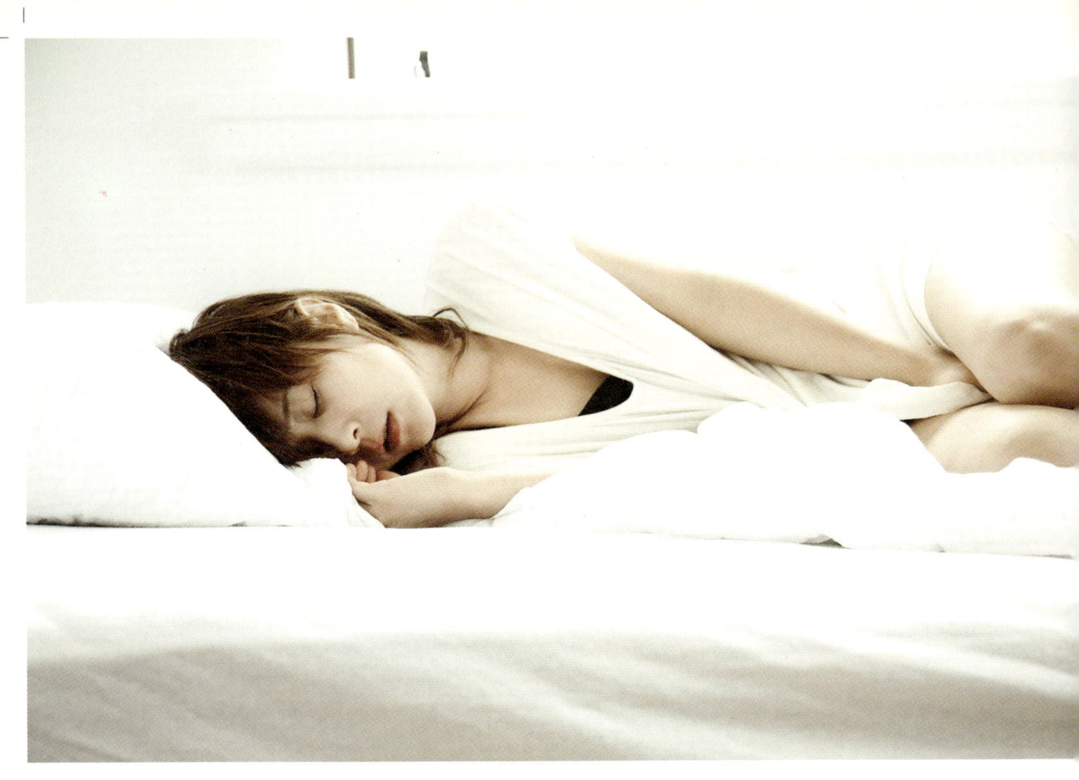

반듯하게 잘라놓은
나의 오렌지는
핑크보다 따뜻하고

토해내지 않아도
분명히 존재하고 있는
화이트는

진실의 색.

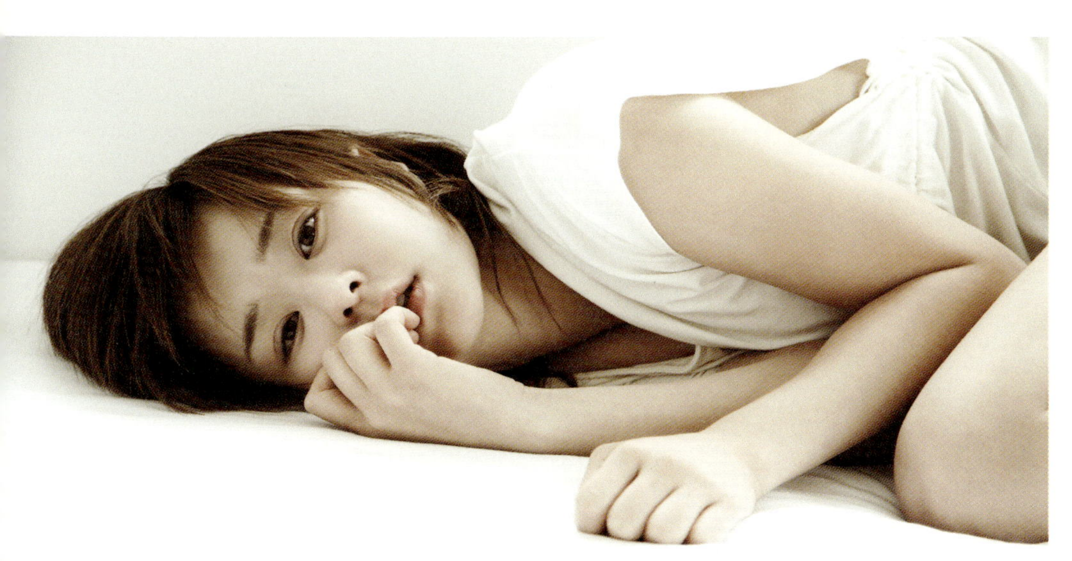

인생은
아름다워

좋았던 날의 이별.
끝나지 않는 그리움.
추운 날의 기다림.
되돌아가기 싫은 가난.
어떤 날의 향기도.

물리도록 먹었던 찌개.
손끝이 노란 귤.
네가 서 있던 그 자리.

무엇 하나 없어
눈부시게 아름다웠던 날.
그날들.
되돌릴 수 없기에.

좋아.
코끝이 시큰하도록.
마구마구.
눈물 나게.
… 좋아.

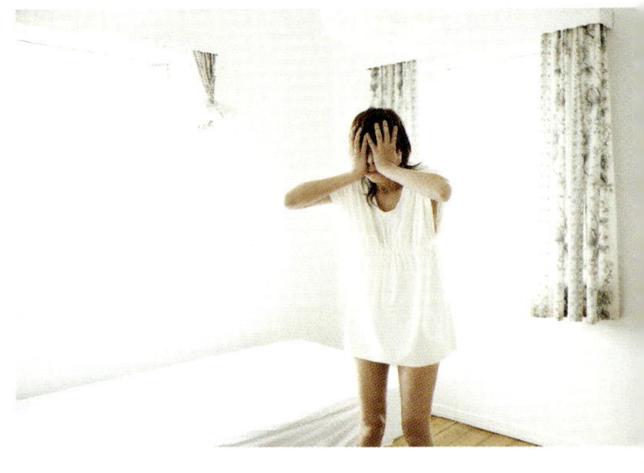

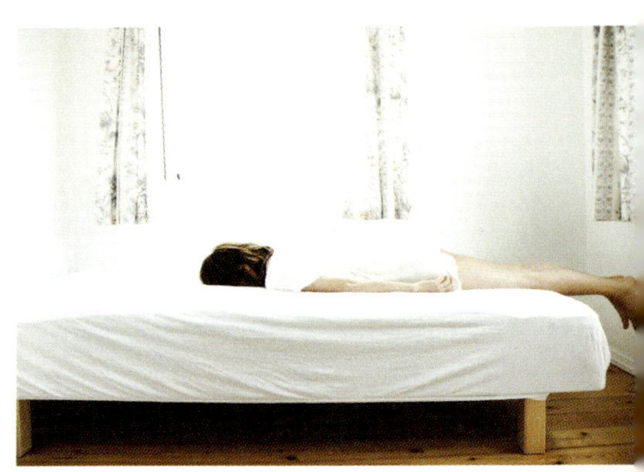

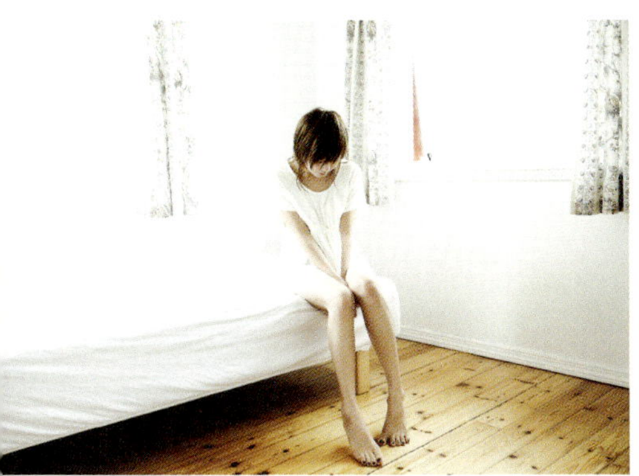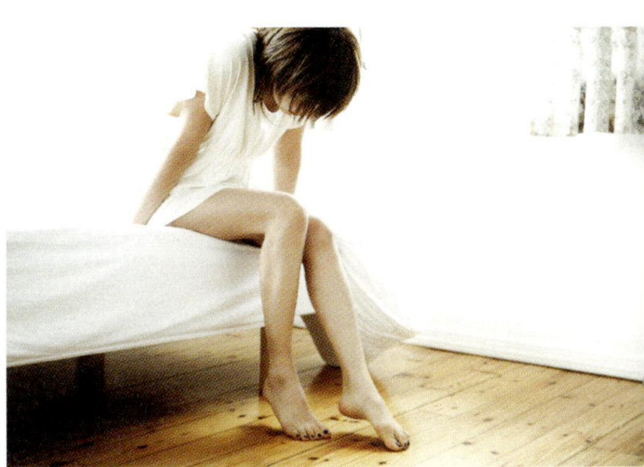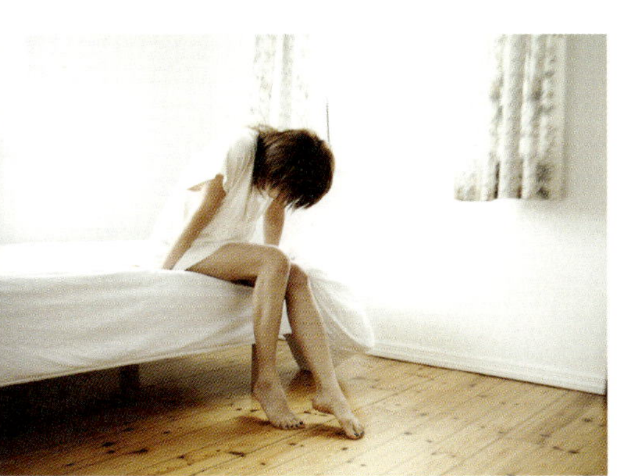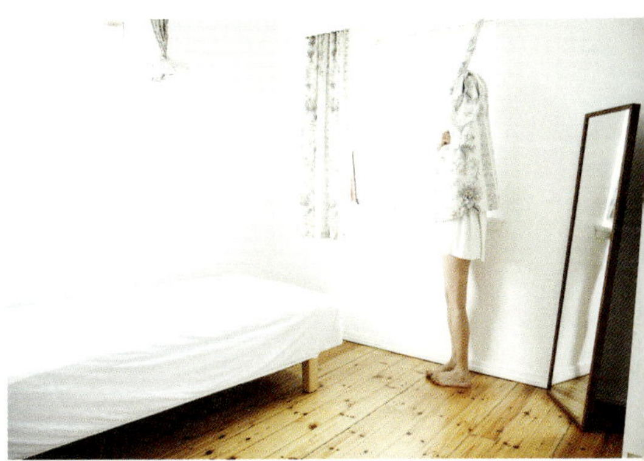

단지 머무릅니다.
오는 사람이 찾을 수 있고
가던 사람이 돌아올 수 있는
딱 그 자리에서…

하지만
제게도 조용한 새벽
마음에 품은 게 하나 있지요.

그건 바로…
100을 바라지는 않을 거란 거예요.

그 아무것도 아닌 숫자로 인해
내 눈앞의
예쁘고 착한 모든 것을 외면할까
잃을까
두려워서입니다.

차마 눈물이 떨어지는 곳을
바라보지 못하고 계속 고개만 쳐들진 않을까
염려되어서입니다.

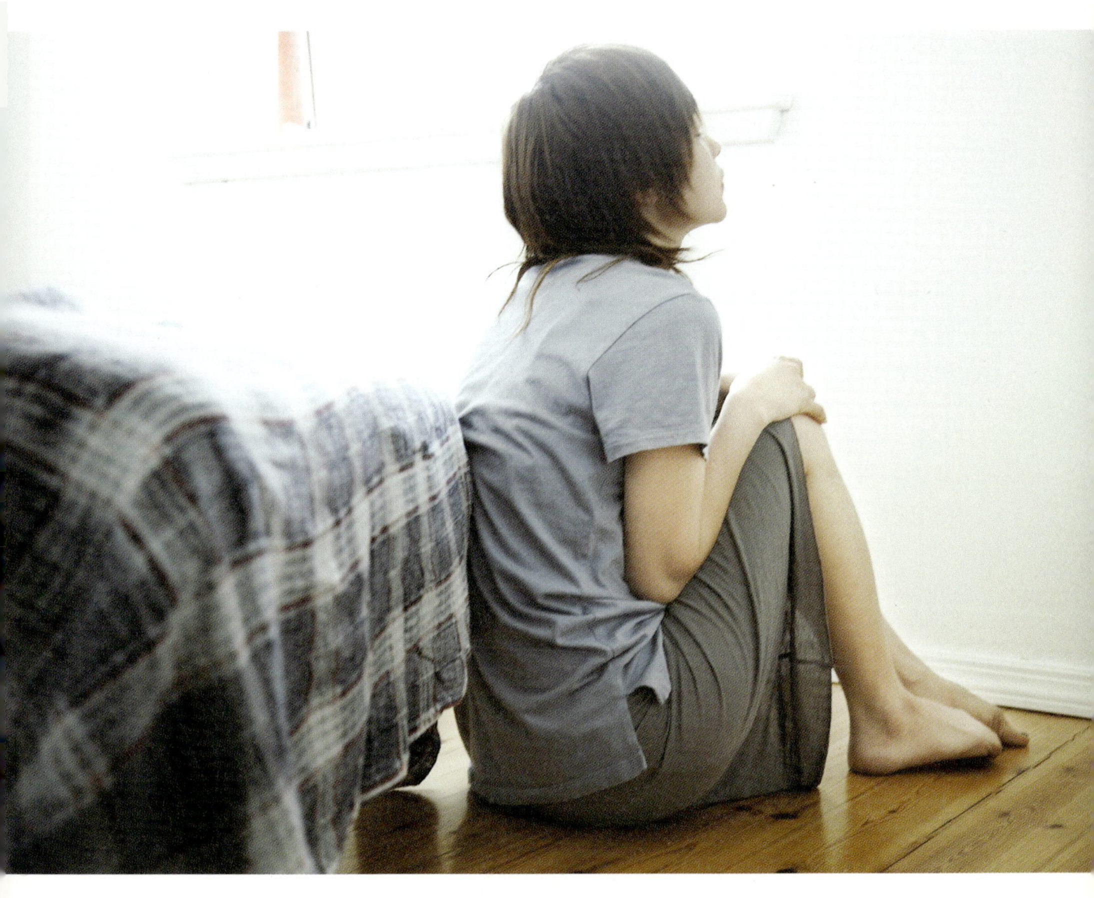

티 티
카 카

이상하지?

그날 오후는
굉장한 잠이 쏟아져서
깜빡 잠이 들었어.
몇 시간쯤 잤을까?
노란 빛이 이제 막 감돌기 시작하는 초저녁쯤 눈을 떴는데
뭔가 정확히 설명할 순 없지만
아주 친숙한 느낌의 냄새가 굉장히 낯설게 느껴져 눈물을 쏟고 말았어.
누군가 이제는 영원히 볼 수 없는 사람을
눈을 깜박이는 순간 보았던 것처럼….

마법 같은 일이 일어날 것 같아.
티티카카.

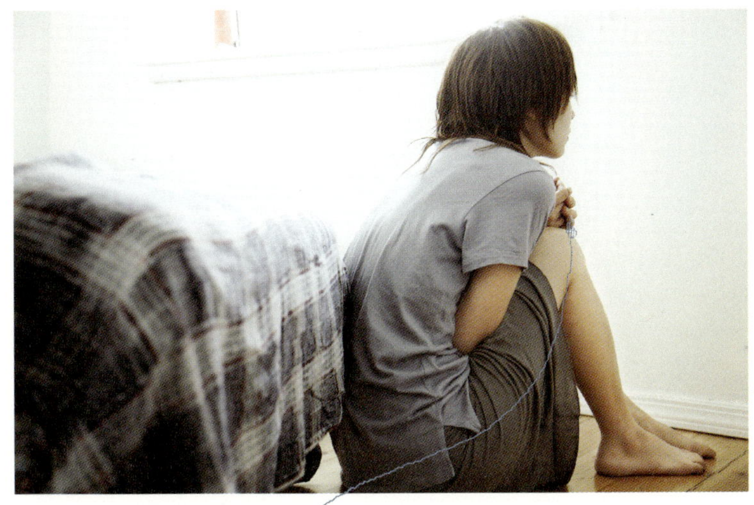

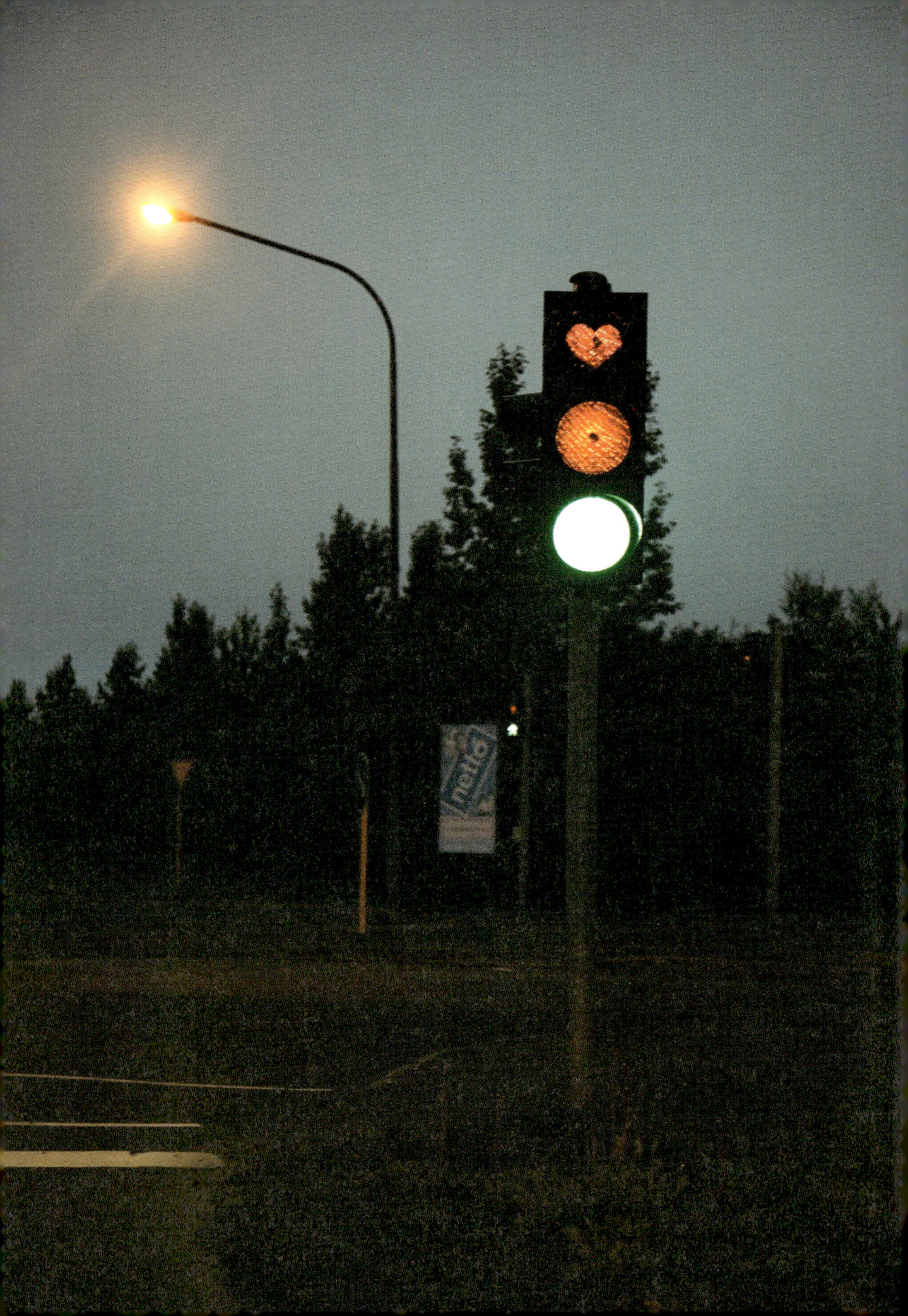

netto

공 공 의 적

사랑이 어디 있냐고? 있지, 물론.

그 떨림, 그 설렘, 그 간절함을 사랑이 아니면 달리 뭐라 표현하겠어?
내가 겪어봐서 알아. 분명 있긴 있어. 사랑.
근데 그 사랑이란 놈 말이야. 도대체가 책임감이 없어.
내게 와서도 사람 하나 엮어주고는 날랐거든.
그 떨림, 그 설렘, 그 간절함도 다시 다 가져가 버렸어.
못된 놈. 완전 바보된 거지. 우리 둘.
그러니까 나와 나의 사랑하는 사람. 한마디로 우린 둘 다 피해자야.
정말 그놈이 우릴 이렇게 엮어놓지만 않았어도
우리… 이렇게 시시해지진 않았을 텐데.
그래서 그 놈을 찾아야 돼, 도와주지 않을래?
듣는 소문에 의하면 이 사람 저 사람 속을 돌아다니며
거기서도 자기 멋대로 엮어놓고는 사라진다고 하던데…. 나도 그냥 들은 소리야.
아니 세상에 말이 돼? 미워하는 사람끼리도 얼굴 마주치고 잘만 사는데
서로 진심으로 아끼고 좋아했던 사람끼리는
제대로 얼굴 한 번 못 마주치고 살아야 하냔 말이야.
우린 정말 좋아하는 사이였거든….
너희도 언젠가 당할지도 몰라.
정말 순식간이거든. 그땐 우리 맘 알게 될 거야. 그러니까 조심해.
우리처럼 되기 전에 아예 그놈이 온다 싶으면 "우리 그런 거 안 사요" 내지는
문을 열어주지 말던지, 없는 척하던지, 그도 아니면 그냥 "예수 믿어요" 해버려.
마음 문을 꼭꼭 잠그란 말이지. 안 그러면 우리처럼 돼.
… 도와주지 않을래? 공공의 적이야. 다시 찾는 것 말고는 이젠 달리 방법이 없어….

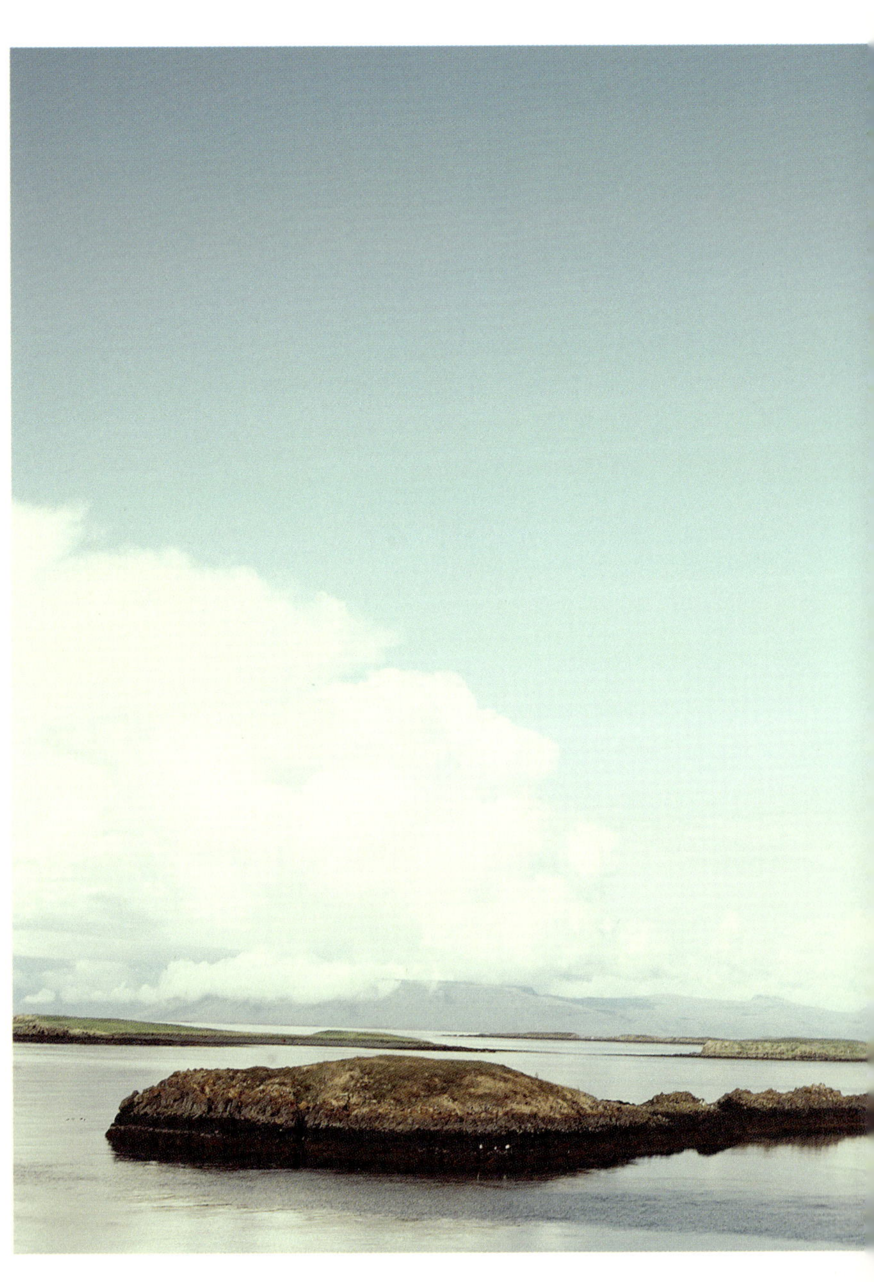

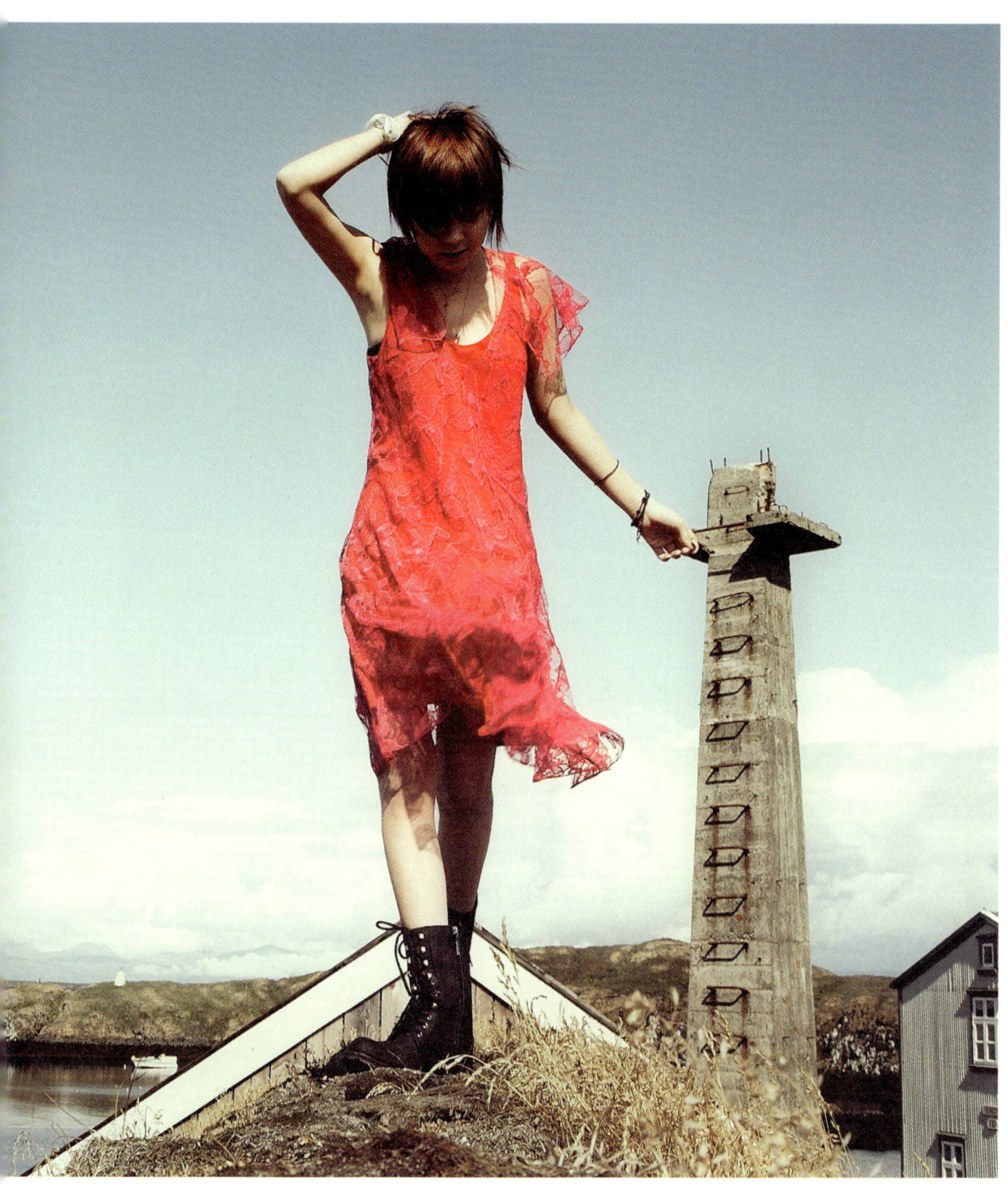

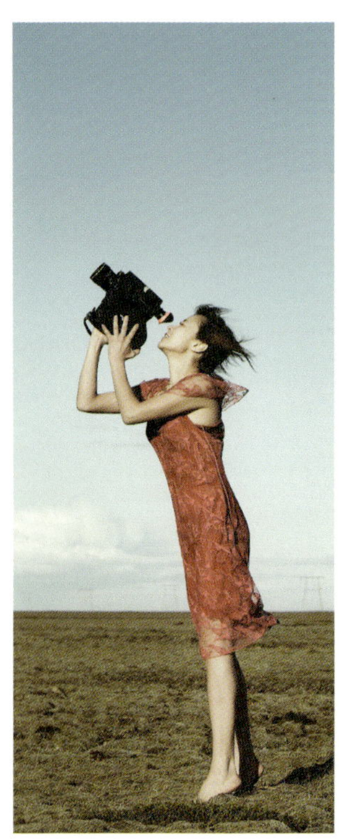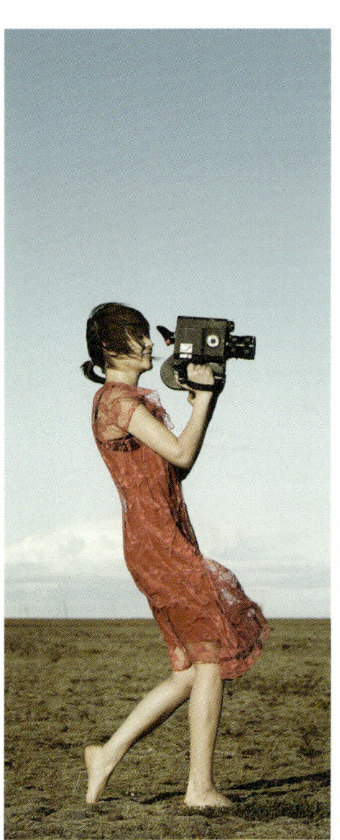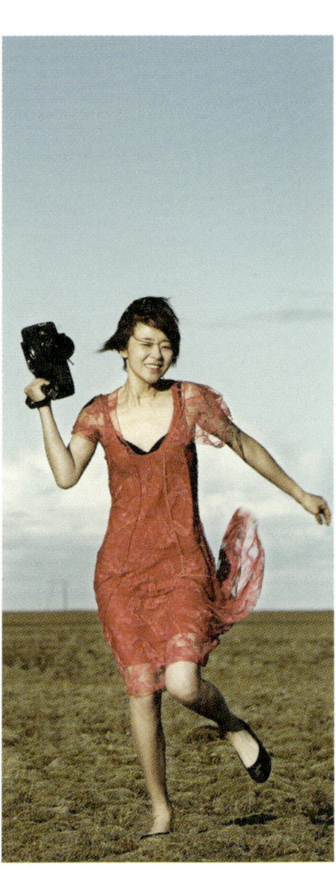

유통기한

기분이나 감정엔
유통기한이 있는 것 같아.

감정을 끊임없이 되새겨내야 하는 게
내 일이긴 하지만.

웃음엔, 감정엔, 기분엔 분명히
유효기간이 있는 것 같아.

그러니까, 모두.
행복할 수 있을 때 행복하기로….

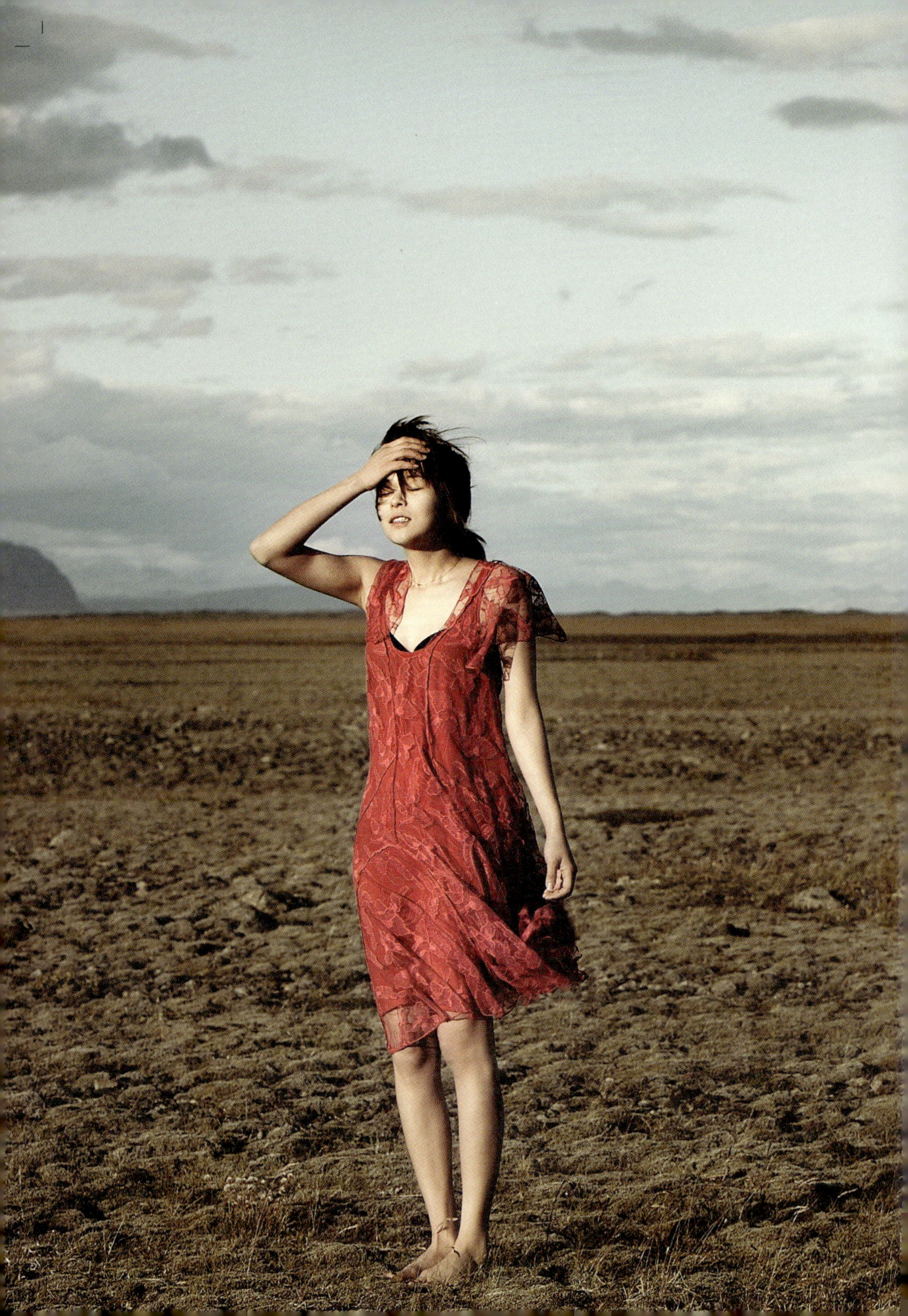

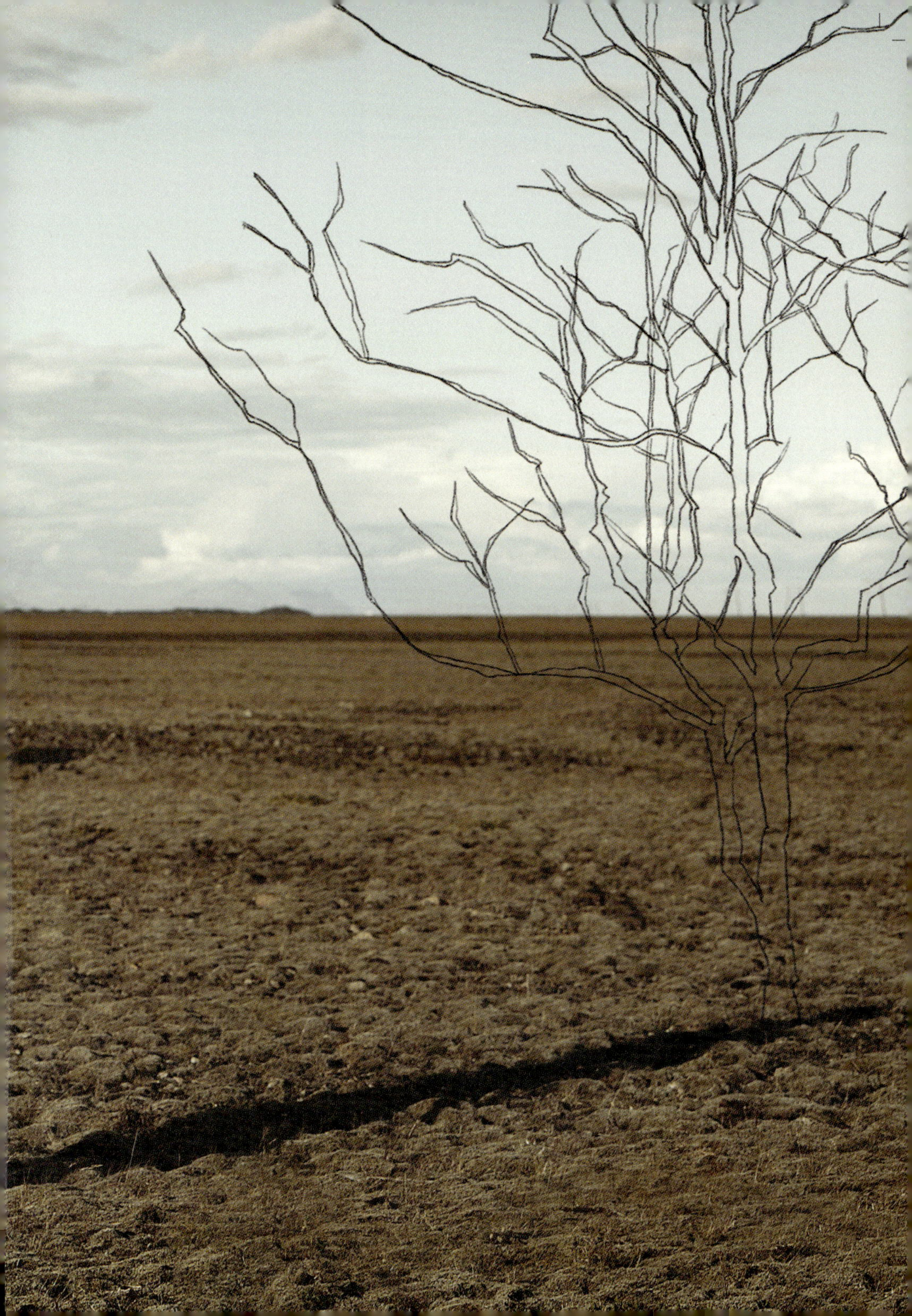

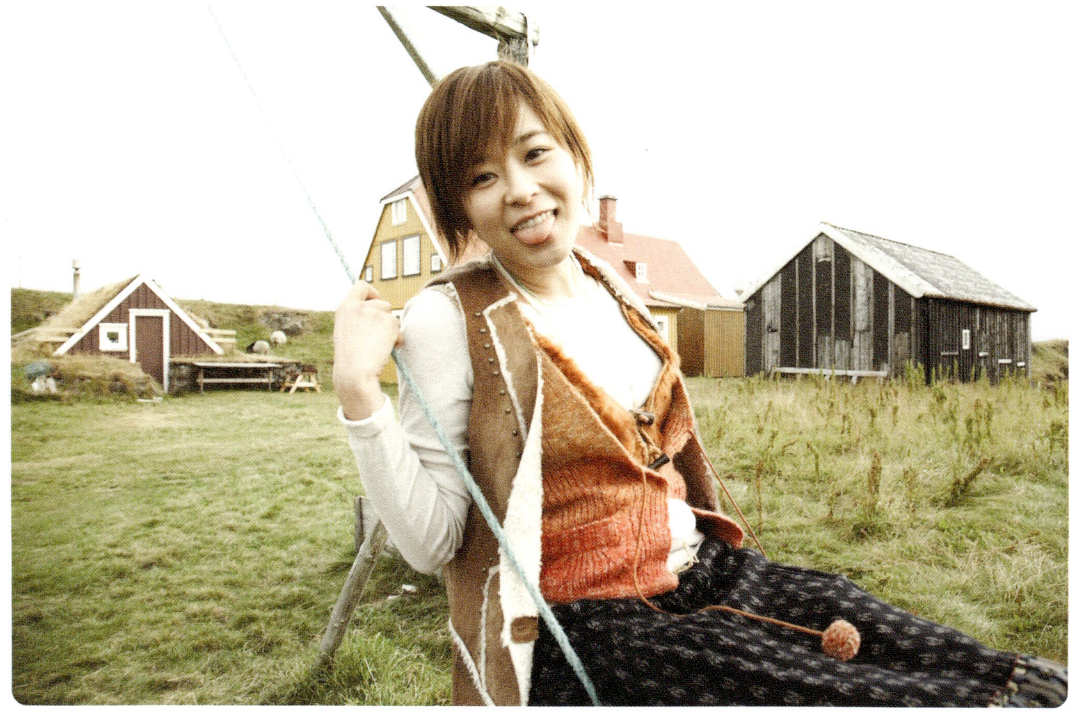
beyond buzzi

beyond buzz!

'나 행복해'라고 말해야 할지,
'실은 행복하고 싶을 뿐이야'라고 해야 할지,

뭐라고 말해야 할까
망설이다 던져버린
행복하자

행복해주세요.

_『최강희, 사소한 아이의 소소한 행복』중에서

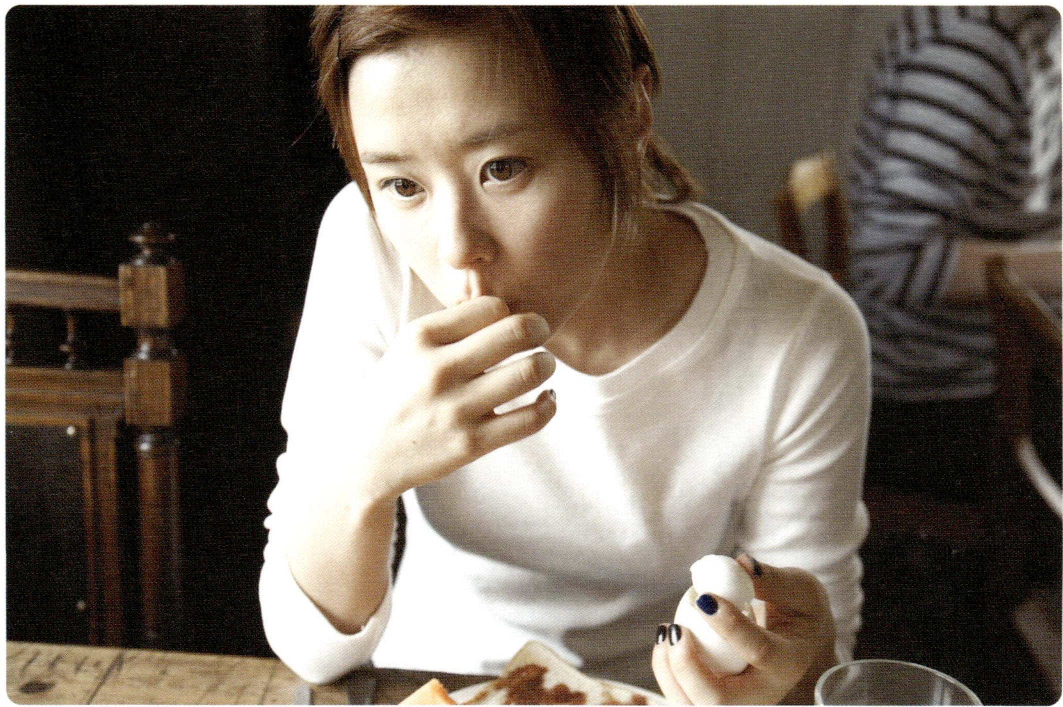
beyond buzz!

beyond buzz!

매 순간 순간은 정지된 듯 또렷하지만
눈 깜짝할 사이 흐트러져 버려.
하나도 잊어버리기 싫지만
하나만 간직하기로 합니다.
나는 오늘 내가 '이만큼 좋아하고 사랑한 것들' 중에서
'이만큼'을 기억하기로 했습니다

_「최강희, 사소한 아이의 소소한 행복」 중에서

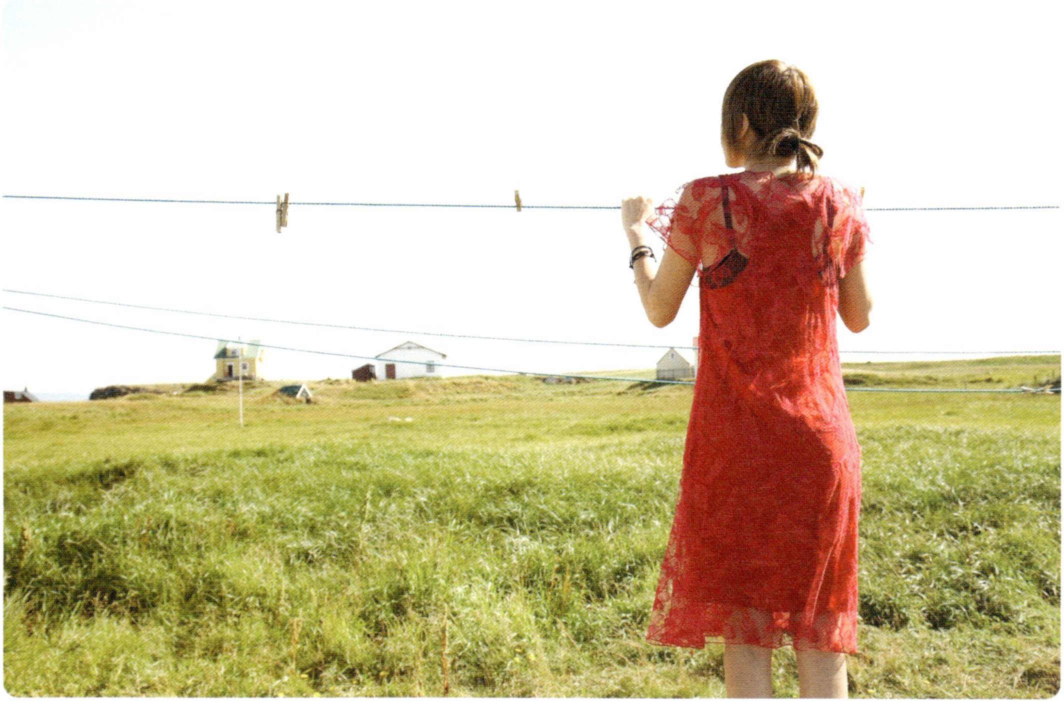

beyond buzz!

춤추는 뇌,
일렁이는 심장,
빼앗기고 싶은 기억,
멈춰버리고 싶은 시간의 조각을 주워 두 손에 쥔 채
눈물을 흘리고.

끊어버린 관계,
도망치는 눈빛,
차라리 바보가 되어 버렸으면 하는 나는, 이 바보는

오늘도
새하얀 아침이 되어야 나를 놓는다.

—『최강희, 사소한 아이의 소소한 행복』 중에서

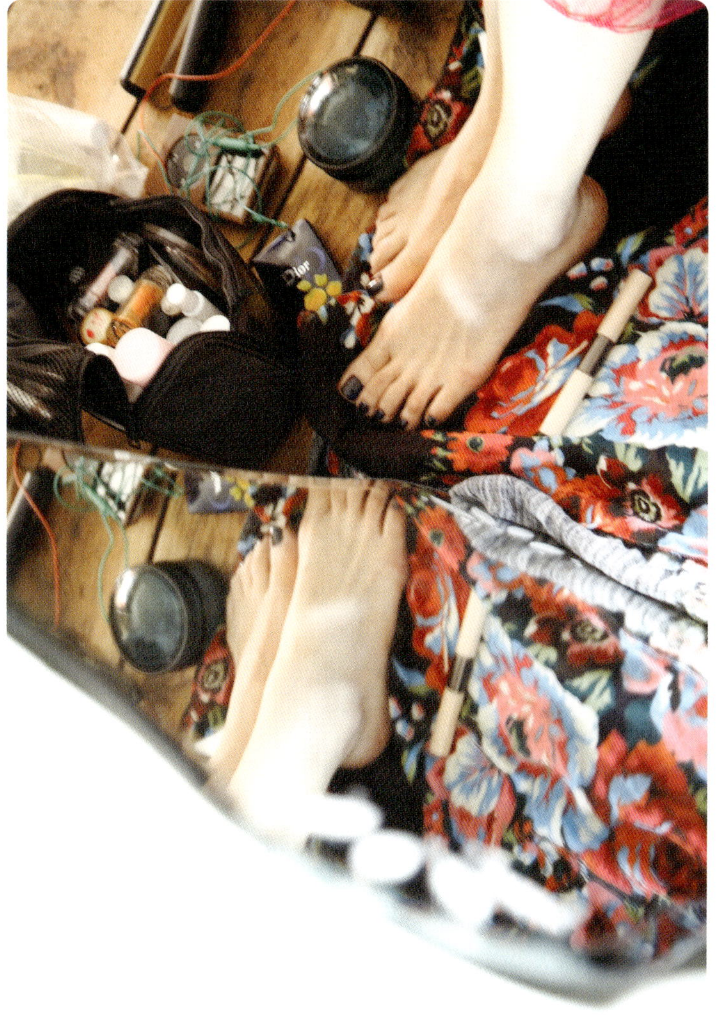

beyond buzz!

공유하고 싶지 않은 것들이 있다.

특정 영화.
특정 음악.
특정 사람.
특정 장소.

그치만 그 모두를
누군가와 나누고 싶을 때도
우리에겐 있다.

—『최강희, 사소한 아이의 소소한 행복』중에서

최강희, 사소한 아이의 소소한 행복 – beyond buzz + 최강희 지음 북노마드

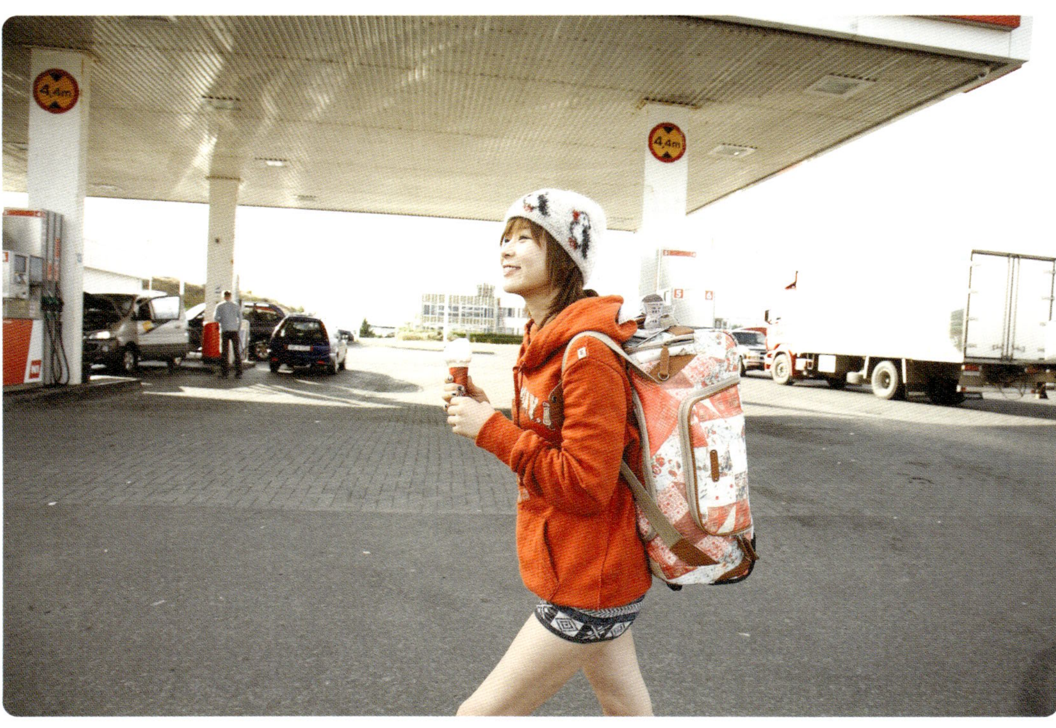
4.4m
4.4m
beyond buzzi

beyond buzz!

힘차게 달려라, 아이야.
지금 뒤를 돌아본다면 너는 아주 주저앉아 버릴 거야.

달려라, 아이야.

억지로 고개를 내빼 가야할 곳을 본다면
너는 주저앉을 수밖에 없을 거야.
아직 많이 두려울 테니까.

가끔 무섭다면 눈을 꼭 감고 조금씩 걸어보렴.
앞이 안 보여 비틀거린대도 넌 참 귀여울 거야.
넌 그렇게 이쁠 나이거든.

—『최강희, 사소한 아이의 소소한 행복』 중에서

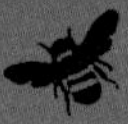

Ágætis byrjun*
좋은 시작

* '좋은 시작' 이라는 의미의 'Ágætis byrjun' 은 시규어 로스의 메이저 첫 앨범 제목입니다. 이별, 아픔, 상처
를 겪어야만 하는, 하지만 그것을 보듬고 다시 출발해야 하는 당신에게 드리는 최강희의 마음이기도 합니다.

벌 써
가 려 구 ?

나의 여름…
내 곁에 있어줘.

내가 지구를 지켜야 하는 이유는
너를 약속한 시간에 만나고 싶어서야.

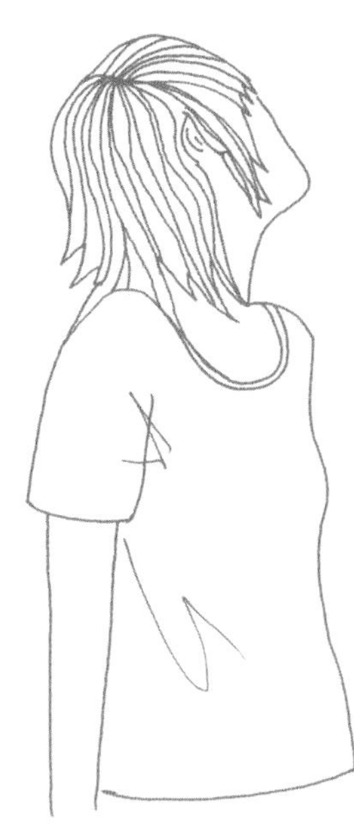

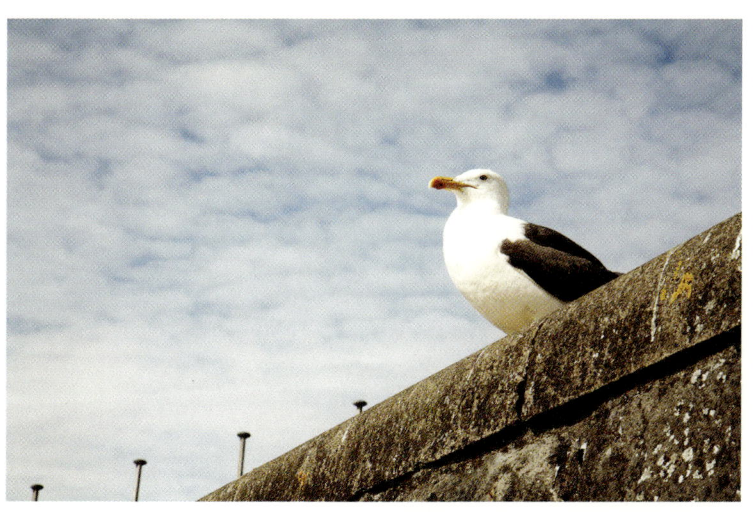

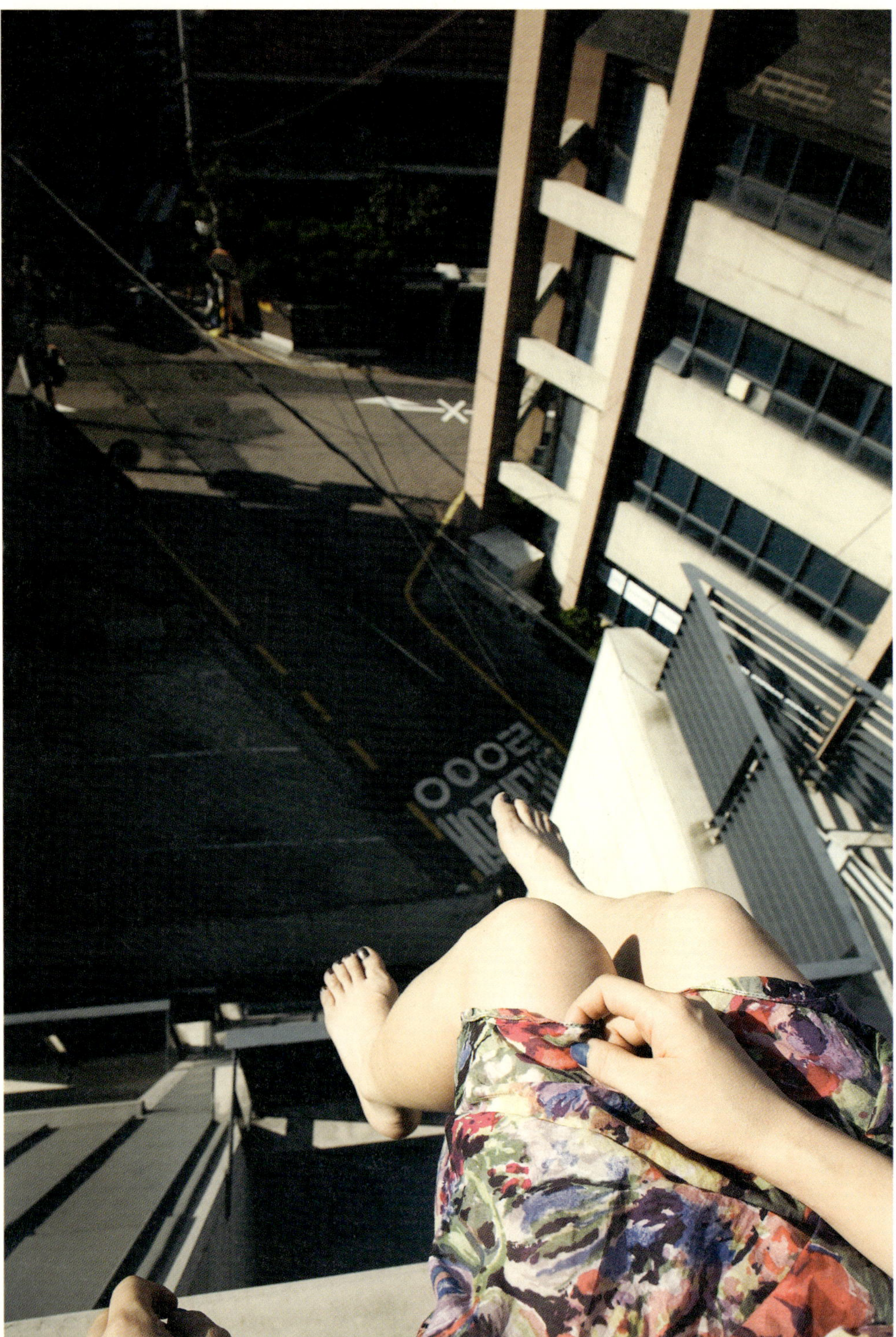

유치하다는 것이 뭘까?
유치하다는 게.

좋지 않은 사람이 진지해지는 것은
또 그것을 내게 들키는 것은

참으로 괴로운 일이다.

평생 사람의
눈 안에?

평생 사람의 눈 안에 담을 수 있는 색은 몇 가지 정도 될까?
그 색을 모두 언어로 풀어낼 수는 없다는 것을 다시 한 번 알게 된 날.

감성이 예민한 사람의 3년 동안의 심리를 하나씩 쪼개어 수를 매기면
그 감정들은 몇 개나 될까?
그것들 중 단 하나라도 타인이 주워 무엇으로든 비슷하게 표현해낼 수 있을까?

아침 일찍 눈을 떴다.
굉장한 허기가 느껴져 급한 대로 김밥이라도 몇 알 삼켰다.
목구멍을 찬물로 개시한다.
상쾌한 아침.
난데없이 가슴이 뭉클하다.

애인을 뺏긴 기분.
갑자기 찬물을 삼켜서 그런가?
다시 한 번 남은 물을 마신다.

정확하게 5일 전. 머리를 빨갛게 하고 싶다고 생각했다.
하지만 내가 하고 싶은 머리의 색을 설명해낼 자신이 없었다.
이틀 전 읽고 있던 책의 마지막 페이지를 넘겼다.
그 다음으로 읽고 싶은 책은…
없다.

3일 전. 언니의 눈물을 보았다.

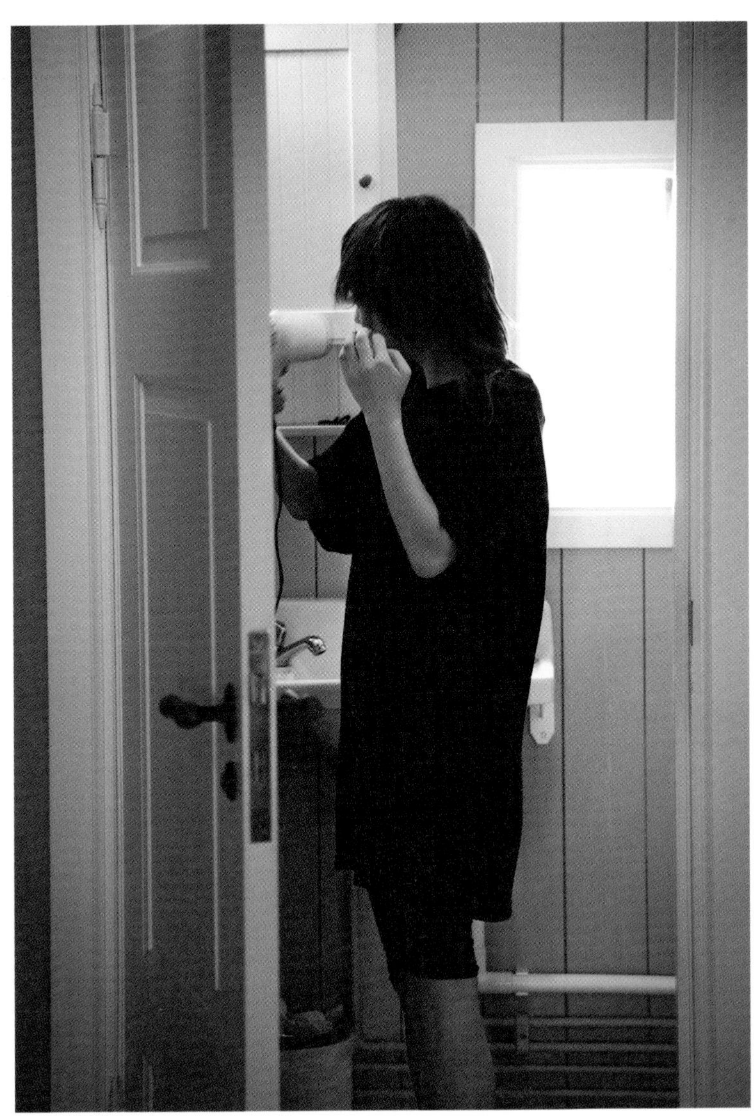

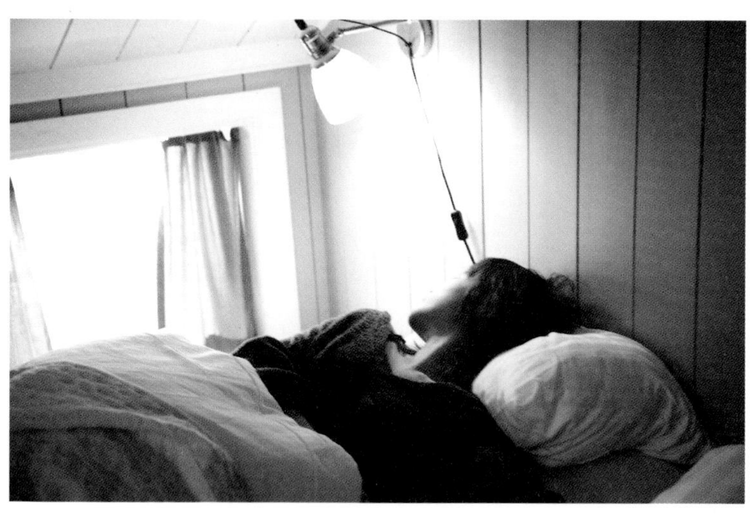

이번 달 나의 지출은 기록을 깼다.

머리가 멍하다.

꿈뻑꿈뻑. 눈을 꿈뻑인다.
떼구르르. 난데없이 눈물이 흐르는 것은 아닐까 살짝 긴장했다.

손을 가져가 눈가에 조심히 대본다.
1시간 전 세수하고 스킨만을 바른 상태.
그 상태 그대로 아무 일도 없었다.

조금 섭섭한 기분.

놓 아 주 기

매일 매일
어떠한 결심을 만들고,
지우고,
또 결심을 하고.

미워하고, 사랑하고, 용서하고,
또 눈물을 닦고,
애써 웃는 모습을 지어보이고…

또 다른 결심을 하고.

그치만 언제나 휘청이는 쪽은
대단한 결심을 해대는 쪽인 걸.

어쩌면
무엇도 결심하지 않는 쪽이

어쩌면
무엇도 포기하지 않는 쪽이

어쩌면
마음을 수없이 열고 닫아
삐거덕거릴 바에야
그대로 방치하는 쪽이….

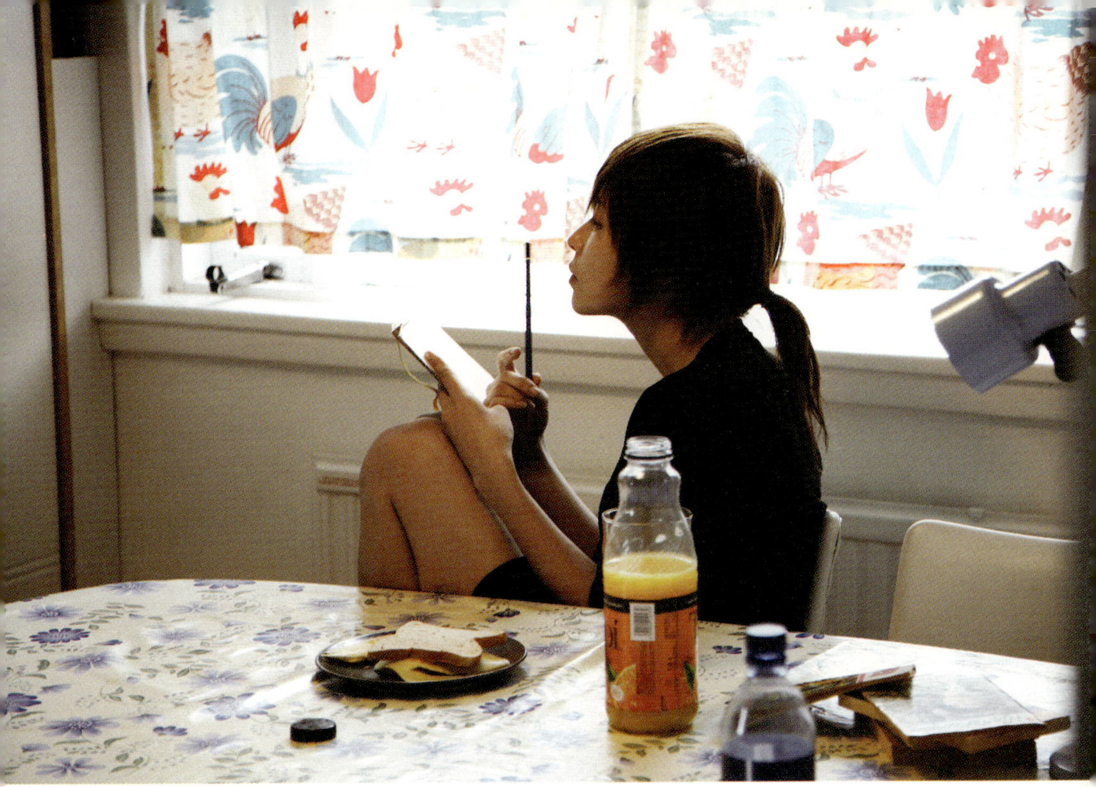

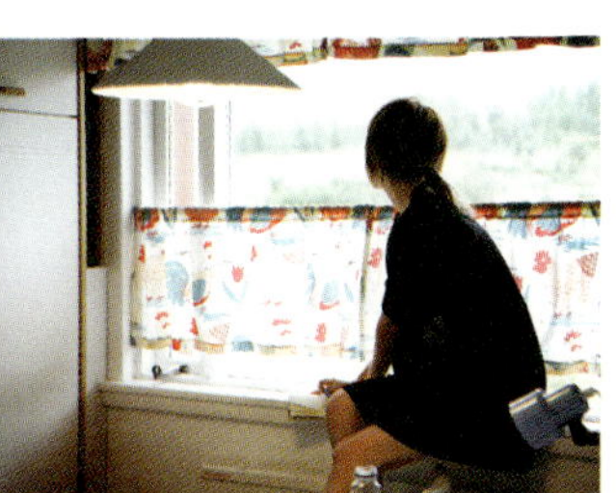

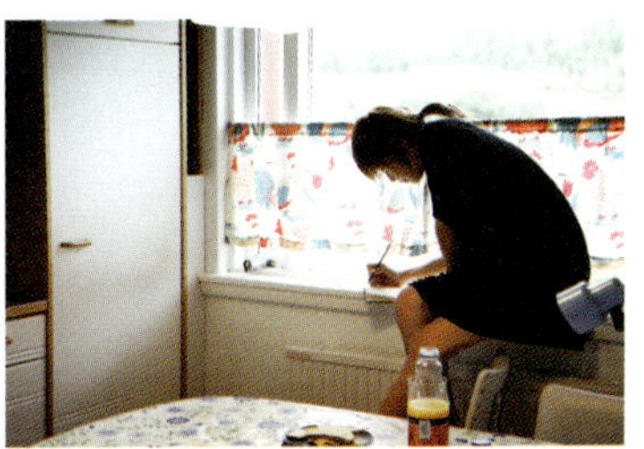

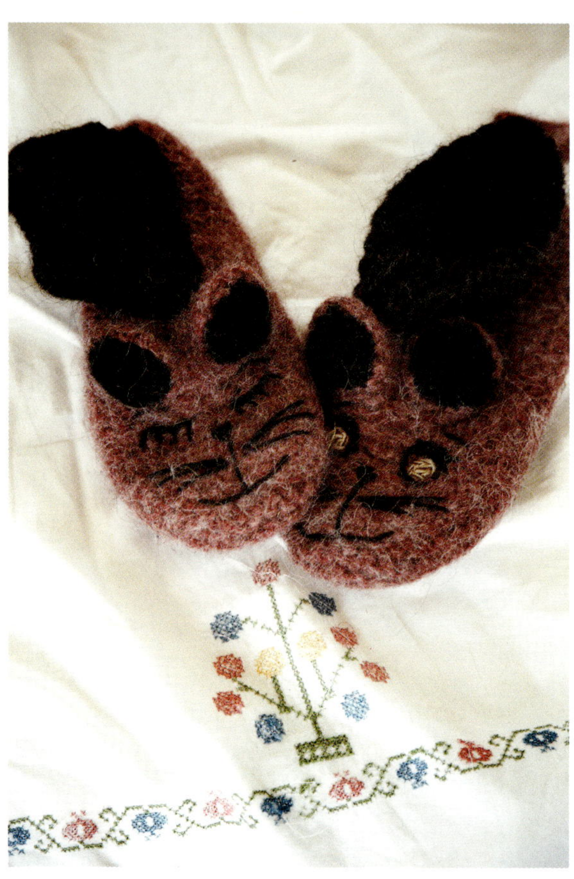

빌려주기 싫은 음악 같은
사람이고 싶습니다

갈 곳이 있다는 건
눈물 나도록 행복한 겁니다.
늘 그곳에 있는 사람이 있다는 건
잊었다가도 생각나 가보니
역시 누군가가 있다는 건
더구나 제가 움직이지 않는 그것이 될 수 있다니
산골짜기 반짝반짝 빛나는 집 한 채처럼
행복하네요.
뭉클하게.

언제든 한 번도 어기지 않고
갈 곳이 되어 드릴게요.
늘 따뜻한 집안에 당신을 맞는 강짱이 있습니다.
서로가 들리지는 않지만 볼 수는 있습니다.

빌려주기 싫은 음악 같은 사람이고 싶습니다.

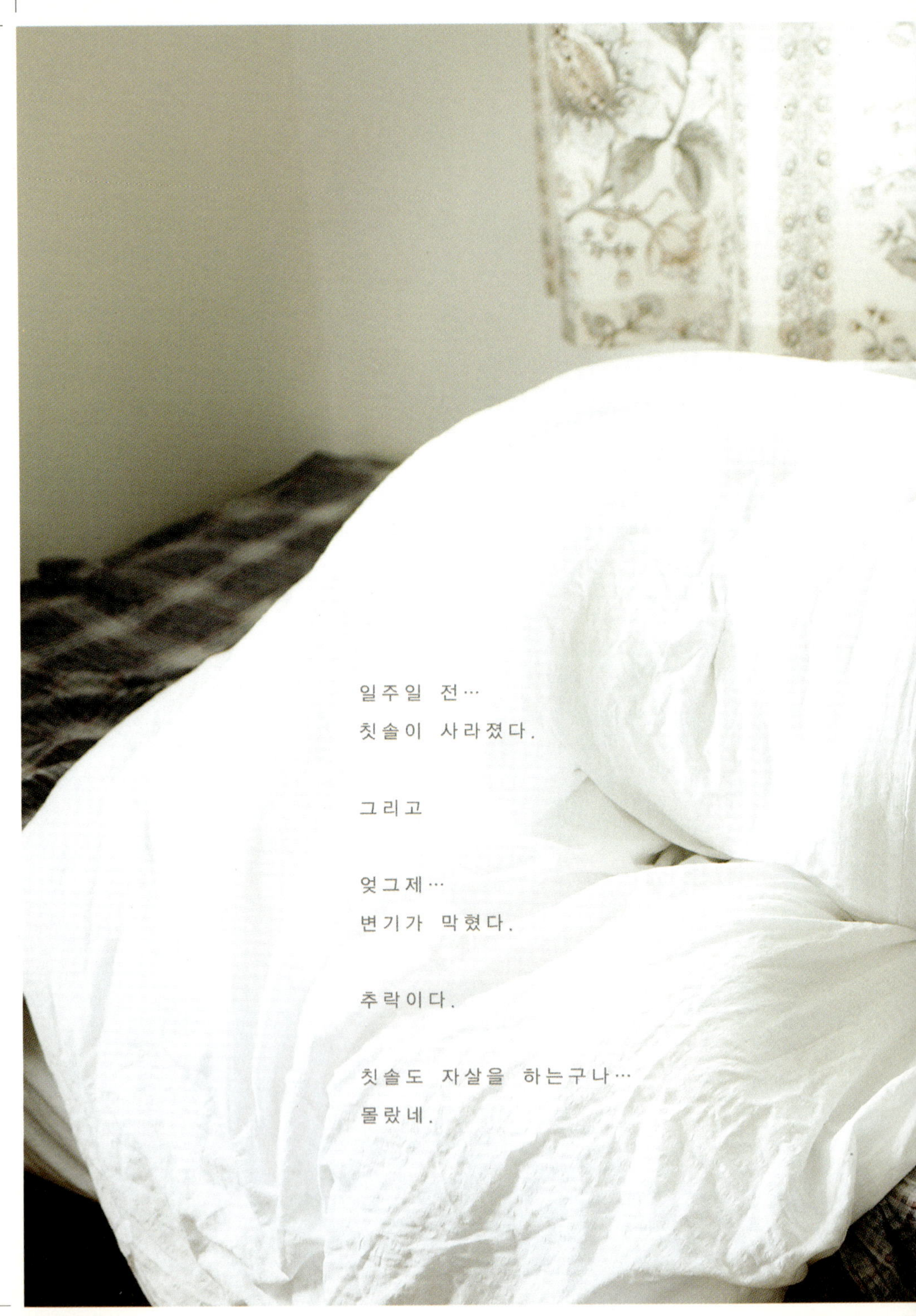

일주일 전…
칫솔이 사라졌다.

그리고

엊그제…
변기가 막혔다.

추락이다.

칫솔도 자살을 하는구나…
몰랐네.

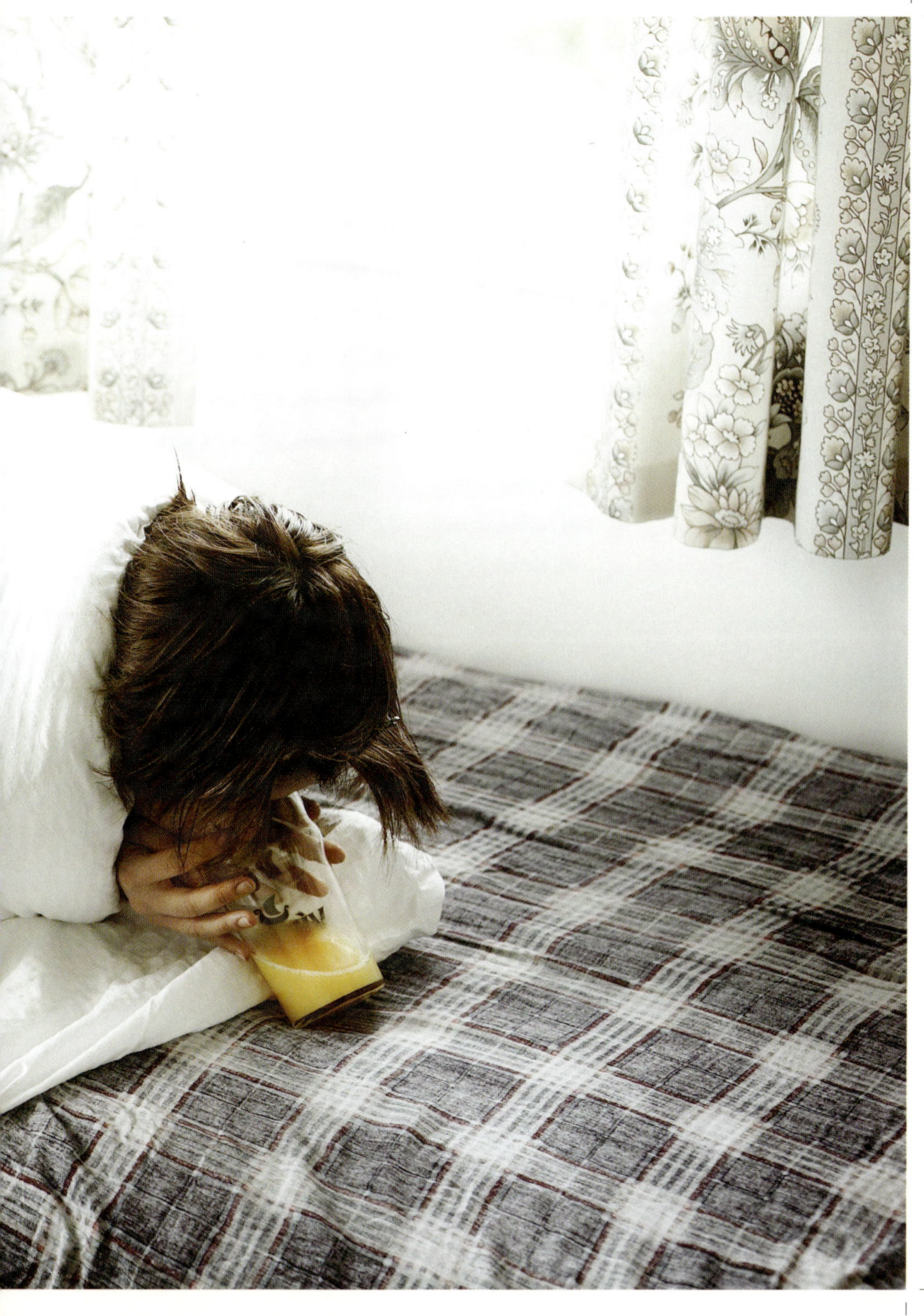

진정으로 .

미치도록 .

깊숙이 .

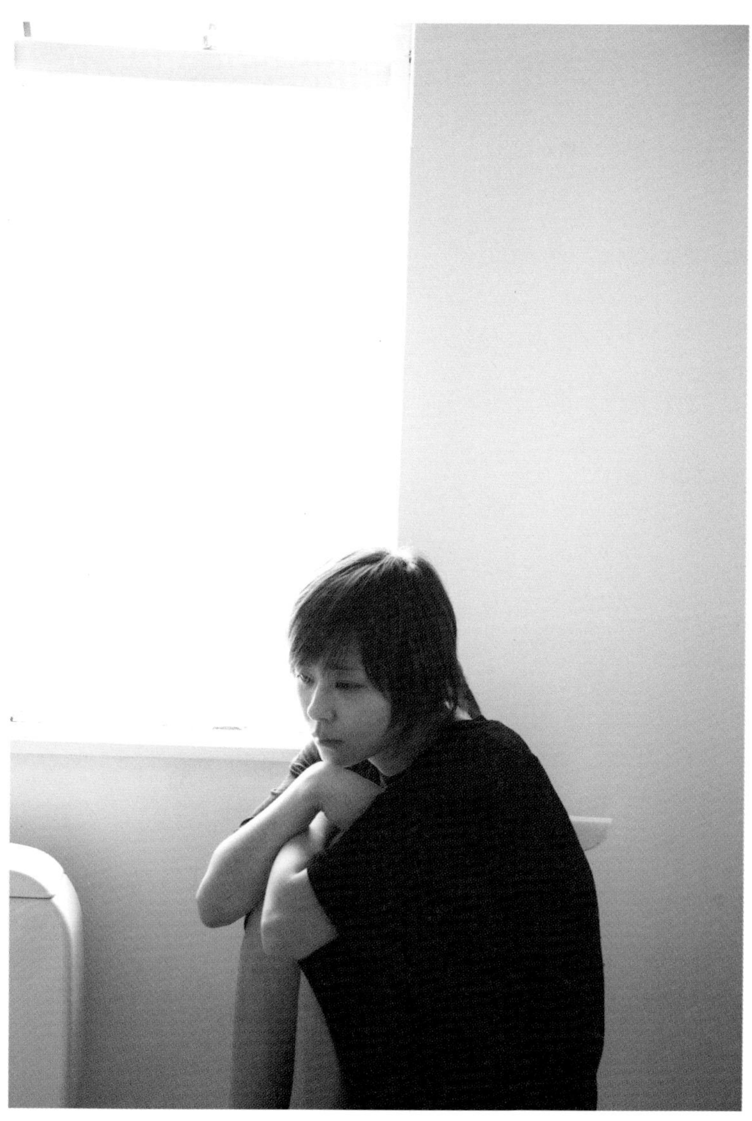

변 심

변해버린 건 나일 거야.
널 변했다 바라보는 내 눈일 거야.
원망하는 내 눈일 거야.

그래, 이제 더 이상 예전의 내가 아닌 것 같아.

참 많이도 아파했었는데,
점점 차가워지는 너를 보면서,
굳어지는 너를 보면서….

무심한 너의 두 눈을 바라보는 순간이
지금껏 내가 살아오면서 가장 암담했던 순간이라 해도 좋을 만큼.
그리도 깜깜했었어. 아찔했었어.
아무것도 보이지 않는 까매져버린 교실처럼.

그래, 이제 더 이상 예전의 내가 아닌 것 같아.

변해버린 건 나일 거야.
널 바라보는 내 모습일 거야.
그토록 따뜻했던 널 무섭다 느끼는
내 두 눈일 거야.
커져만가는 내 바람일 거야.
믿지 못하는 내 마음일 거야.
네 두 눈을 바라보며 그 속에서

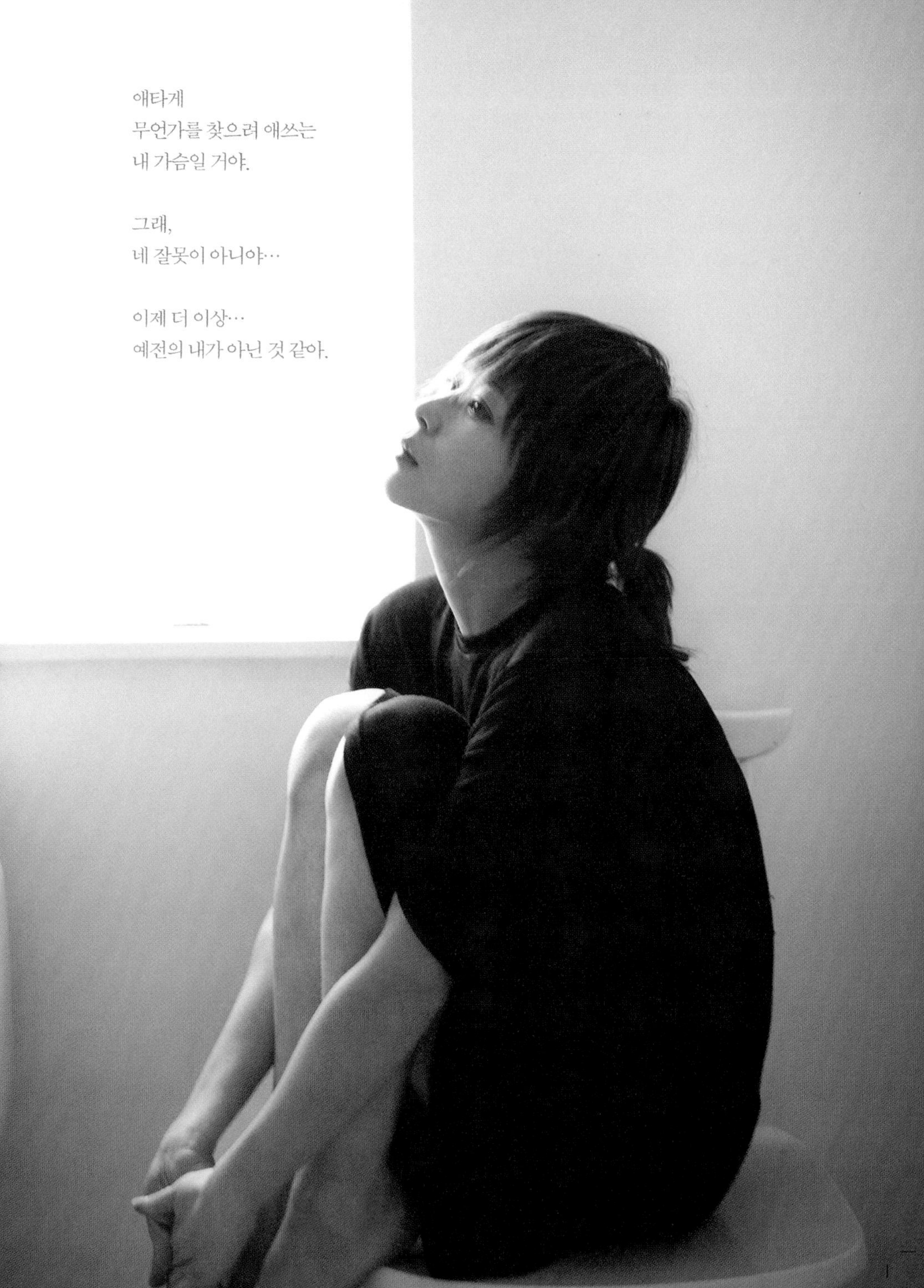
애타게
무언가를 찾으려 애쓰는
내 가슴일 거야.

그래,
네 잘못이 아니야…

이제 더 이상…
예전의 내가 아닌 것 같아.

애타게
무언가를 찾으려 애쓰는
내 가슴일 거야.

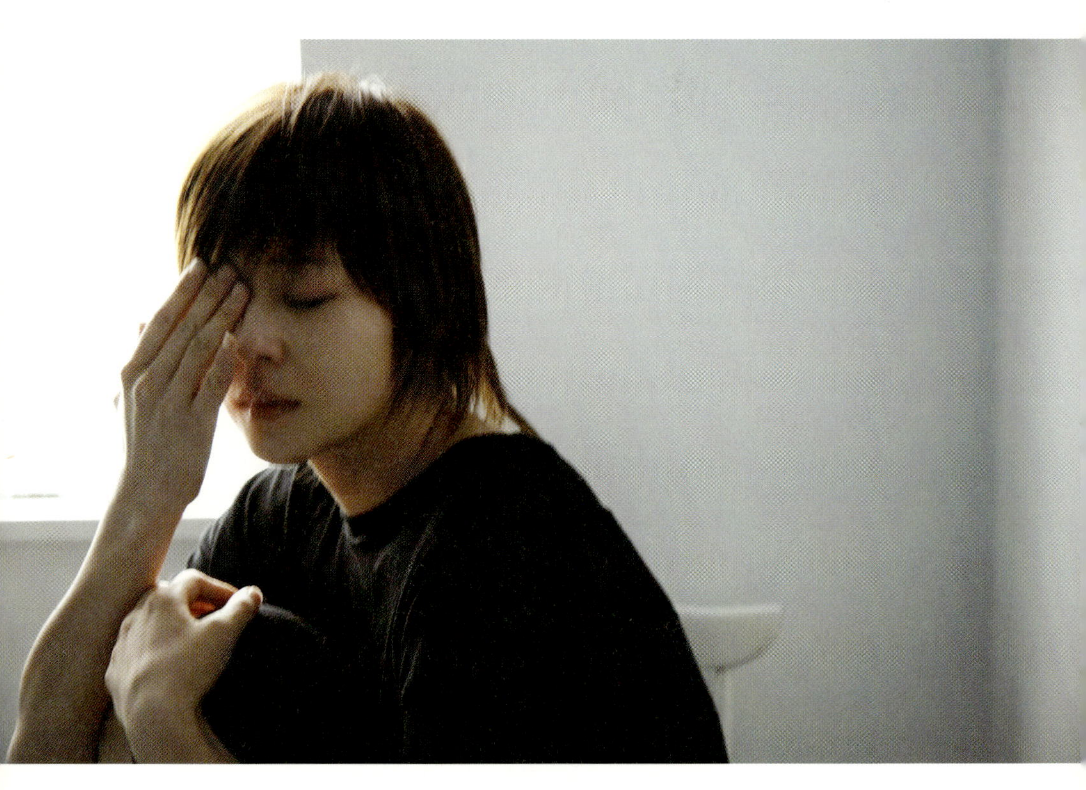

미 안
합 니 다

미안합니다.

내 추억이 당신에게 있어
내 사랑의 모습이 당신에게 있어
당신 모습에, 입가에 그의 모습이 있어
사랑하게 되었습니다.

내 눈빛 속 당신이 없어
당신 눈속에 내가 들어가
자꾸만 내 사랑을 찾아…

미안합니다…

어쩔 수도 없이
말할 수도 없이

되었습니다…

내 추억이 당신과 닮아 있어
당신을 사랑해버려
내 맘 편치 않아
울 수도 없습니다.

내가 사랑을 해.
당신 맘 속 허전해.
또 다른 나를 만들어

미안합니다.

당신…
입가에, 눈가에…

그의 모습이 있어
당신을 사랑할 수도, 어쩔 수도 없어

미안합니다.

눈 물

나조차도 모를 거야.
내가 거울을 본 대도 알 수 없을 거야.
꾸역꾸역 차 있는 나의 눈물은 애써 건드리지 않을 거야.
눈앞으로 휙휙 지나가는 풍경들,
또 그와 어울리지 않는 나의 마음.
아마 눈물은 눈에서부터 흐르는 게 아닌가봐.
이렇게 세상이 파랗고 빨갛고 바람까지도 보일 듯 싶을 때면
나는 느껴.
새로이 고여진 너란 놈은
또 한 번 마음 속 구석구석까지 씻어냈구나.
눈앞마저 깨끗하게…
가는 숨을 한 번 삼킬 때면 느낄 수가 있어.
나의 얼굴에 아무 표정조차 드리우지 못하고
물러서는 너는.
나만큼 겁쟁이구나.
우리는 참도 닮았다….

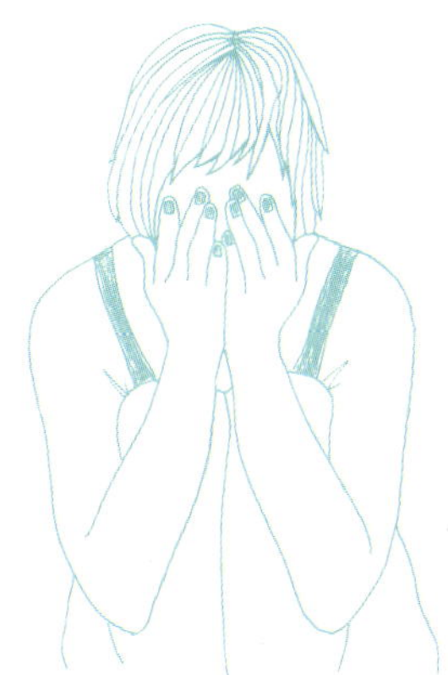

작 은
행 복

잊을 수 있다면 잊겠어요?
안 볼 수 있다면 안 보겠어요?
아픔이 되는 그 무엇들을요….
우리는 어쩌면 아픔을 딛고만 설 수 있는 사람들일지도….

작은 행복은…
느낄 수는 있지만
소유하려 한다면
곧 무너져 버립니다.
성냥팔이 소녀가 만들어낸 작은 불씨 속의 행복처럼…
앉을 수 없는 웨하스의 의자처럼…
인어공주가 잃어버린 목소리처럼….

때론 잡으려 하면 무너지는 것들이 있습니다.
보이지 않는 계단이 있습니다.
우리는 서로의 그것들을 바라봐줄 차례입니다.

아픈 만큼의 행복이 있습니다.
아팠지만 행복했습니다.
자, 이제 그것들을 잊겠습니까?

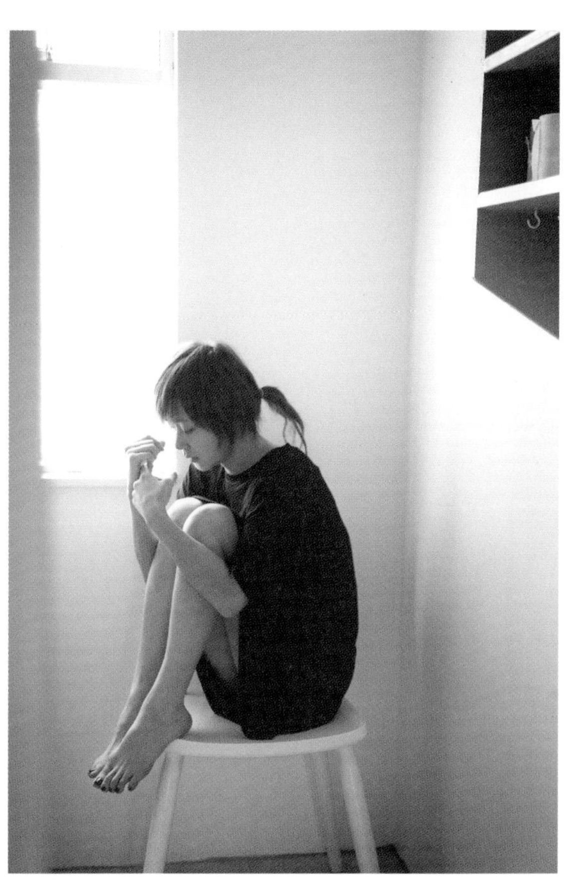

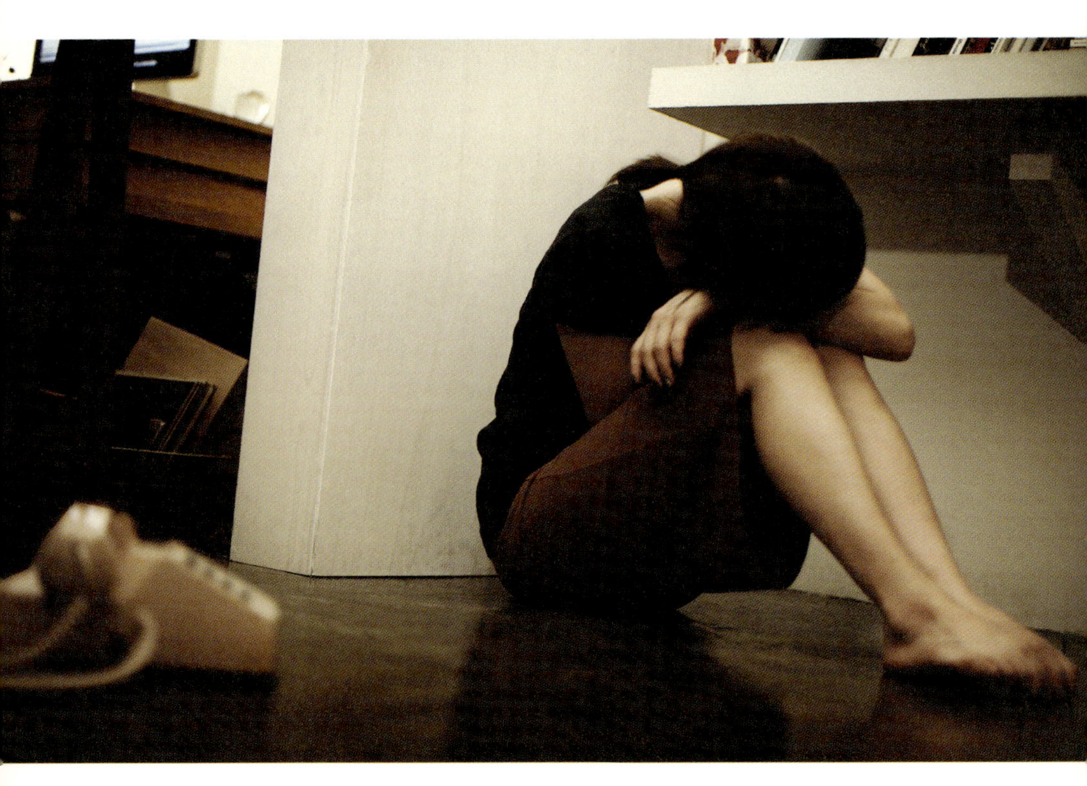

214

그 날 밤 은
너 무   길 었 다

가로등은 노란빛.
비가 내린다.

약한 숨이라도 뱉으면 네가 떠밀려 갈 것 같다.

그날의 밤은 너무나 길었다.
그리고 슬펐다.

마치 수화기를 내려놓지 못하는 이별의 통화처럼…

온 우주에 나의 마음이 비친다.

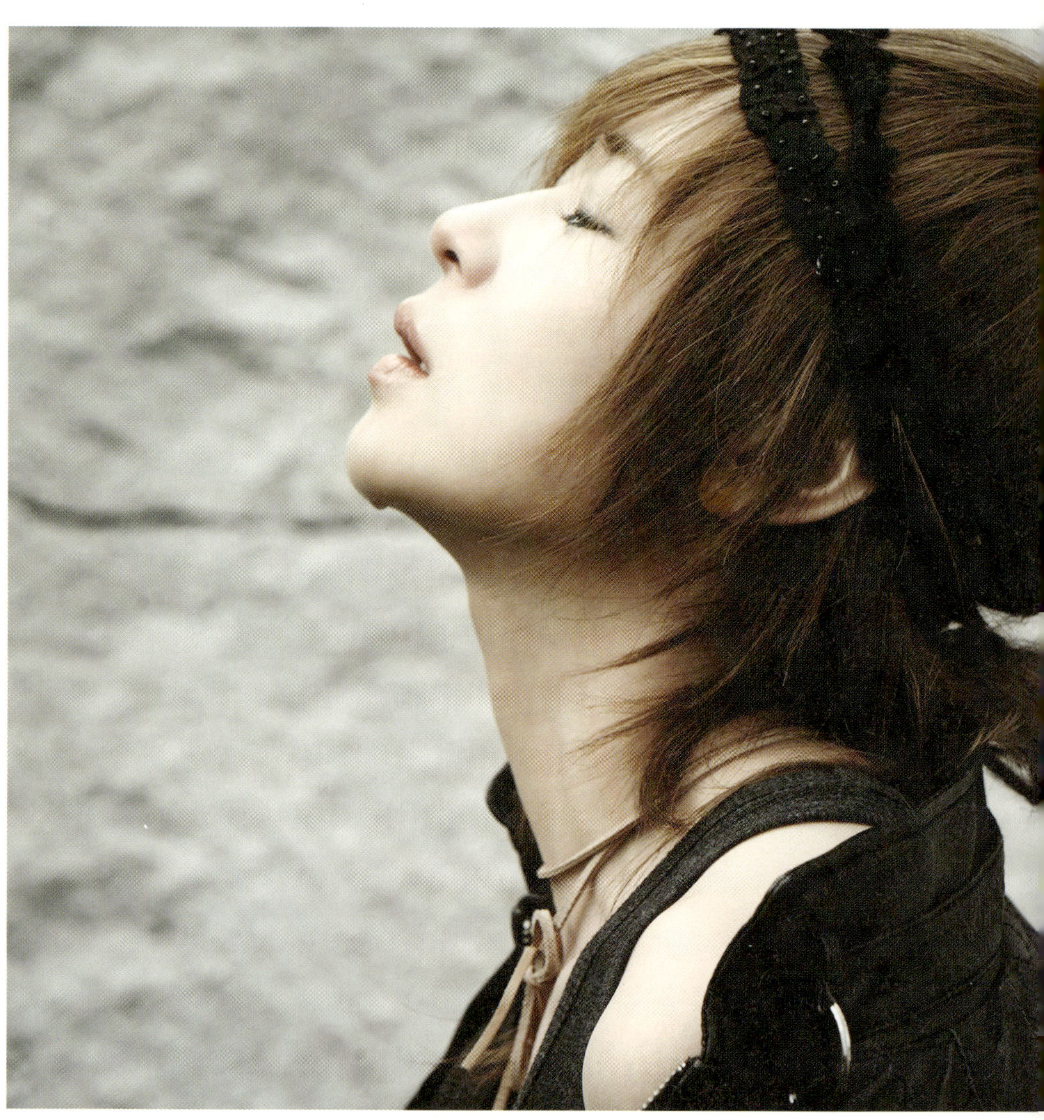

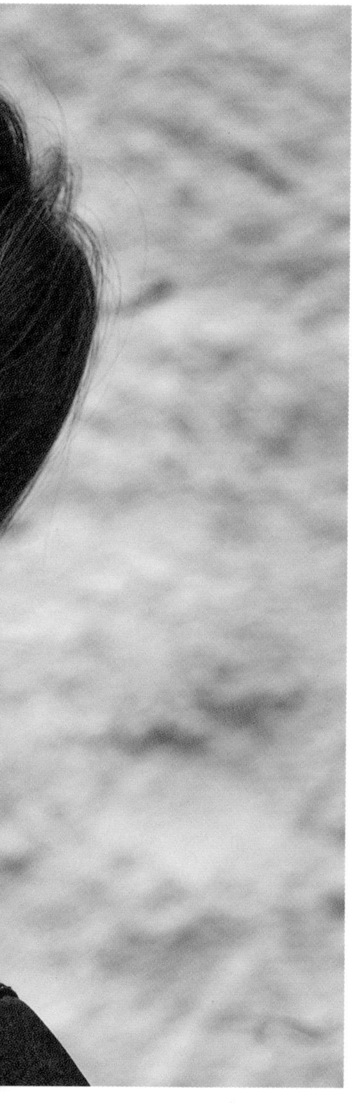

인 어 공 주

그래,
잘 알아…

내가 원한 거였으니까.

두려움 같은 거 생각하지 않기로 이를 꼭 깨물어.
오늘 하루만이라도 행복하고 싶다고.

그래서 그렇게 숨이 찼나봐.
그래서… 그렇게…
시간이 없었던 거야.

햇살을 본다면 긴긴 어둠이 더 무서워지겠지.

하지만 역시 내가 원한 걸.

네 말대로 인어공주는 B형 황소자리였나보다.

숨이 턱 끝까지 차올라.
그리고 눈을 감으면 한 줄기 햇살이 보여.

참, 눈물 나게 예쁘다.

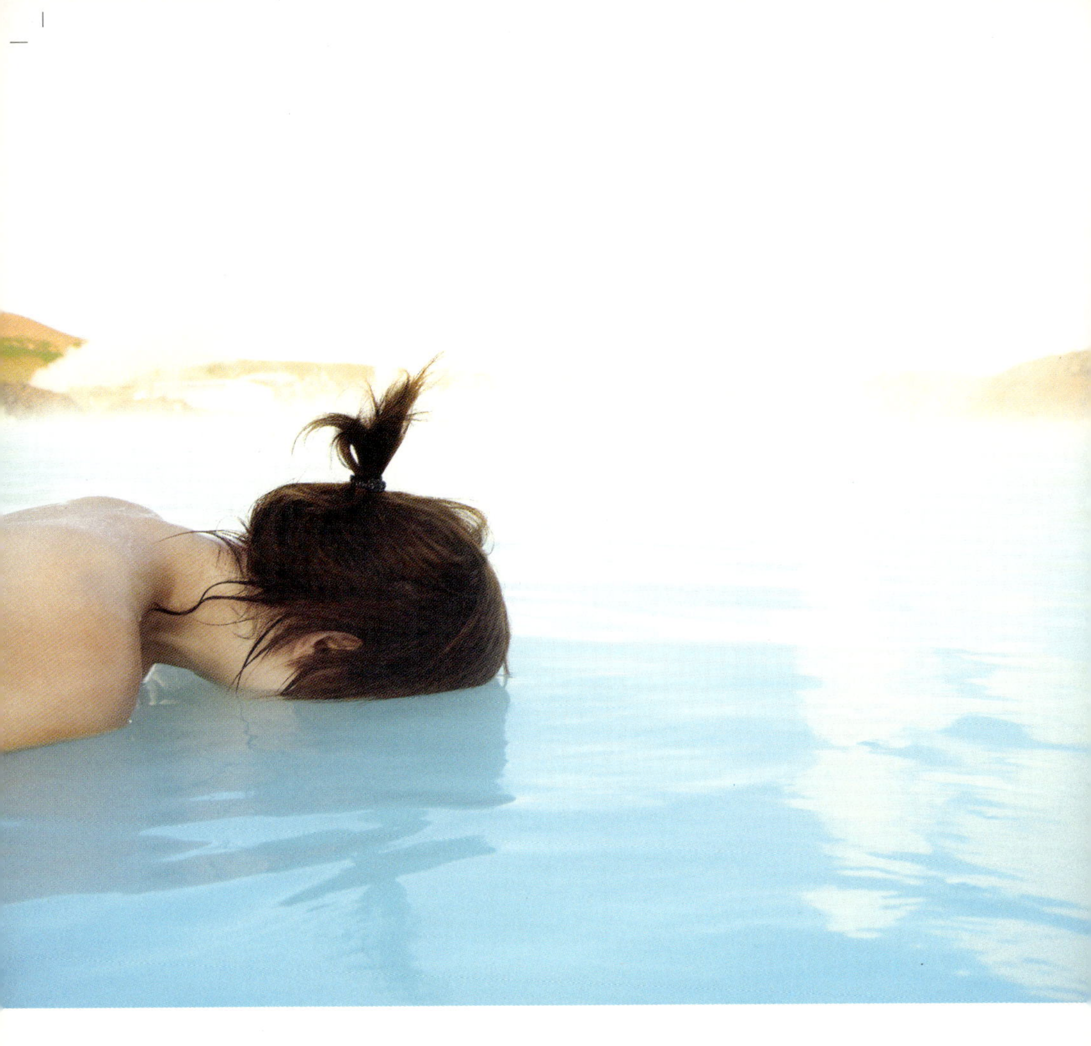

감 정 들

자신마저
아는 척하지 말아야 할 감정.
자신마저 버려야 할 감정들….

애써 여민 손끝이 따뜻한 햇살에
무색해진대도

자신마저 모른 척 해야 할 감정들.
자신마저 아는 척 말아야 할 감정들.

기억은 화사한데,

계절이 오고 또 가는지도
모르는 것처럼…

그저.
그곳만이 영원하다.

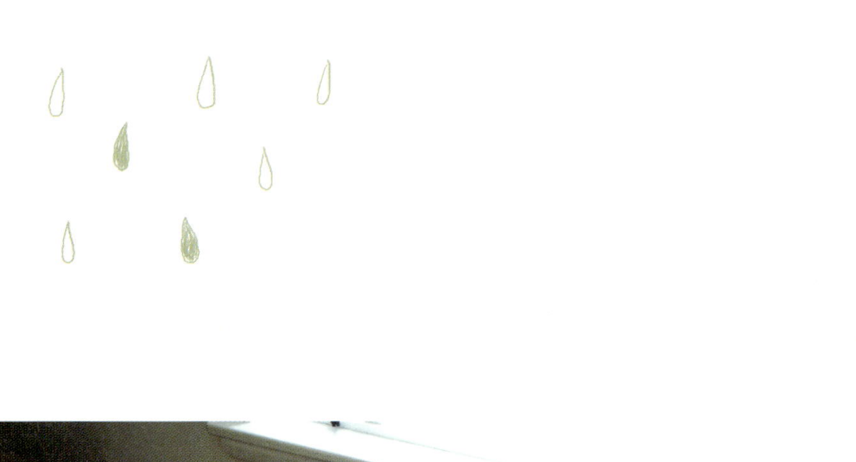

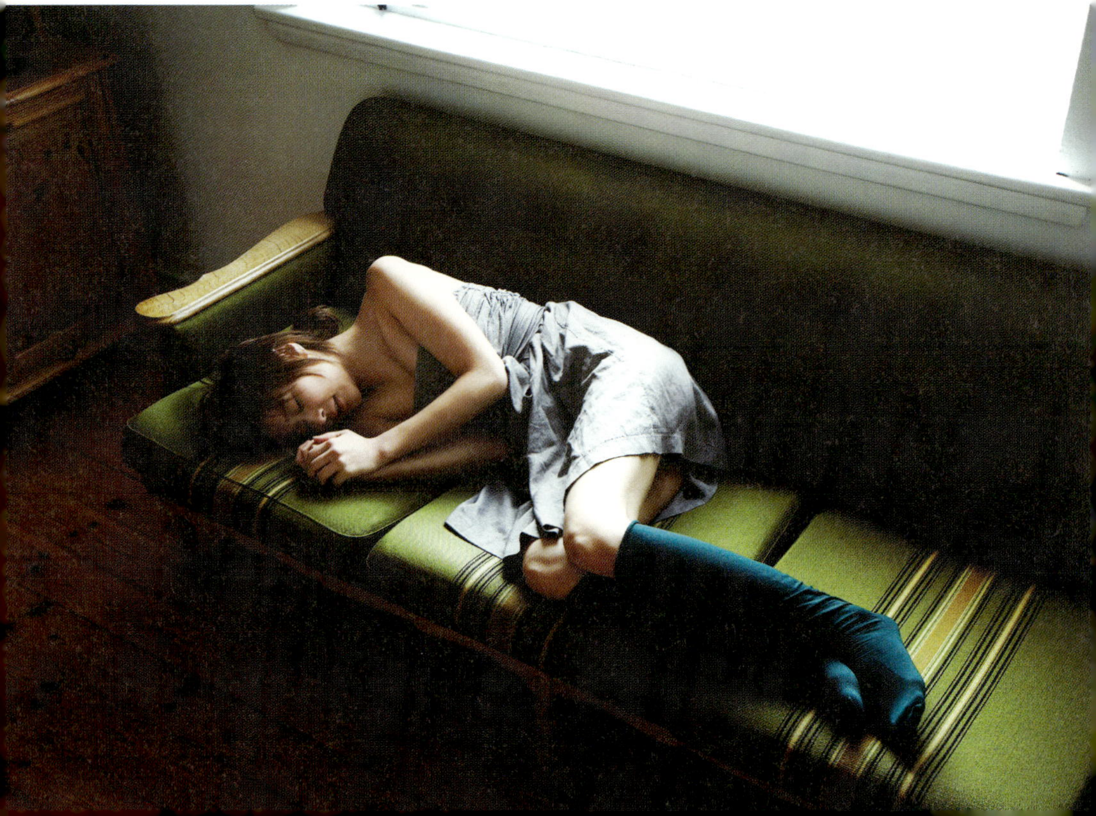

심 장

내 맘이 보이나요?

"오래될수록 흐릿해지는 마음의 잔상.
그 때문일까.
아련하고 아련하여
자꾸만 눈물 나는
내 심장."

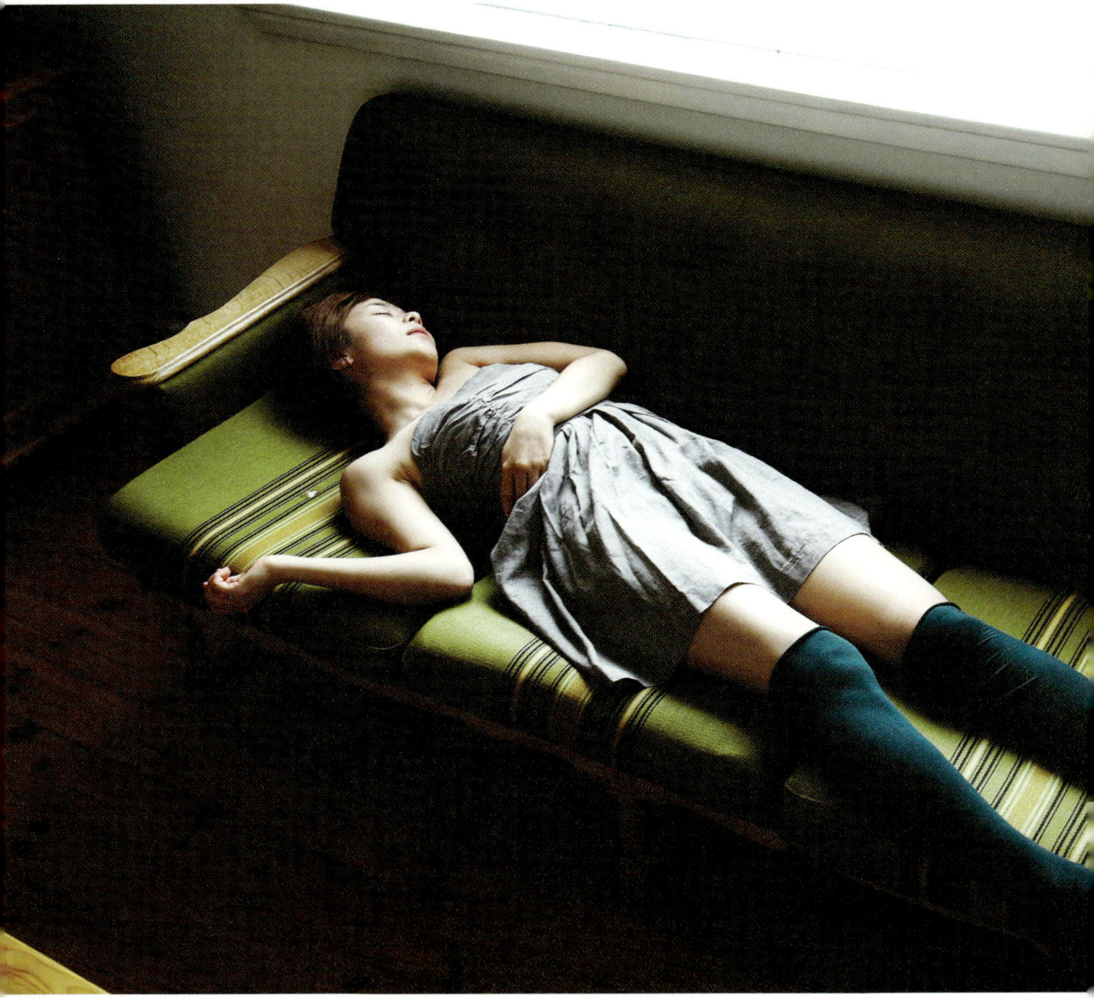

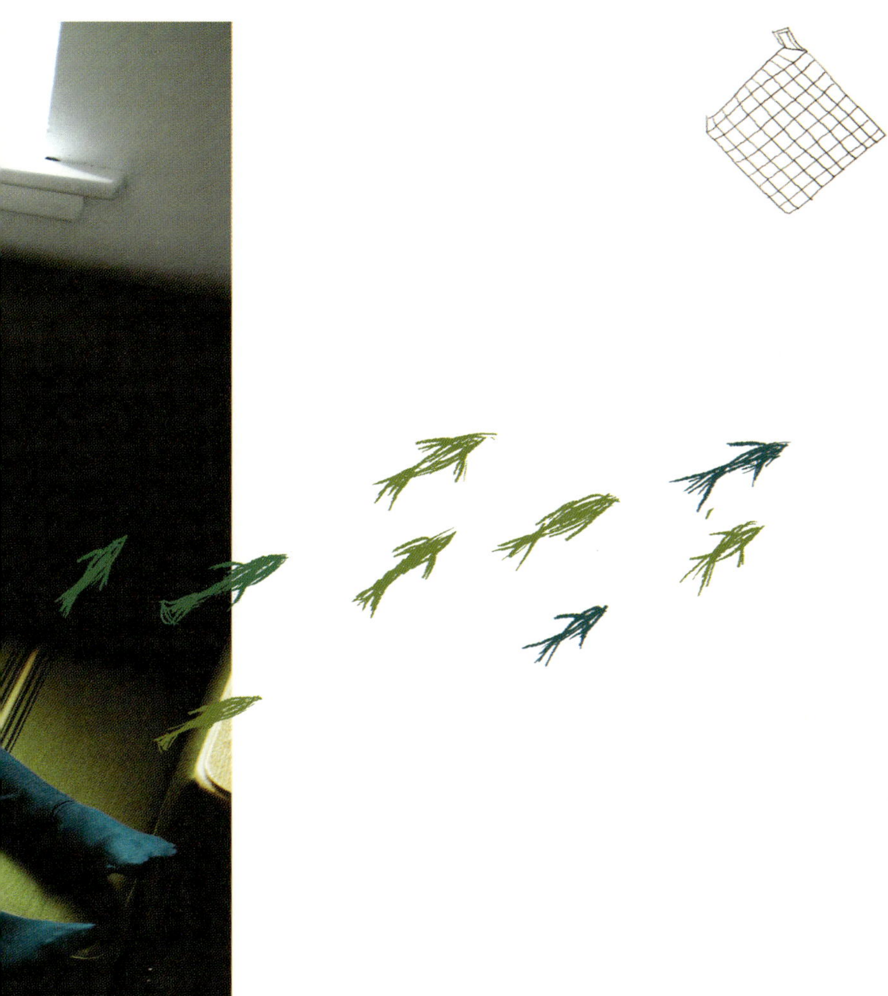

계 절 별　치 유 법 ,
가 을 편

저처럼 여름을 좋아라 하는 분들께서는
가을이란 사랑하는 사람을 떠나보낸 자리를 틈타
그 빈자리를 그냥 들쑤시고 들어오는
눈치 없는 사람 같은 계절이지요.
사실 제가 그럽니다.
그래서 저만의 '계절 치유법'을 공개할까 합니다.

첫째, 가을의 장점 찾기!
가을은 선선한 공기와 너무 예쁜 높은 하늘이
책을 읽기 딱 좋은 계절입니다.
하하, 이건 누구나 하는 말이구요.

저만의 가을 치유법은 바로 발을 닦는 거예요!
최대한 깨끗이. 히히 그럼 발이 많이 퍼석거리잖아요?
그럼 몸에만 바르던 향 좋은 로션을 발에게 선물하는 거죠. 듬뿍!
뭐 발 전용 크림 있으시면 그거 바르시구요.
그 후에, 양말을 신으신 다음 발가락을 움직여보시는 거죠. 꼬물꼬물.
아니, 저는 일을 하다가, 혹은 기분이 좋을 때 문득 양말 속에 발가락들이
깨끗하고 아늑하게 움직이면 기분이 그렇게 좋더라구요.
아마 하루 종일 몸과 맘이 촉촉한 느낌이 드실 거예요.

그리곤 약속 시간보다 조금 일찍 나와
좋은 음악을 선곡해서 귀에 이어폰을 꼽고
서점으로 가세요.

둘레~둘레~ 둘러보다가 좋은 책과 좋은 자리를 발견한다면 재빨리 슥~슥슥
구석으로 가서 자릴 잡고 앉으세요.
엉덩이를 가까운 단면 어딘가 최대한 밀착시킨 후
기냥 읽는 거죠.
눈으로, 마음으로(발가락을 꼬물거리며).

그러다 이게 내 책이다 싶으면 소중한 그 무엇인 것처럼 가슴에 꼭 품은 후
가격을 치르고 서점을 나옵니다.
단, 한 권만 고르세요!(기분에 취해 충동구매를 할 수 있으니 말입니다)
그래야 자주 이런 기분을 만끽할 수 있어요.
친구를, 연인을 기다릴 때. 전철에서, 공원에서.
다른 사람들 수다 떨고 있을 때, 졸고 있을 때, 바삐 걷고 있을 때….

P.S.
반드시 이 빠른 도시 속에서 당신만의 '느림', 그리고 비밀스런 행복을 재발견하실 수 있을 거라 믿습니다.

선 물

늘 너무나 아끼는 물건은 잃어버리는 버릇이 있습니다.
늘 너무나 간절히 원하는 사람은 떠나보내는 징크스가 있습니다.
늘 너무나 하고 싶은 일은 역시 제 것이 아닙니다.

항상 그랬습니다.
바람과 결과는 정반대였습니다.

그래서 전 무엇을 잡아도 꽉 움켜쥐지 않습니다.
누군가를 만나도 한 걸음씩만 발을 뗍니다.
무엇을 할 때에도 기대하지 않습니다.
더 이상 잃긴 싫었습니다.

그런데 이제…
조금 알 것 같습니다.

그분은 제게
잃은 것보다 더 큰 걸 주셨다는 것을.

제게서
작은 것을 잡으려는 욕심을 가져가셨고,
쉽게 다가서 상처받지 않게 하셨으며,
오랜 벗을 아끼게 하셨습니다.
성급함을 포기하게 하셨고,
대신 최고라고 우기지 않는 낮춤을 선물해주셨습니다.

별과 달 사이만큼의 거리를 기억하게 하셨습니다.
가장 큰 선물입니다.

감 사 합 니 다 .

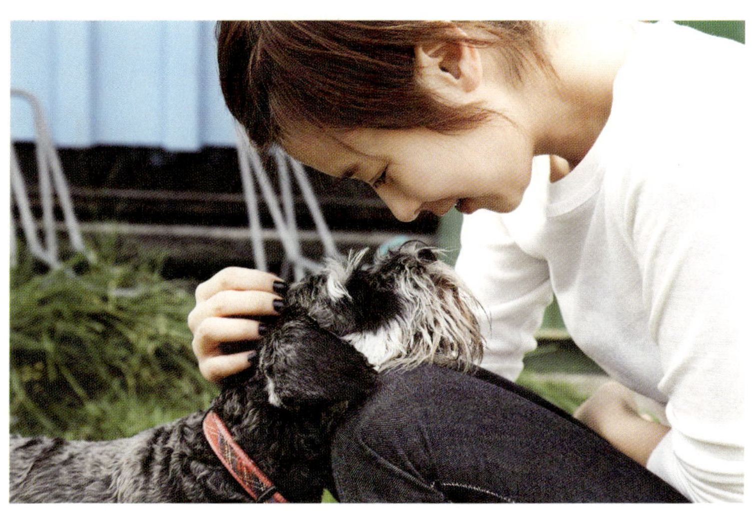

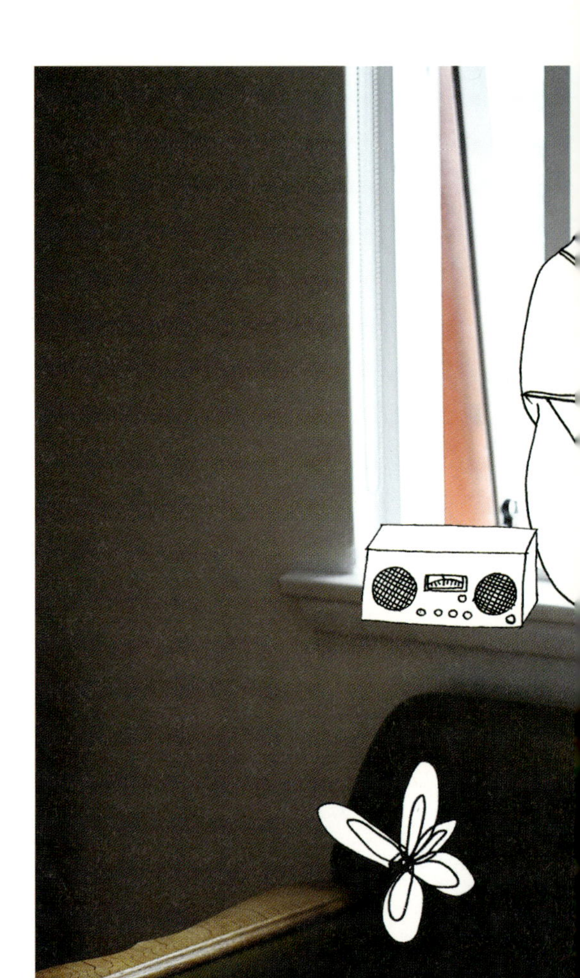

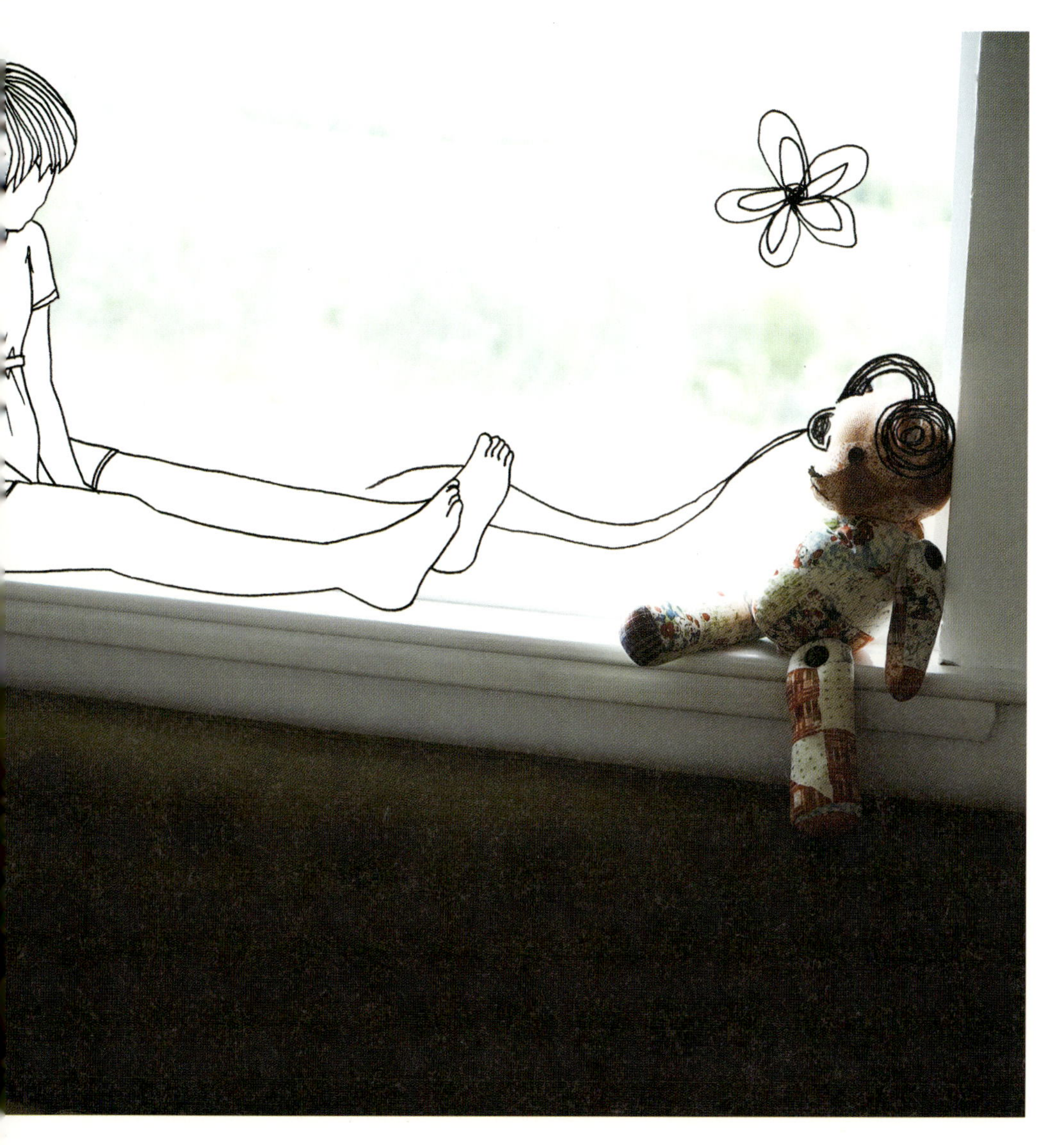

세 탁 기 가
울 어 요

세탁기가 멈춰버렸군요.

햇님이 멍들어 버렸네요.
한가득 물만 머금고 그대로
어쩔 줄 모르고 있네요.

좀처럼 지치지 않을 것 같은
세탁기였는데…

굉장히 뜨거웠을
햇님이었을 텐데…

한가득 물만 머금고
어쩔 줄도 모르고
그 자리에 그대로
졸졸졸…
눈물만
흘리네요.

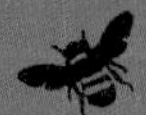

Takk*
다시, 아이슬란드

*'고마워'라는 의미의 'Takk'는 시규어 로스의 2005년 앨범 제목입니다. 너무나 아름다워 영원히 간직하고 싶은 아이슬란드에서의 시간을 돌아보는 최강희의 마음입니다.

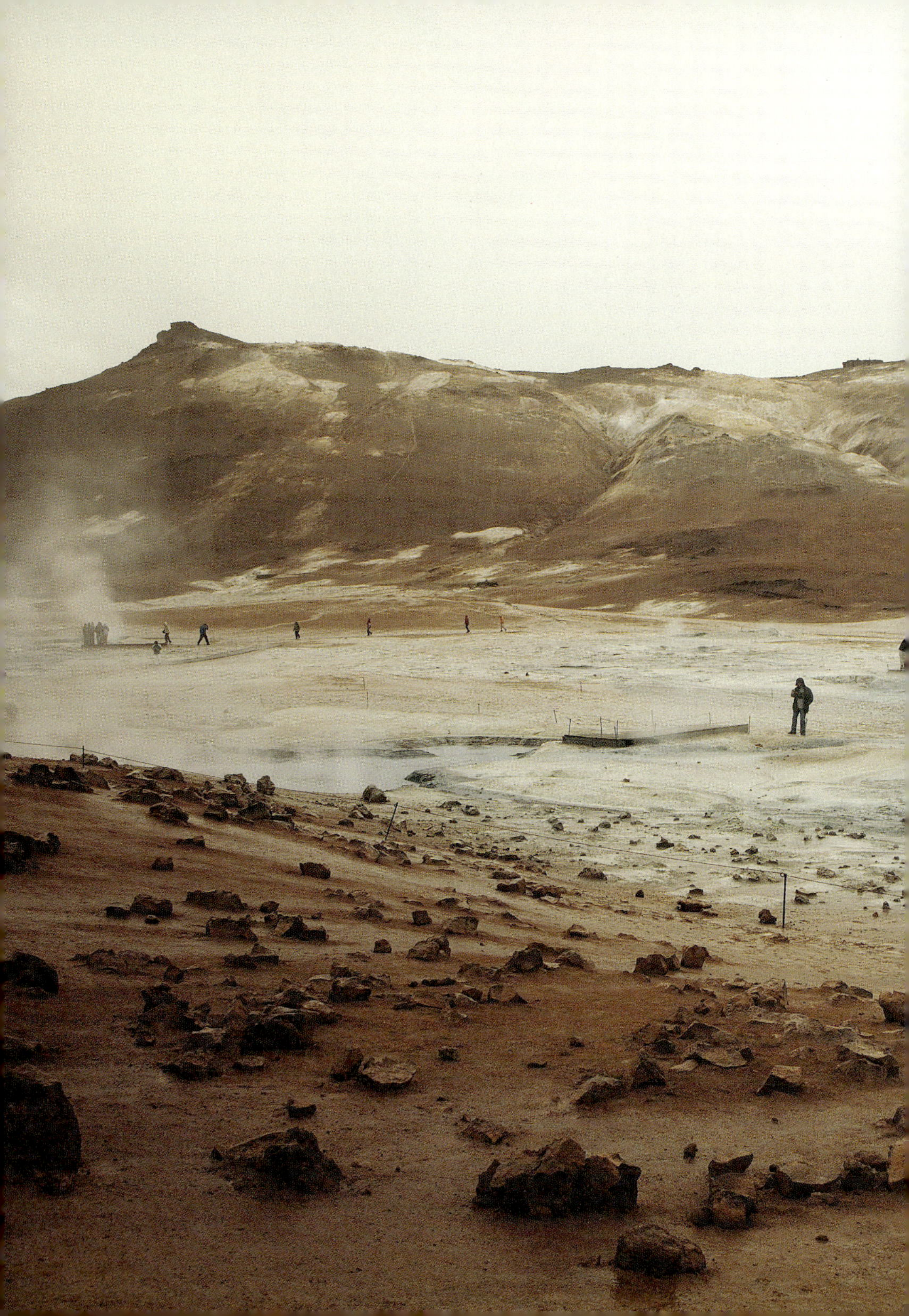

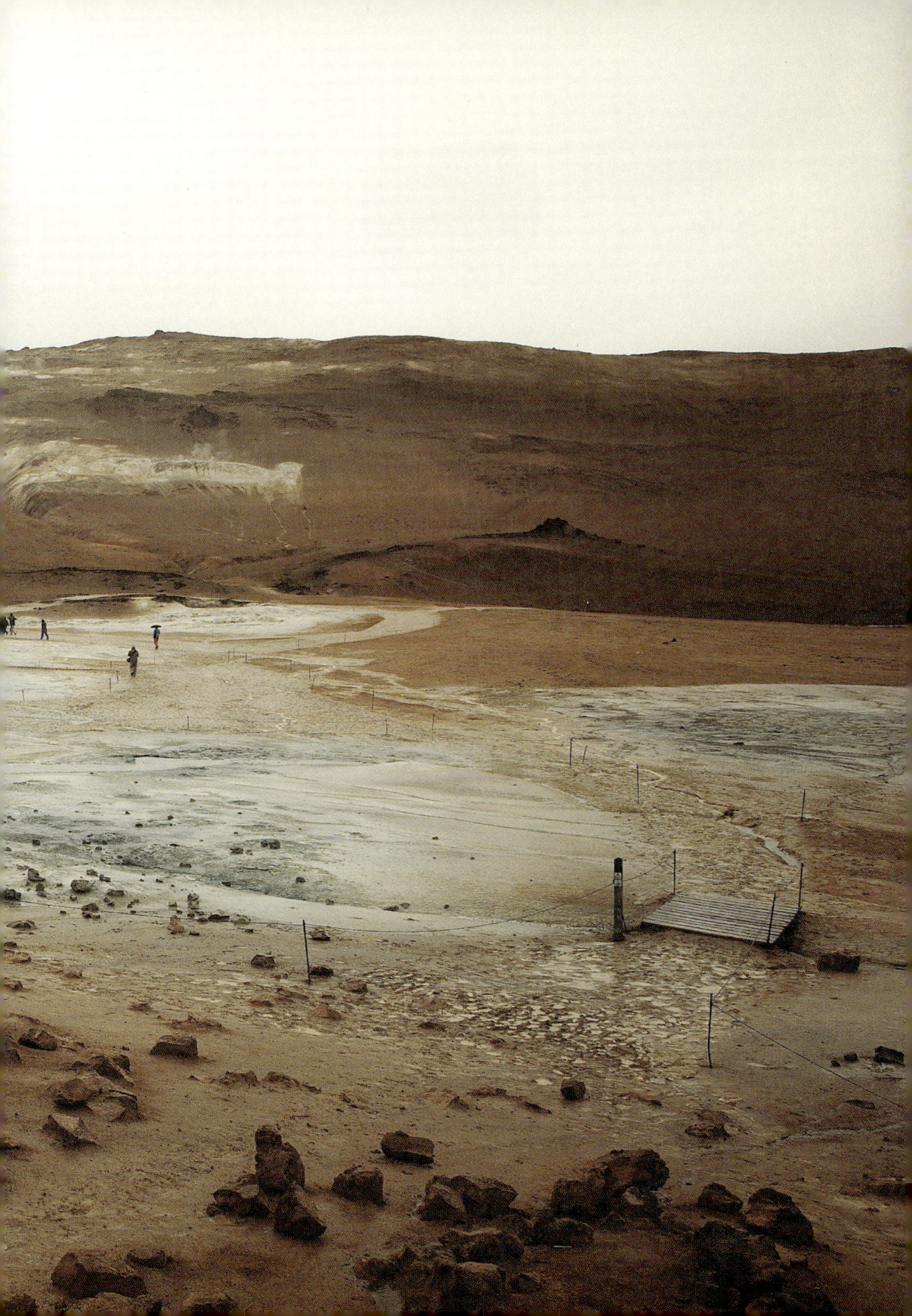

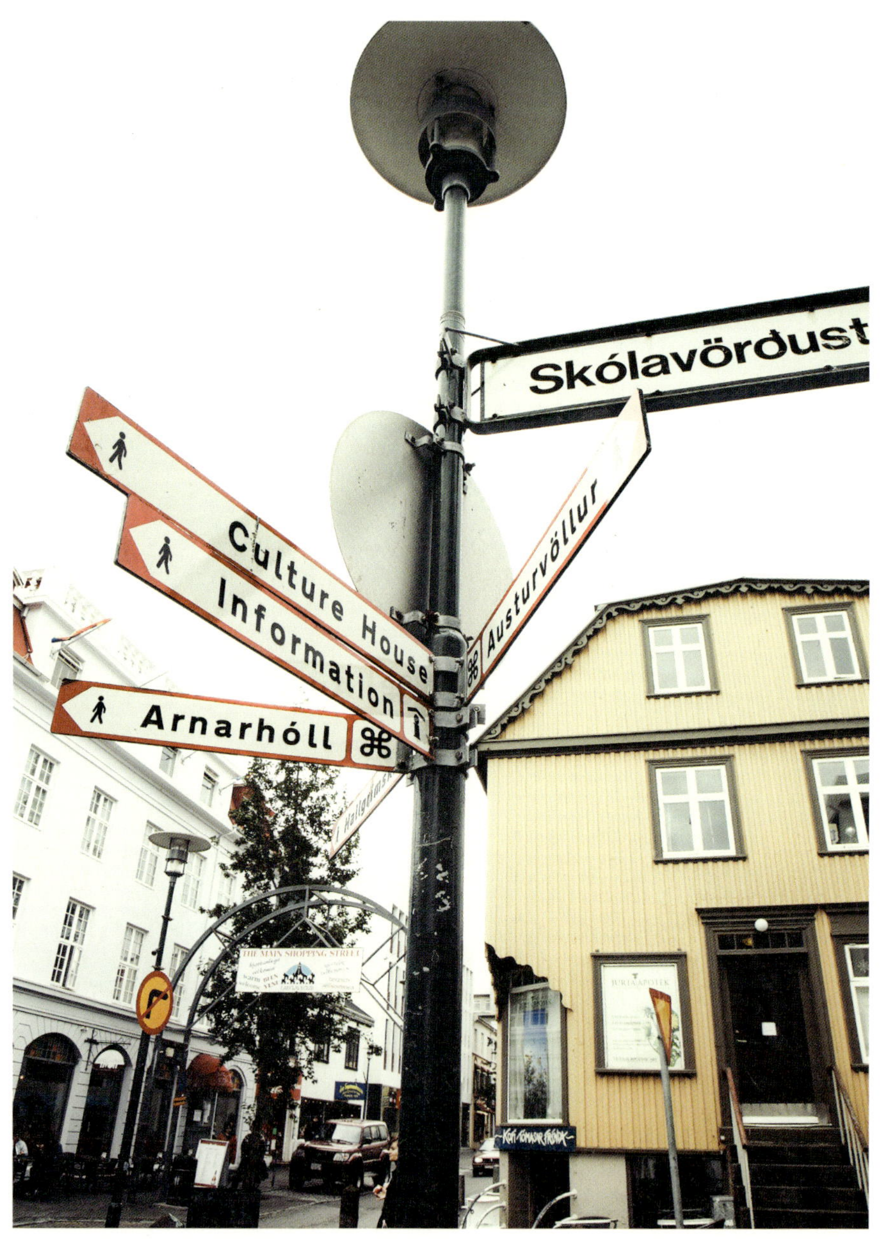

Skólavördust
Culture House
Information
Arnarhóll
Austurvöllur
THE MAIN SHOPPING STREET

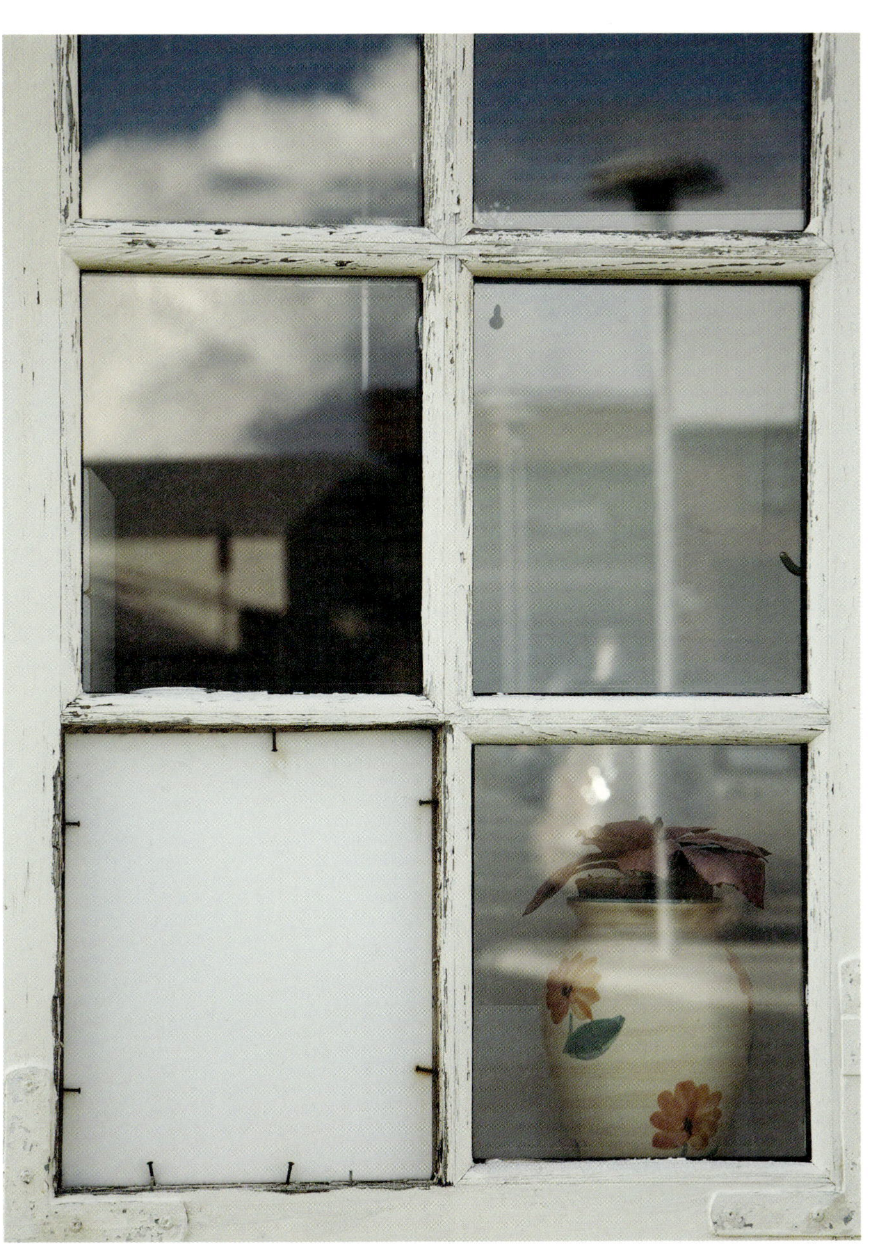

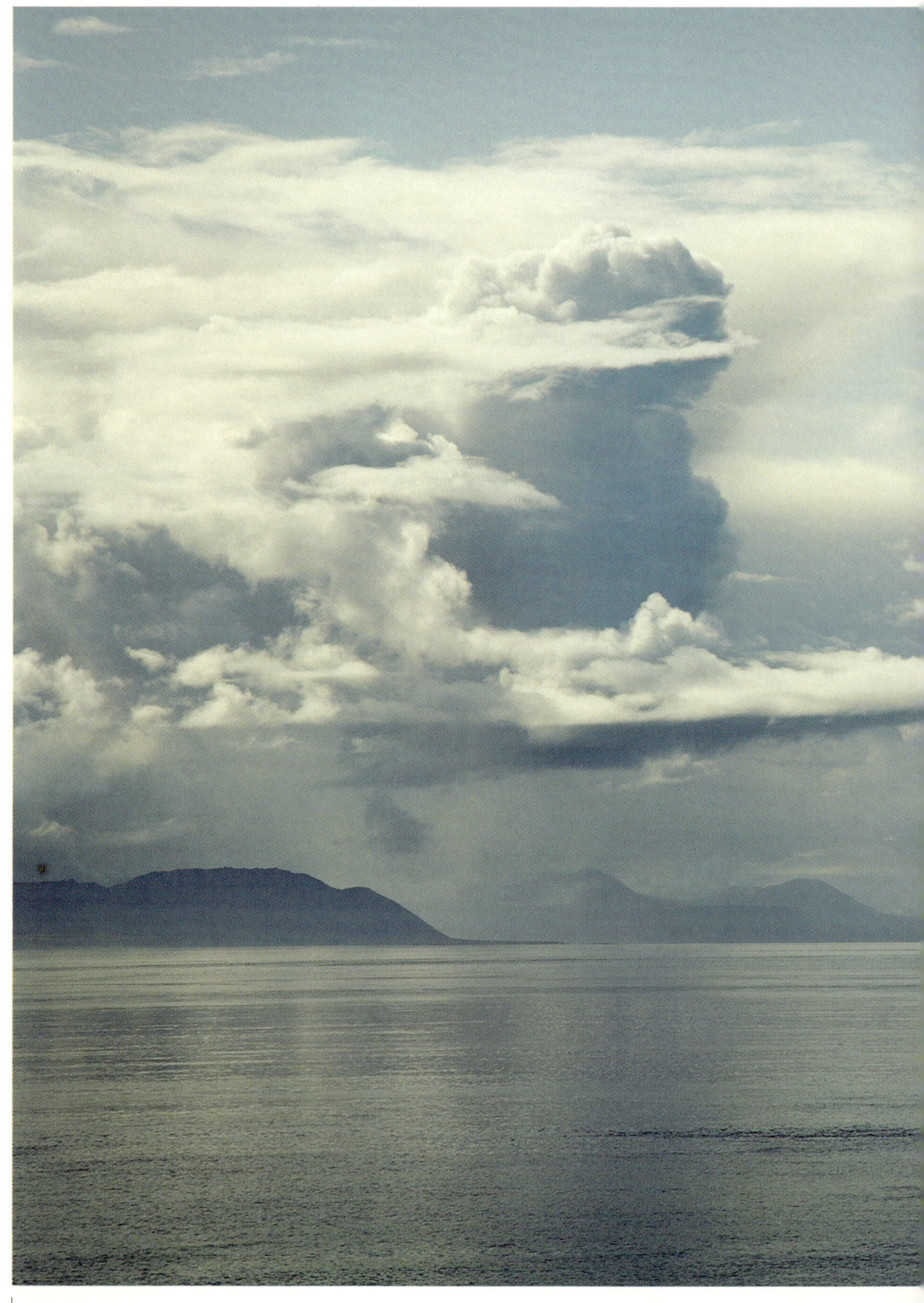

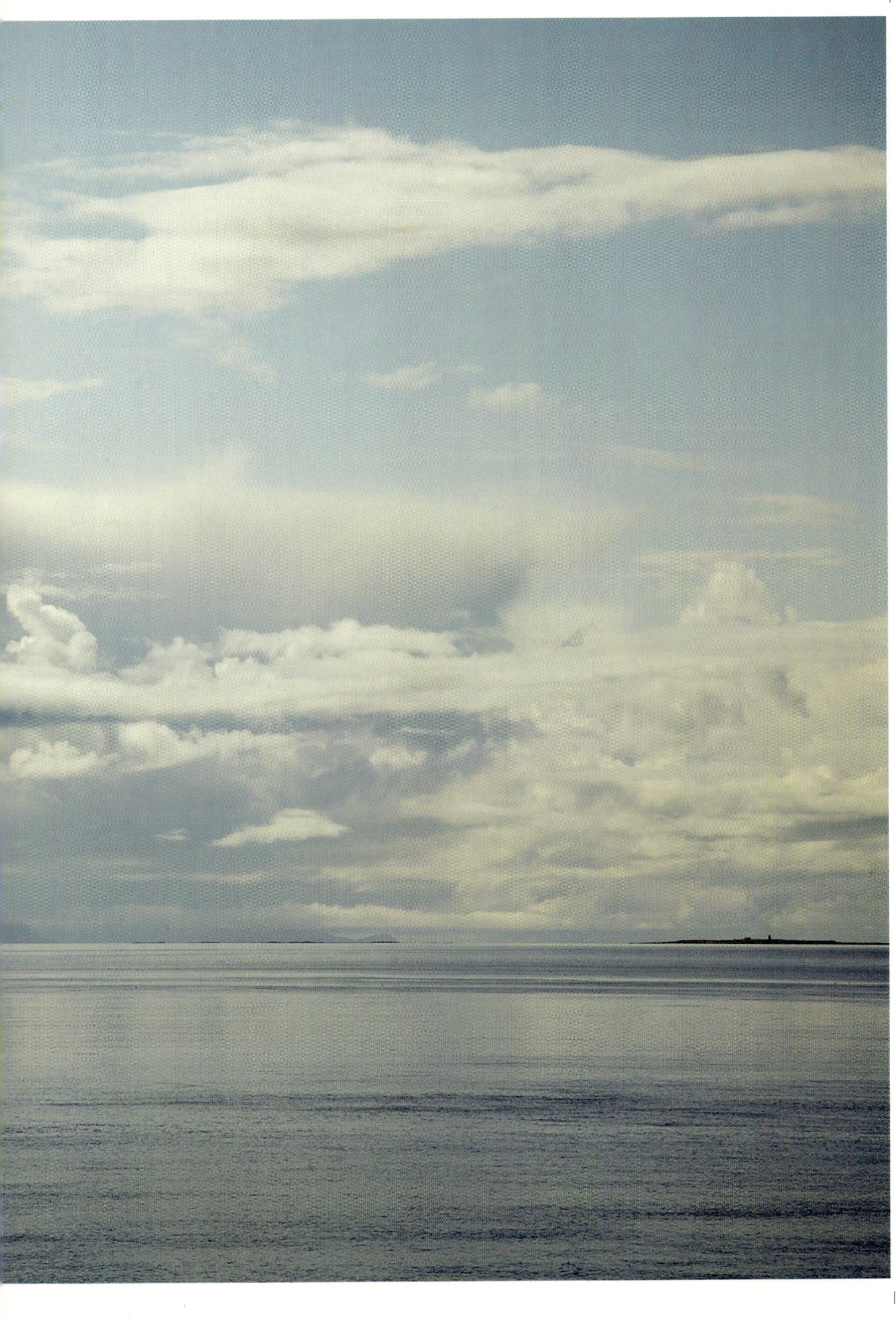

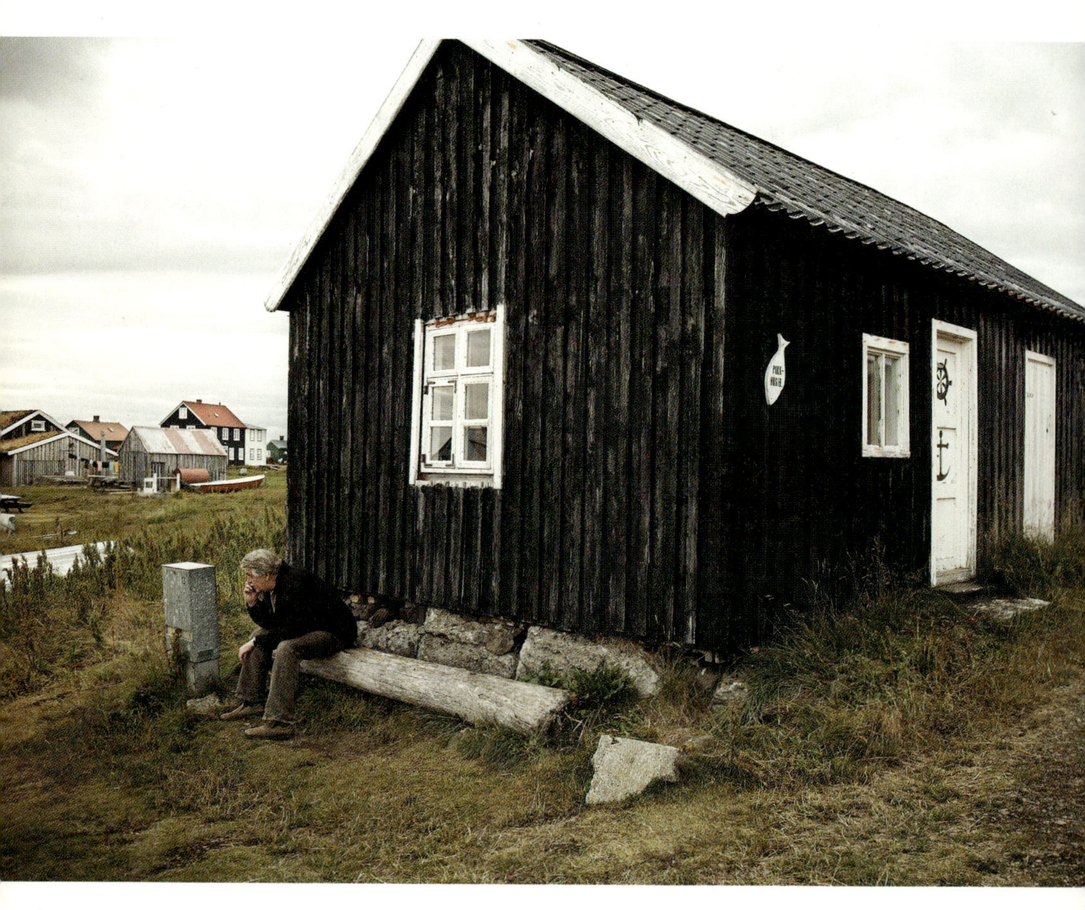

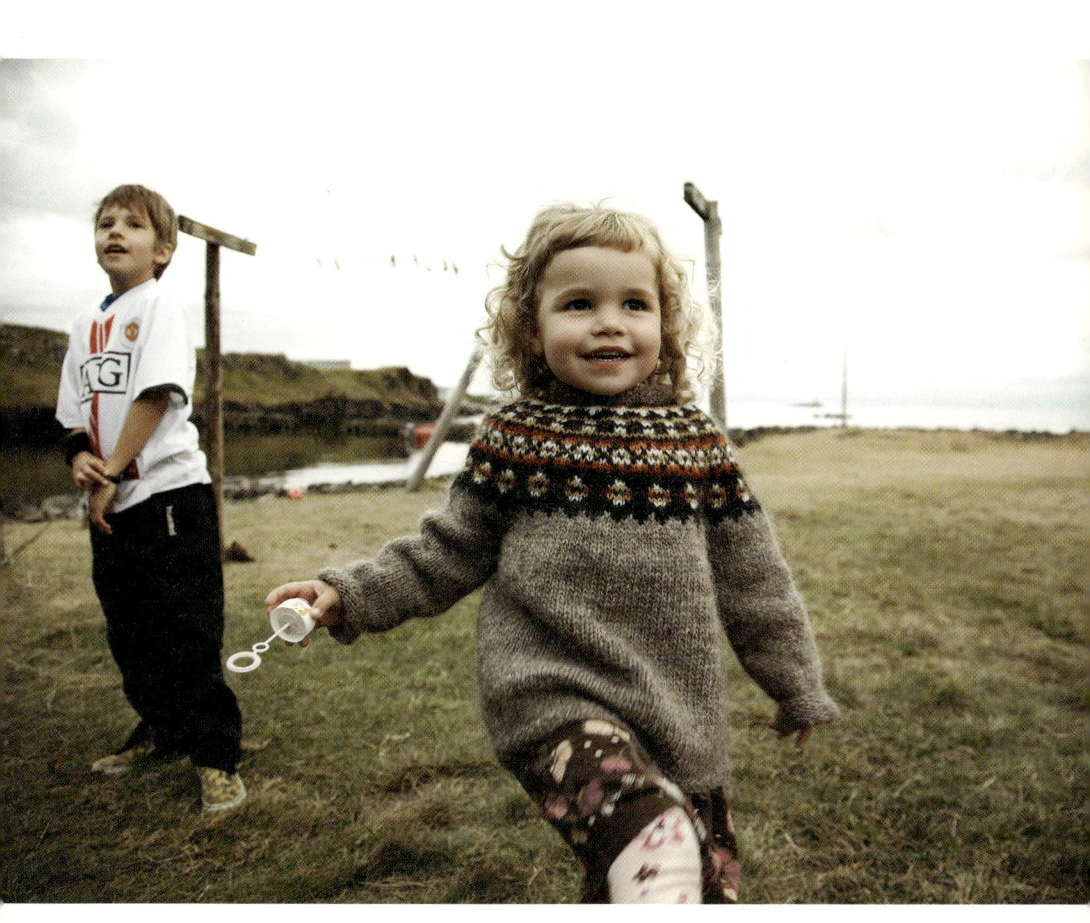

사진을 찍으면 수명이 줄어든다구?
넌 정말 목숨이 아홉 개인 거야?
긴 터널을 건널 동안만 숨을 안 쉬면 내가 잃은 걸 찾을 수 있을까?
넌 태어날 때부터 거짓말쟁이.

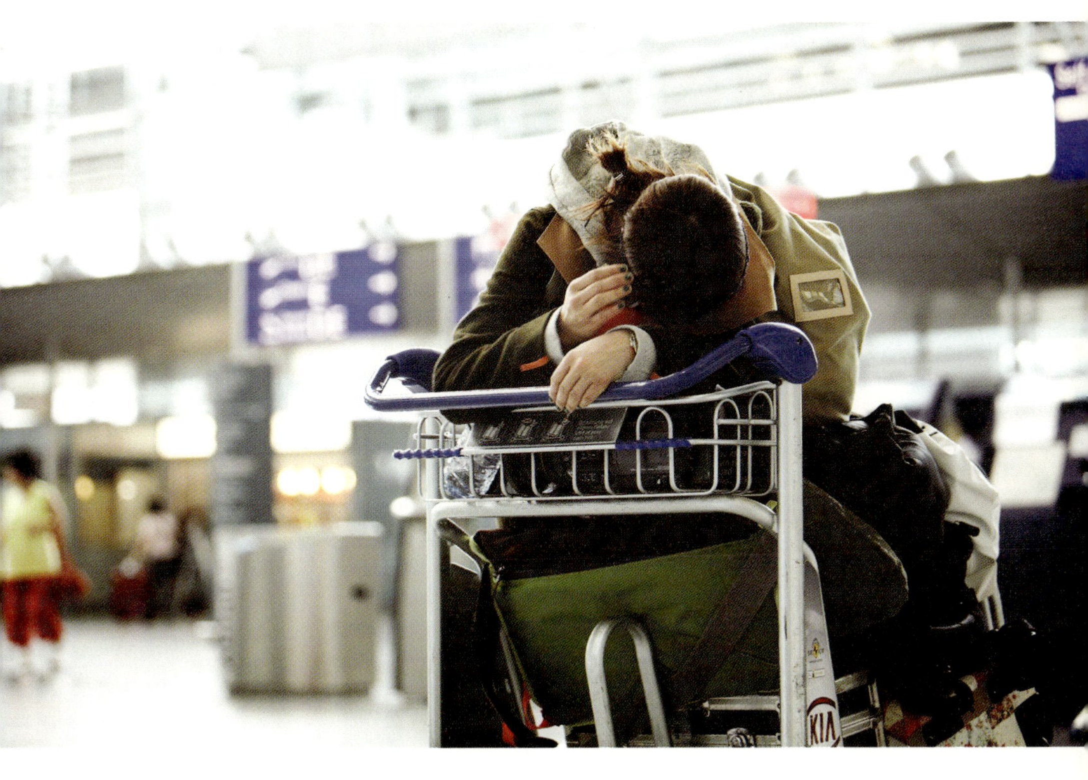

Iceland

시규어 로스의 나라.
뷔욕의 나라.
평화의 나라.
고독의 나라.

엄마지구의 품과 닮은 나라.

아이슬란드….

인간은 달에 갈 수 없어
나는 지금 그곳에 간다.

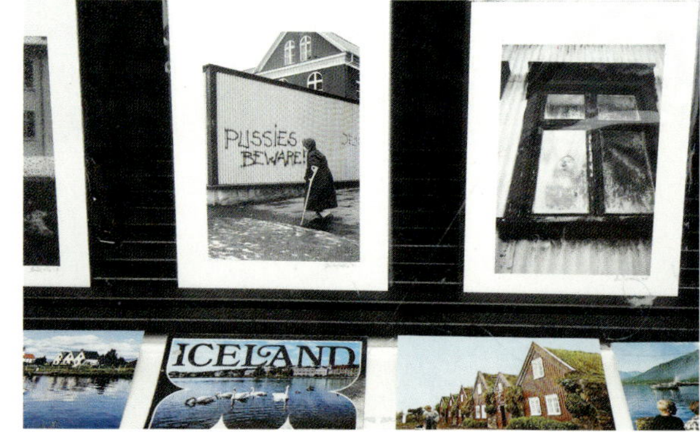

로 프 쇤 귀 르

Ó, guð vors lands! Ó, lands vors guð!
Vér lofum þitt heilaga, heilaga nafn!
Úr sólkerfum himnanna hnýta þér krans
þínir herskarar, tímanna safn.
Fyrir þér er einn dagur sem þúsund ár,
og þúsund ár dagur, ei meir;
eitt eilífðar smáblóm með titrandi tár,
sem tilbiður guð sinn og deyr.
Íslands þúsund ár,
Íslands þúsund ár!
eitt eilífðar smáblóm með titrandi tár,
sem tilbiður guð sinn og de

우리 하나님의 땅! 우리 하나님의 땅!
우리는 그대의 놀라움에서 숭배하고 순화되지요.
태양이 그대의 관을 씌워 주지요.
그대의 다수, 역사의 시간!
그대에게 함께 천년을 매일 살면서,
천년의 날을, 하지만 어느 날
그 눈물의 존경이 있는 영원한 꽃에서
그것은 경건하게도 때가 지나지요.
천년의 아이슬란드!
천년의 아이슬란드!
그 눈물의 존경이 있는 영원한 꽃에서
그것은 경건하게도 때가 지나지요.

:: 이것은 아이슬란드의 국가 '로프쇤귀르Lofsöngur' 입니다. 이 말은 '찬가' 라는 의미를 가졌다고 합니다. 아이슬란드는 지역과 지형의 특성상 예술가들이 많습니다. 지나가는 말로 아이슬란드에 돌을 던지면 뮤지션이나 글을 쓰는 사람이 맞는다고 합니다. 우리나라에 김씨가 많듯이 아이슬란드에는 예술가 많은 모양입니다. 그래서인지 국가도 참으로 이 나라와 어울리는 것 같습니다.

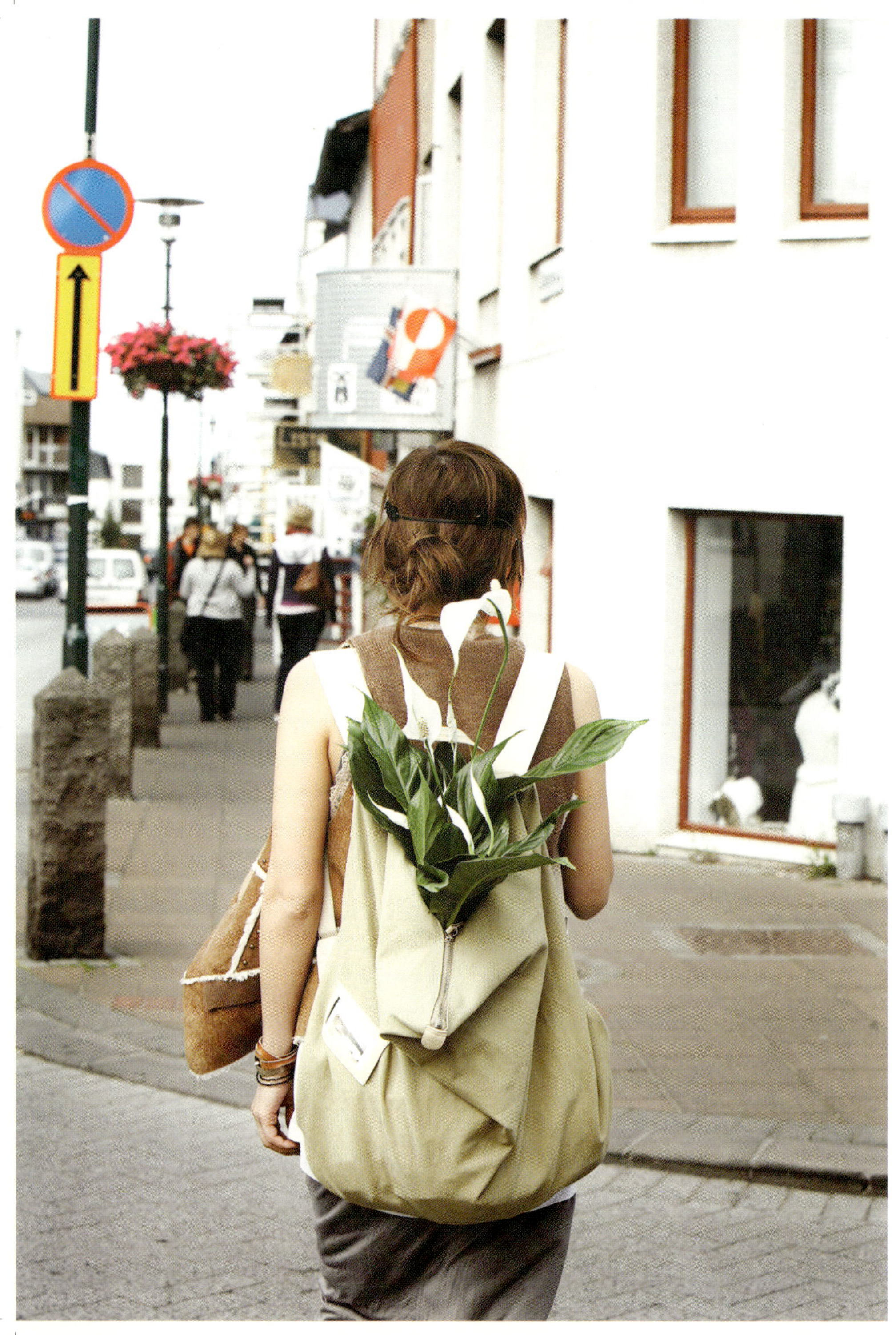

시리우스 B

어디에도 어울려 버리는 건
어디에도 어울리지 않는 것보다 좋은 거야.

미안.
이미 내 마음은 그렇지 않다고 말해버렸으니까.

차라리
난
분리수거되어질 거니까.

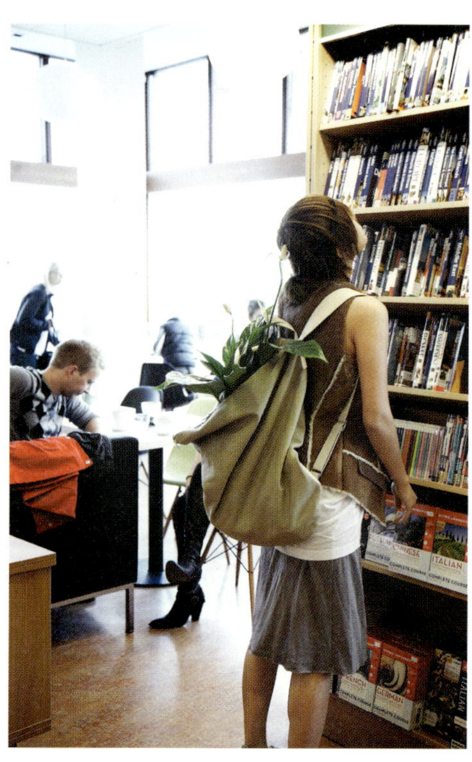

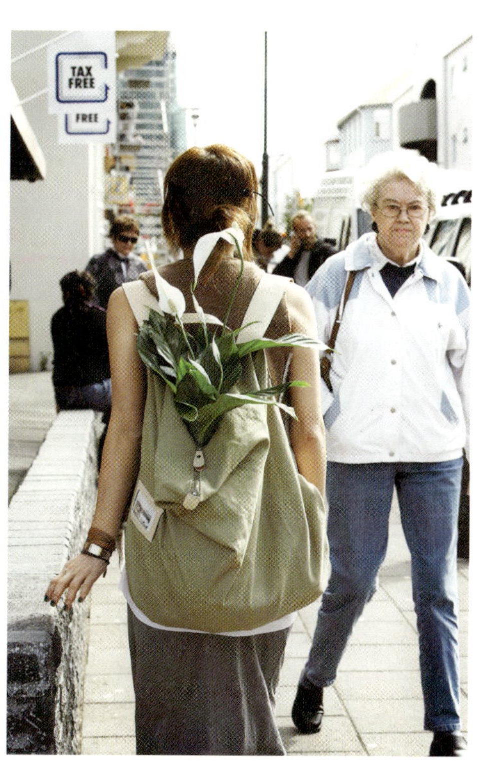
TAX
FREE
FREE

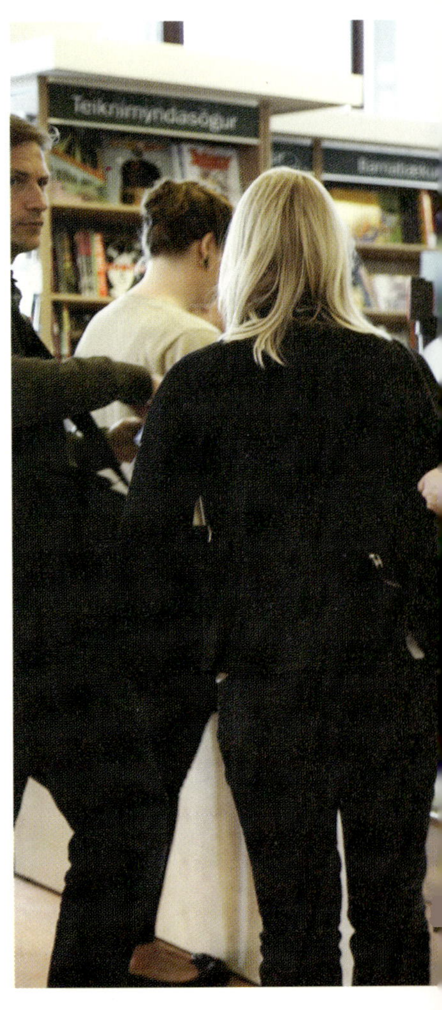

Teiknimyndasögur

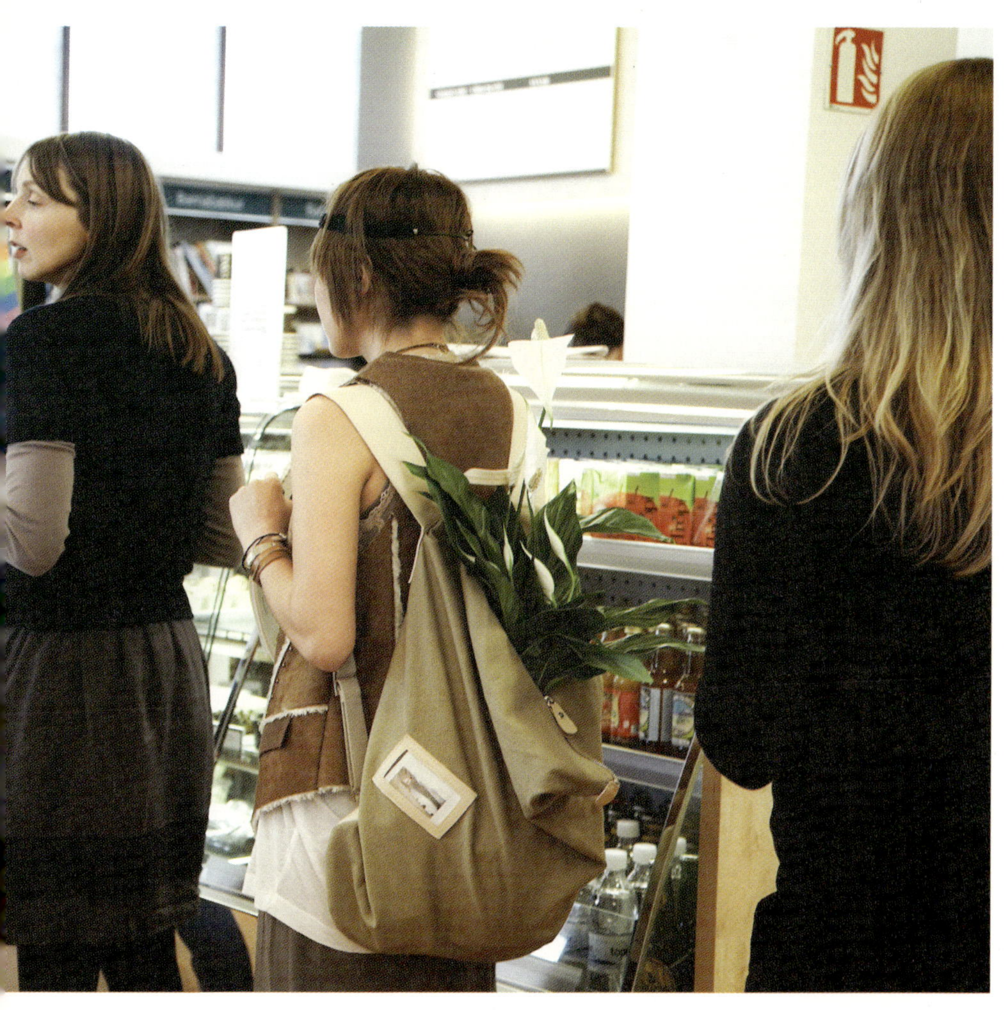

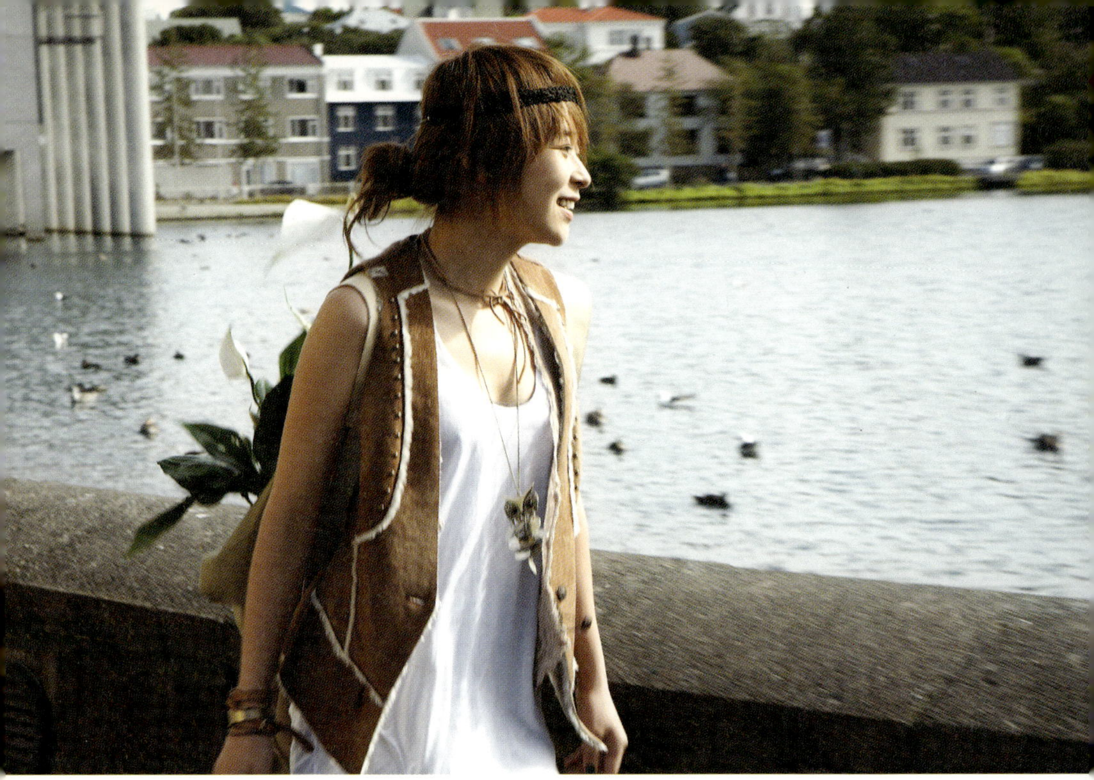

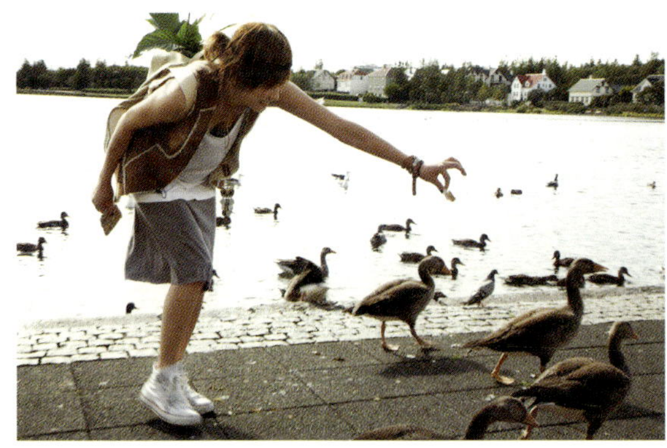

소 중 함

차라리 그 책을 살 걸 그랬어.
차라리 그 전시를 볼 걸 그랬어.
차라리 그 스커트를 살 걸 그랬어.
그랬다면, 그랬다면,
그것은 내 것이 되었을 텐데.

후회하는 순간, 책꽂이의 책 한 권이 내게 말했다.
"나는?"

아차차….

갖지 못했기에 머무는 거였군.
내가 갖지 못했기에 마음이 그것을 머금었다.

쉽게 대하는 것에 소중함을 더한다.

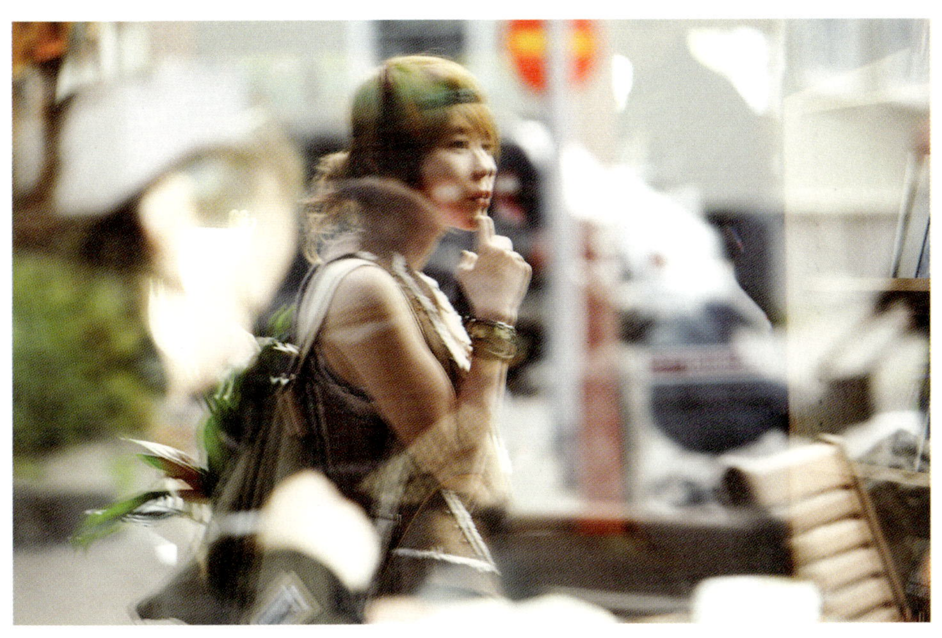

투명하지만 존재하고 있는 사람.

존재하지만 투명한 사람.

같지만 다른.

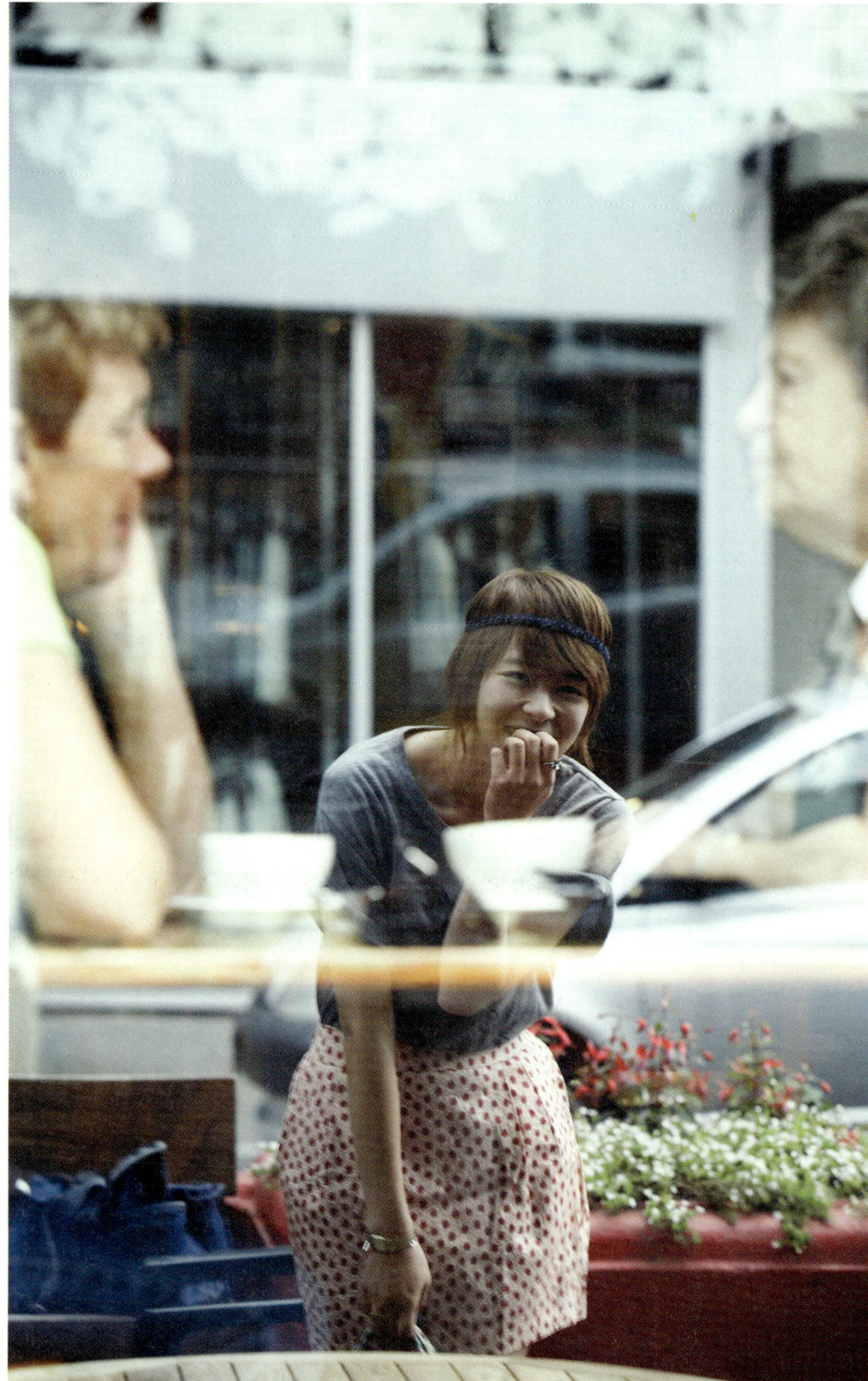

"가령 이가 빠지고 머리가 희어져도
우리는 같이
수프를 먹었으면 좋겠어."

—에쿠니 가오리 『울 준비는 되어 있다』 중에서

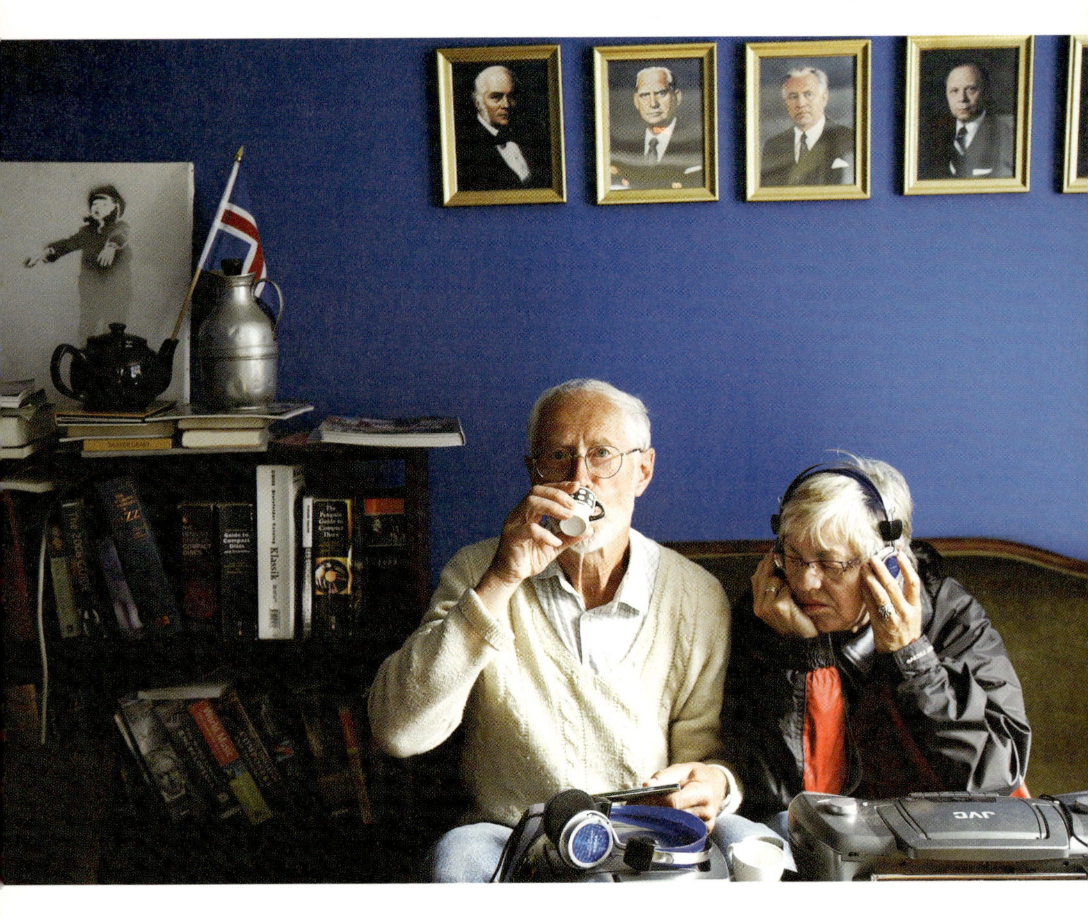

핑크 미스터리

나란 아이가 있기 전,
우리 가족이 생기기 전.
엄마는
아빠를 어떻게 불렀을까?
오빠? 병구 씨?
그도 아님
자기? 울 애기?
그렇게?

ㅎㅎㅎ
뭐라 불렀다 생각해도 어색한 건
역시 부모들의 연애는 우리에게 풀리지 않는 미스터리인 건가.

그저, 엄마와 아빠로만.
여성, 남성 다 떼어놓고,
그렇게 꽁꽁 숨어버린….

내 부모의
미스터리….

핑크 미스터리 ♥

동 방
예 의 지 국

동방예의지국.

우리나라의 자존심이지만 말입니다.

그놈의 동방예의만 아니였더라도
매력적인 어른들과 친하게 놀고 싶다 라는 생각이
잠시 잠깐씩 자주 들어서 말입니다.

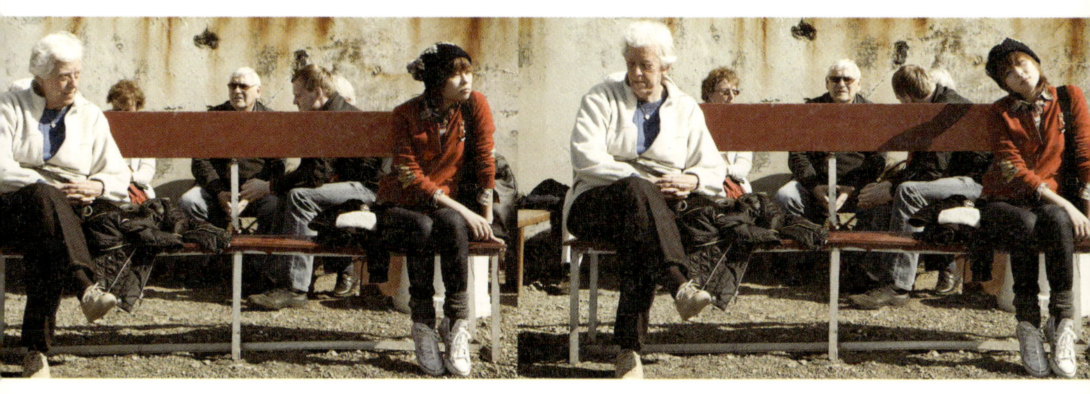

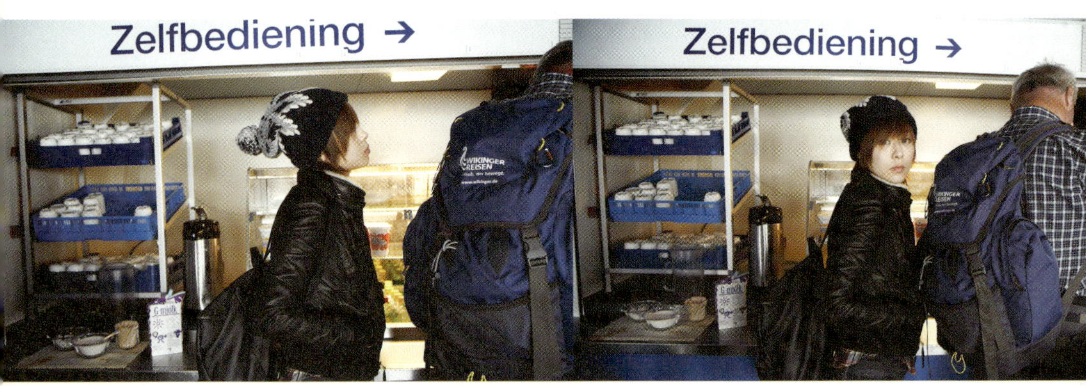

Zelfbediening →
Zelfbediening →

자 유 ?
자 유 !

수경 : 아저씨, 아저씨는 어떨 때가 힘들어요? 자유롭지 못할 때?

아저씨 : 깡통 속 돌처럼 몸안에서 마음이 왈그락 달그락 부딪힐 때.
또는 마음이 마음을 낳을 때.

수경 : ……

아저씨 : 물리적으로 진공은 없대.
'자유'라는 녀석은 그와 같이 상상 속 콘셉트일지도 몰라.

수경 : 아저씨, 멋지다 ….

:: 이 대화는 아마 2006년도 쯤, 가수이자 배우이신 김창완 아저씨와 주고받았던 문자입니다.
사실 선배님 또는 선생님이라는 호칭이 적당하지만,
저희는 〈떨리는 가슴 - 바람〉(2005)이라는 드라마를 함께 작업했었거든요.
거기서 극중 호칭이 아저씨는 아저씨, 저는 수경이. 그래서 그랬나봐요.
글쎄요.
제가 그 당시 뭐가 얼마나 그렇게 힘들어서 아저씨께 저런 문자를 보냈는지는 정확히 기억이 나지 않아요.
어쩌면 아무 일도 일어나지 않았던 길고 긴 새벽이었던 것 같기도 하고요.
그때에 저의 나이는 스물아홉이었고, 새벽이었고, 저는 걷는 중이었던 것 같아요.
슬펐던 것 같고. 문득 전화기를 꺼냈어요. 딱히 전화를 걸고 싶은 곳은 없었죠.
그때 아저씨가 생각났어요. 그리고 문자를 보냈습니다.
그 새벽에 답장 같은 건 기대하지도 않았습니다.
그런데 잠시 후 날아온 아저씨의 답장은 정말 끝내주게 멋있었습니다.
눈물이 날 만큼.

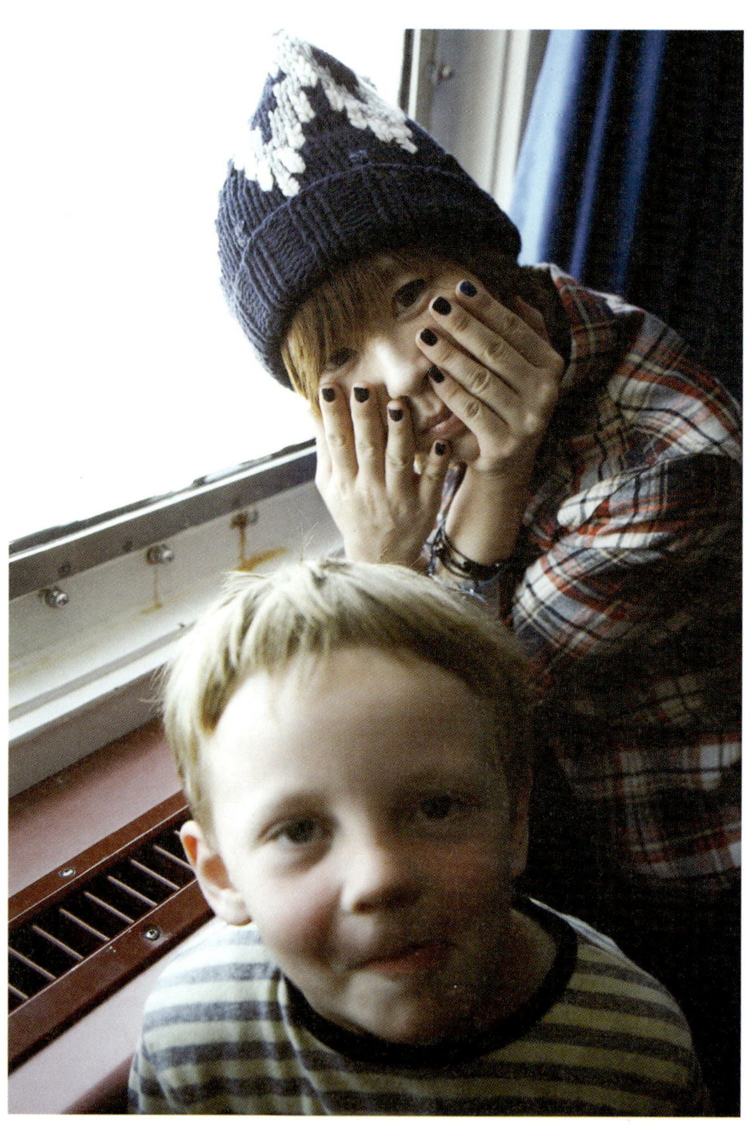

돌 고 래
꼬 리 의   섬

"어디든 가볼래"
라고 말했을 때.

"그러든지"
라고 흘리듯 말해준다면.

그러면 난
너에게 정말 신기하고
아름다운 곳을 보여줄 수도 있어.

그치만 그것에 대해
눈을 크게 뜨고 물어버린다면…

그런다면 난
아무 말도 못할 거야.

그것은 사라져 버렸으니까.

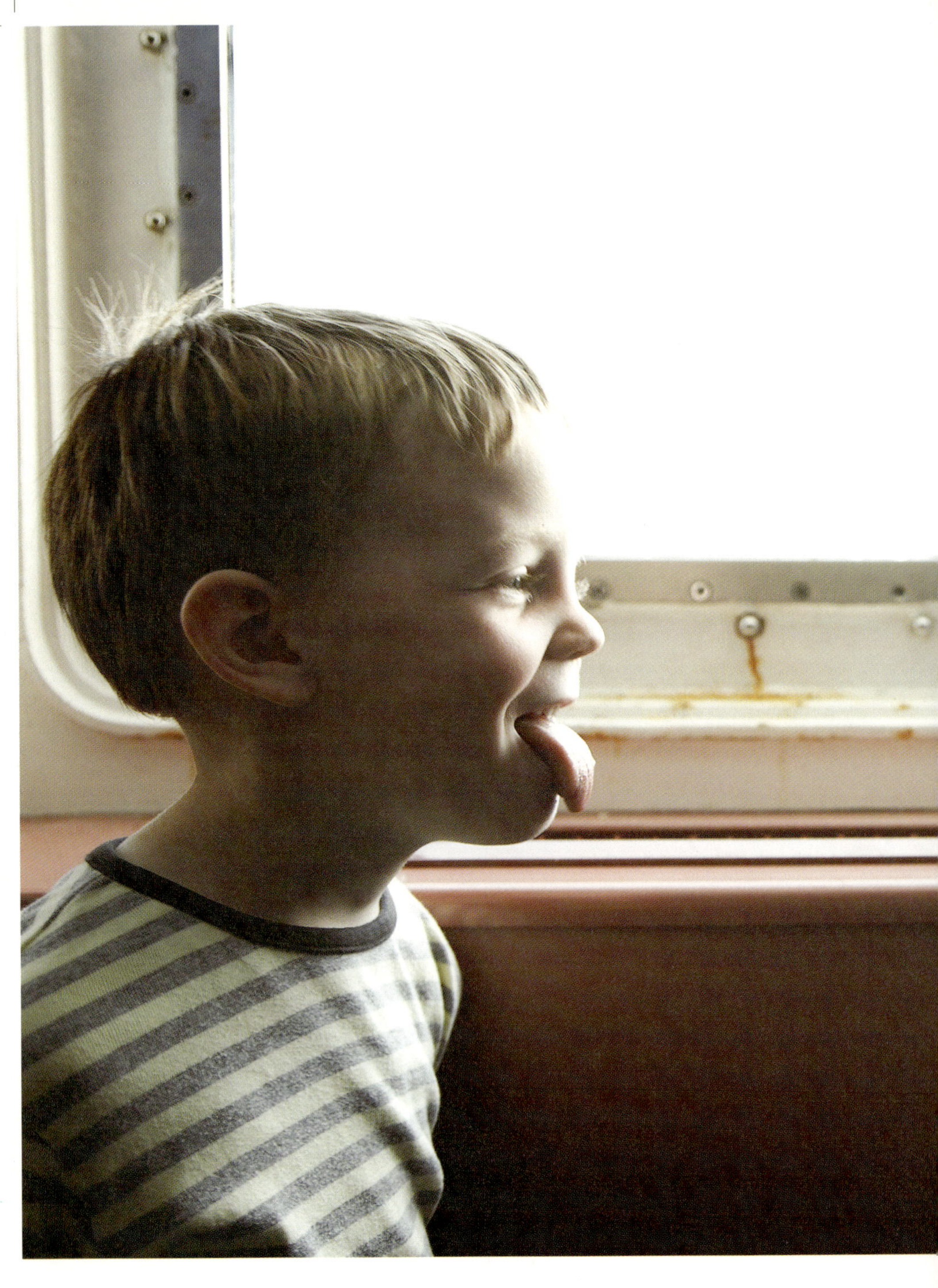

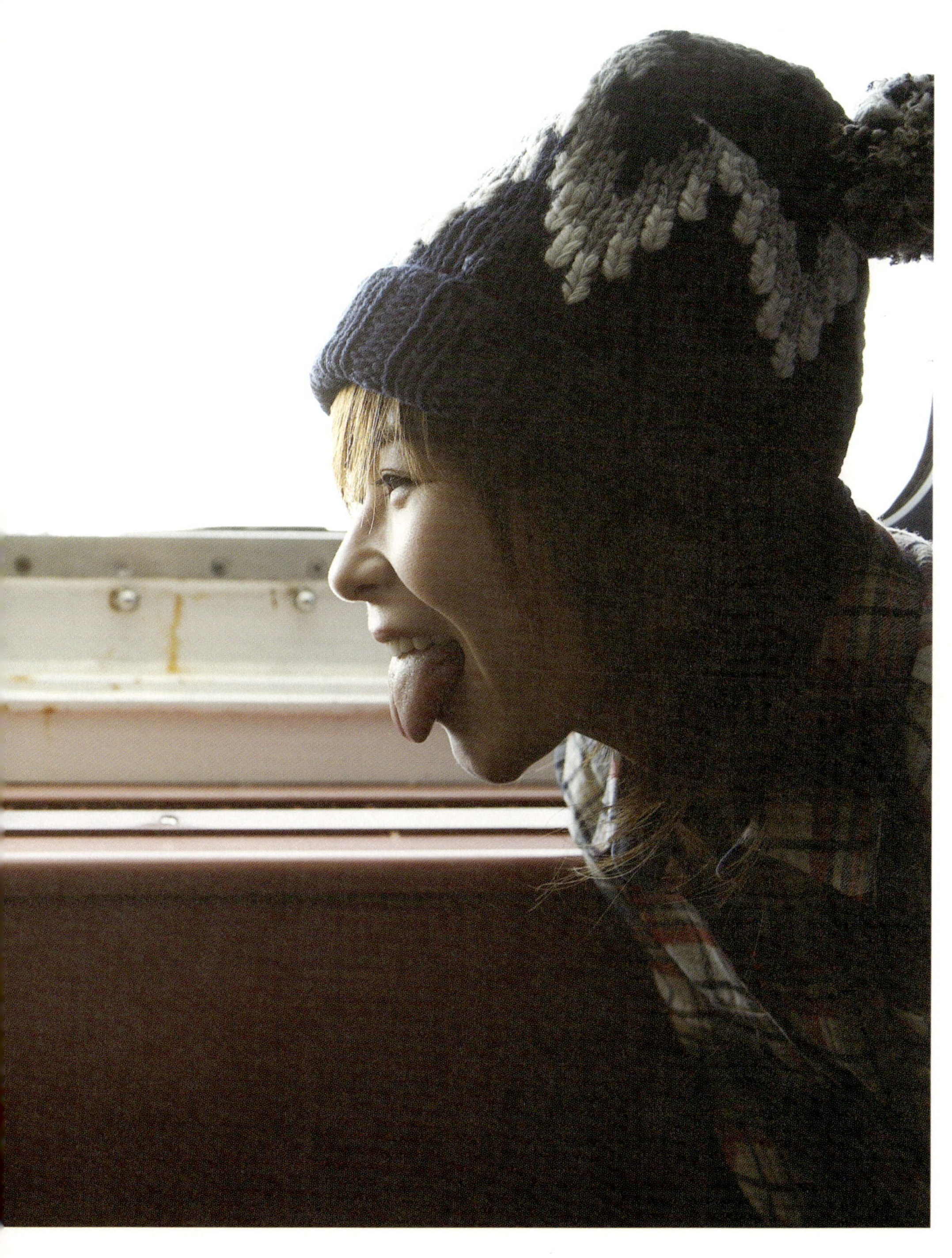

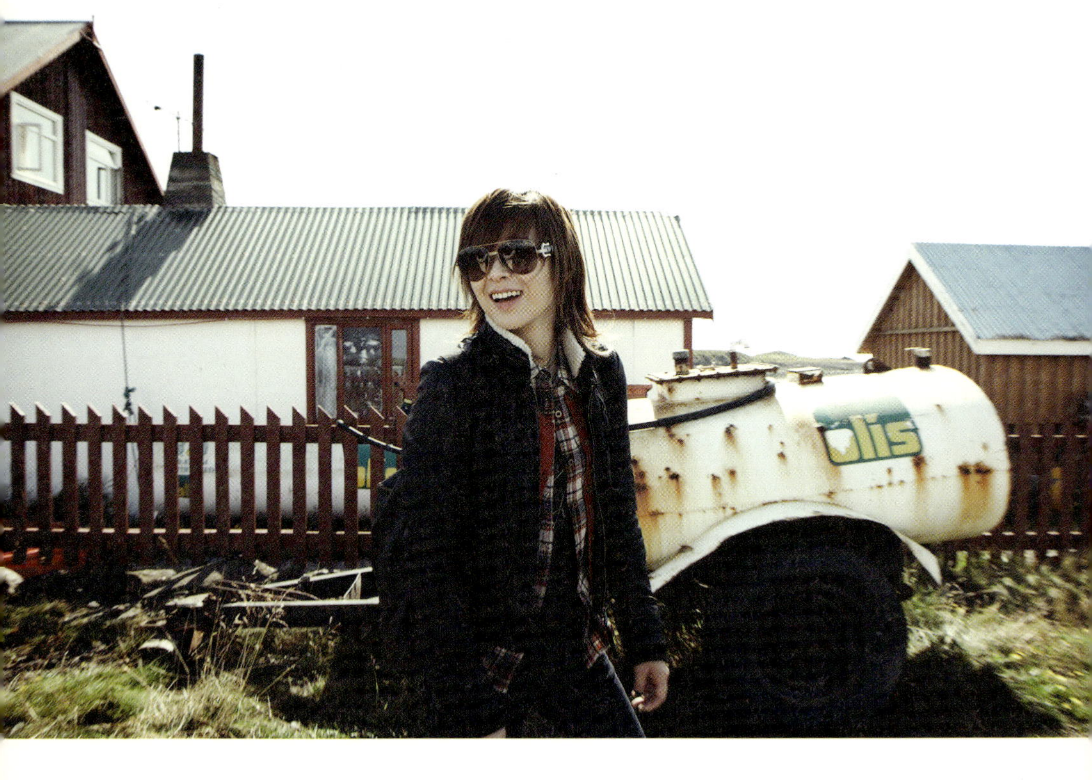

건 전 지

건전지!

엄마와 길을 가던 두 돌 꼬맹이가 저를 보고 그랬어요.
"건전지!"

그 아이가 가장 좋아하는 건 건전지.
나?
건전지.

최근 들어 가장 좋았던 말.
건전지….

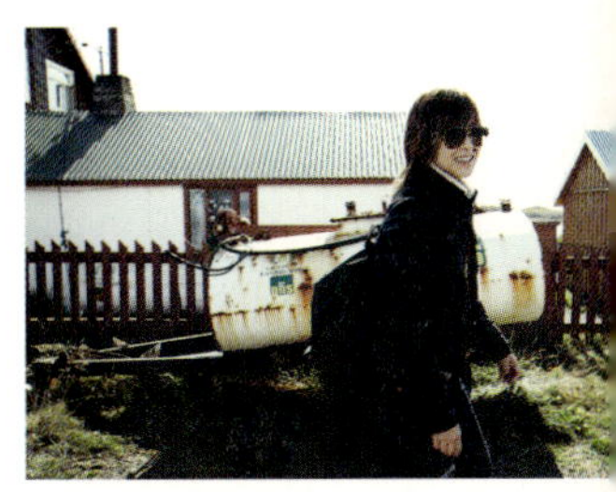

그럴
수도 …

그럴 수도 있잖아요.

누구는 잘 울고.
누구는 잘 웃고.
누구는 착하고.
누구는 초록색을 좋아하고.

하지만 잘 우는 그 아이가 울기만 하는 건 아니고.
핑크를 싫어하는 그 사람이 어느 날 핑크색 손톱을 칠할 수도 있어요.

외로움이나 우울함도 마찬가지예요.
외로움에, 또 우울함에 헐떡여도

늘 우울했던 건 아니니까.
너무 걱정하진 마세요.

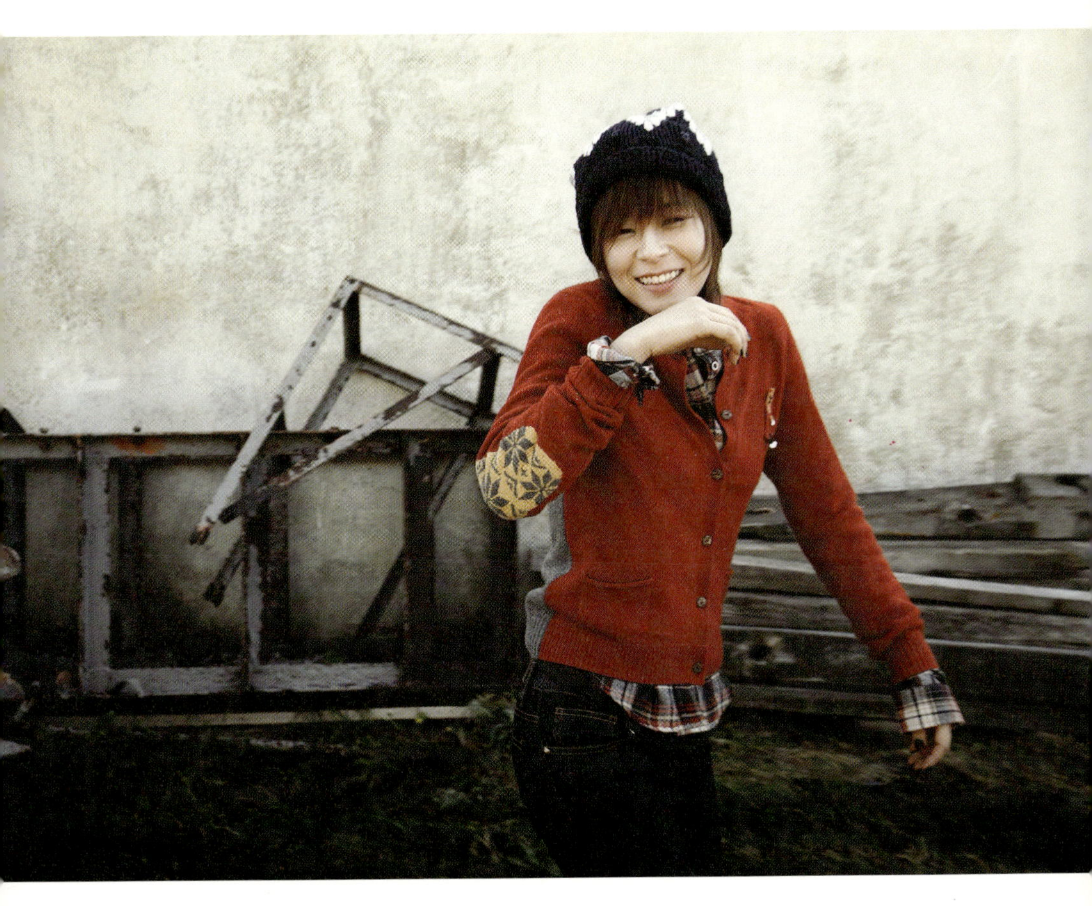

찻잔에

나를 넣고
데어죽지 않을 정도의 따뜻한 물을 부어
한참을 놔둬 보았지.

그리곤
잠시 지켜보다가
졸졸졸
나를 따라보았어.

나를
따라버리면
온통 네가 나올 줄 알았는데.

나를
버리면
온통 네가 나올 줄 알았는데.

결국에 남은 건
널 사랑하는 나였네.

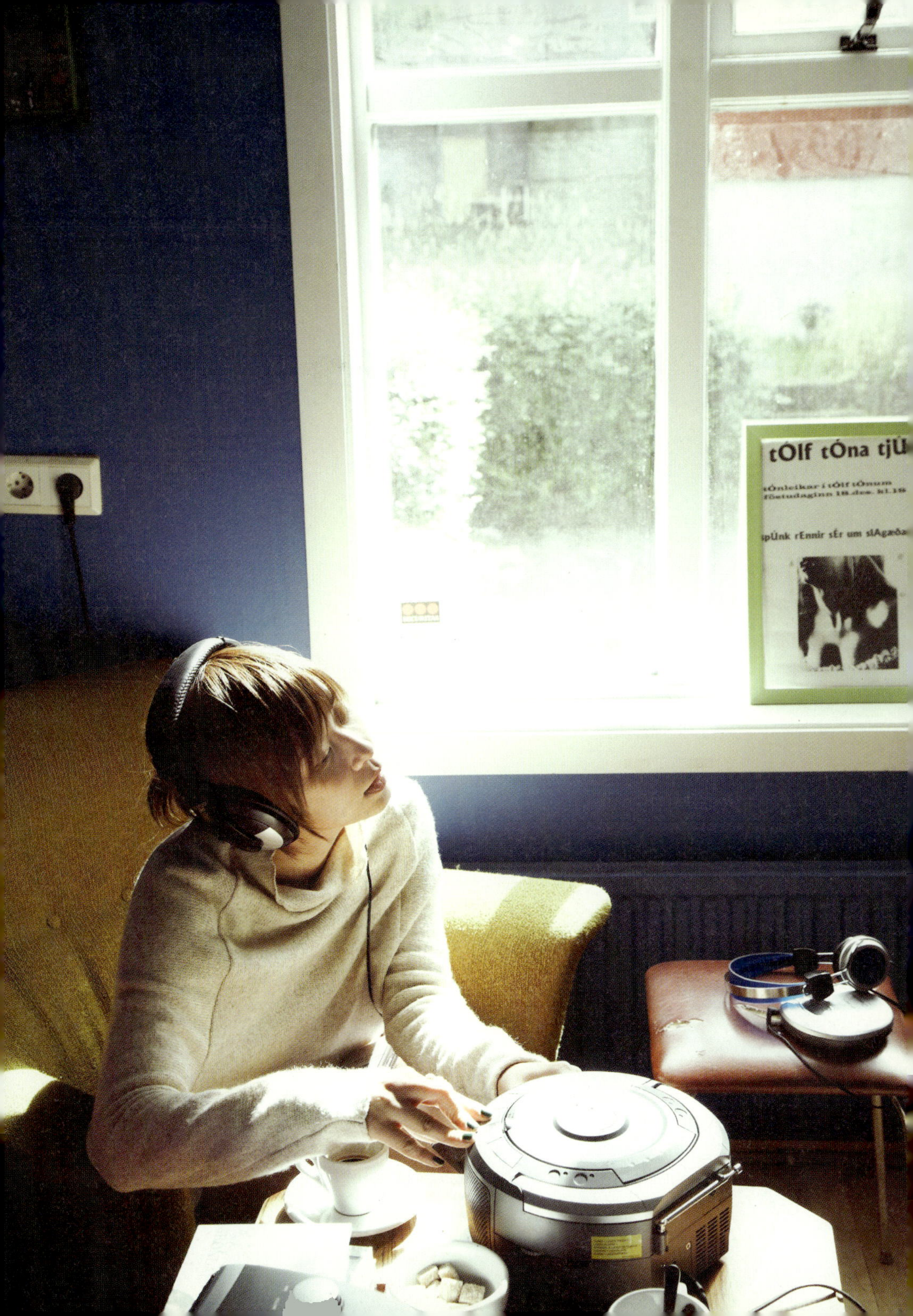

tÓlf tÓna tjÚ
tÓnleikar í tÓlf tÓnum
föstudaginn 18.des. kl.18
spÚnk rEnnir sÉr um slAgæða

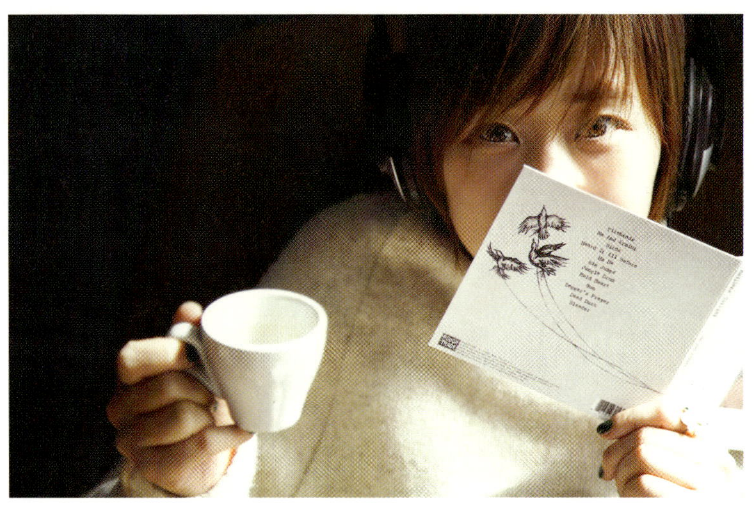

좋은 사람이 될게요.
그 다음 훌륭한 사람이 되도록 노력해볼게요.

온유한 사람이 될게요.
그 다음으론 당당한 사람이 되어볼게요.

멋진 사람이 될게요.
그 다음 만약 약간의 기회가 주어진다면

똑똑한 사람이 되도록 노력은…
해볼게요.

ㅋㅋㅋ

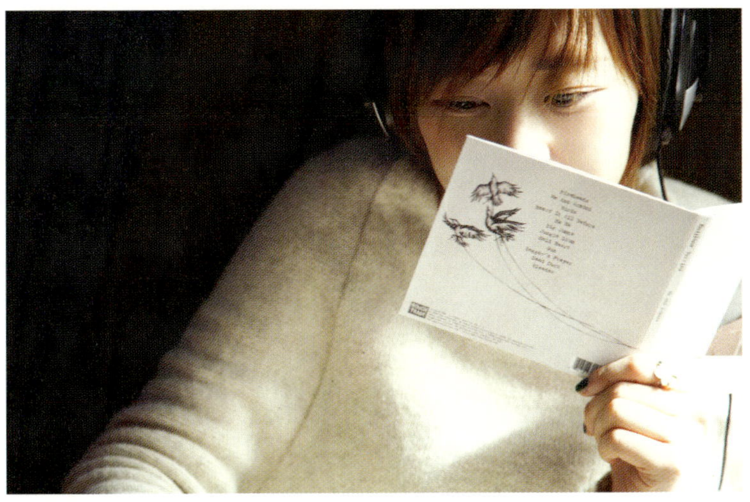

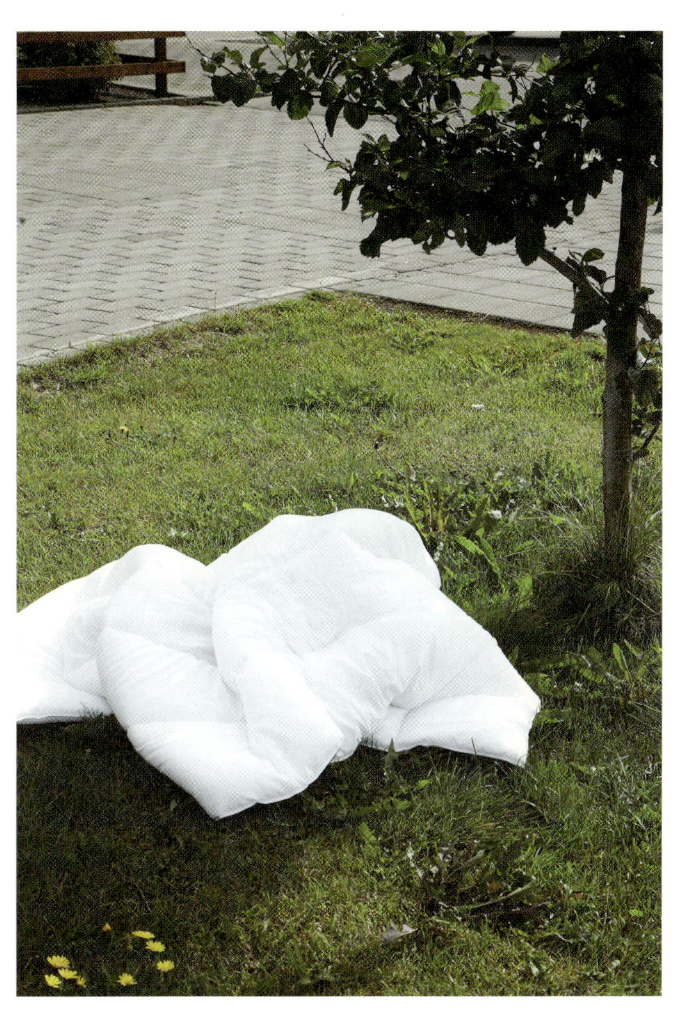

lady sleep···

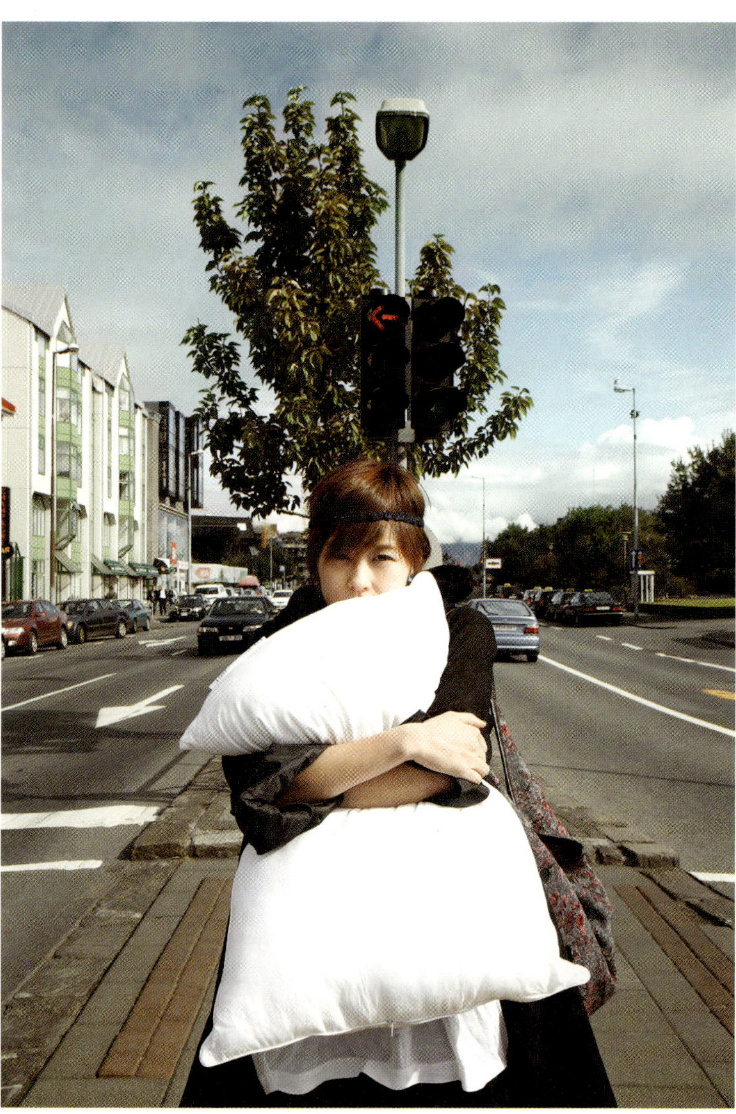

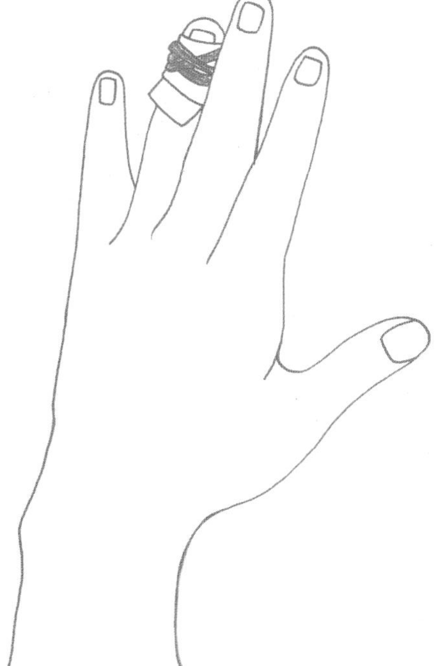

전… 약지손가락입니다.

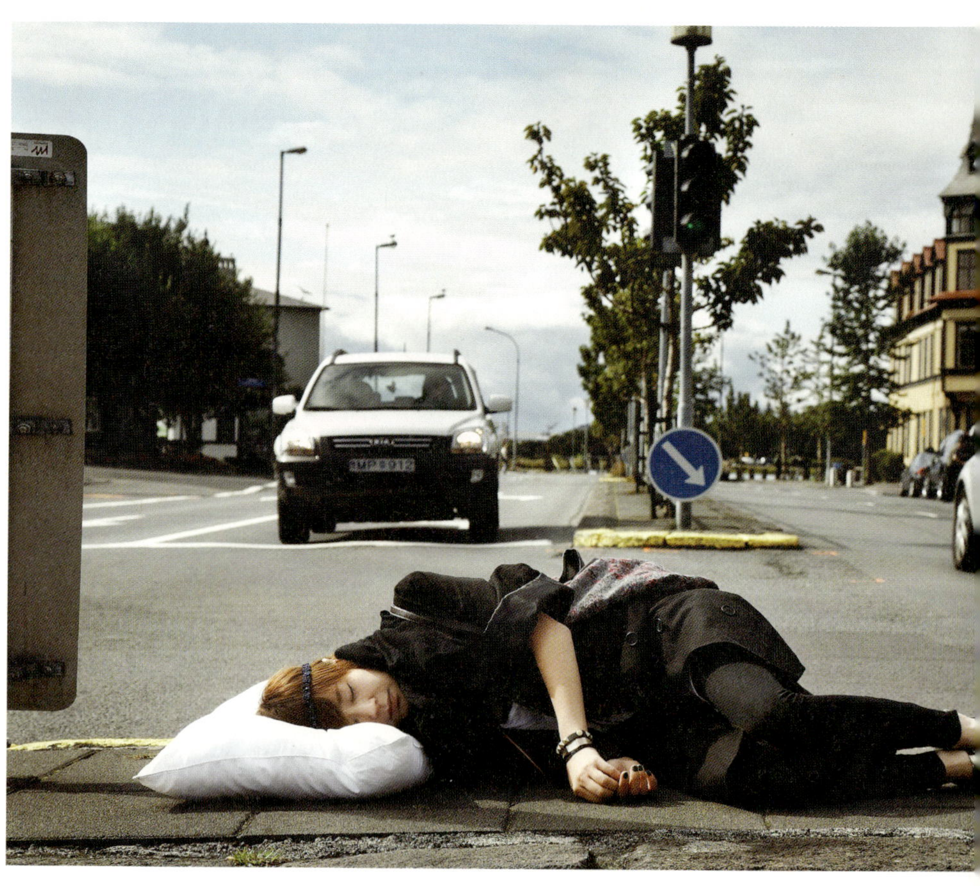

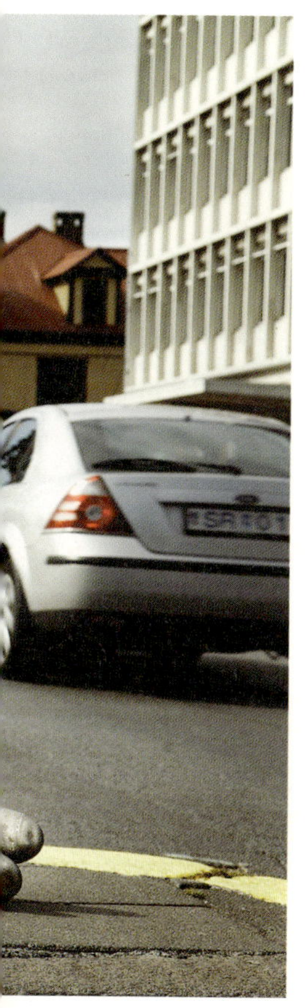

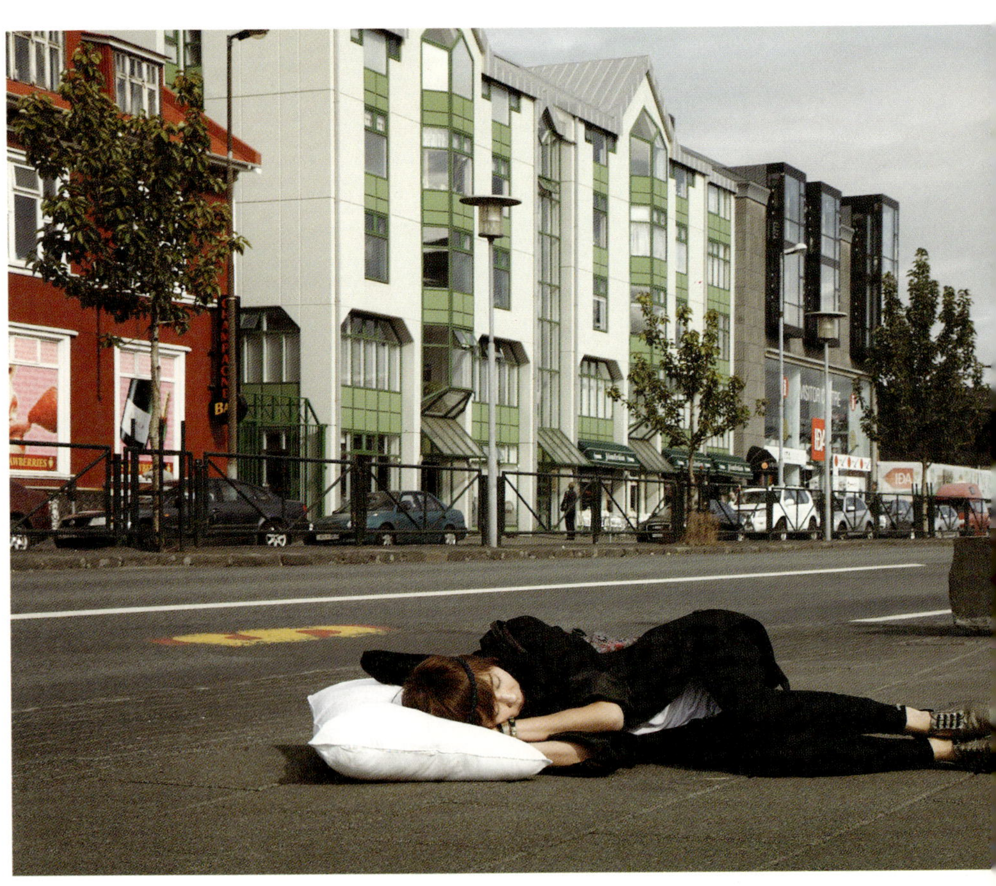

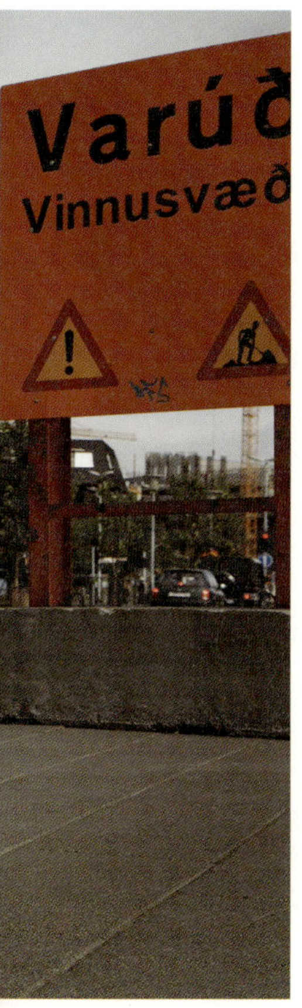

4월 4일.

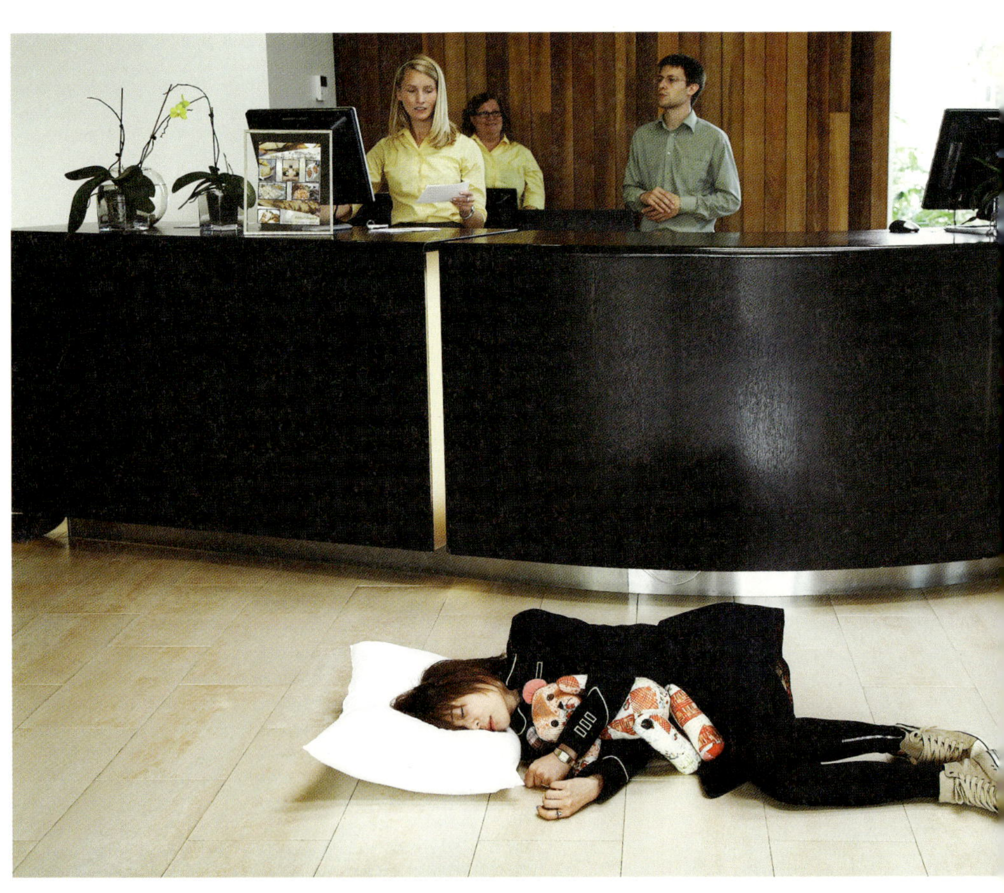

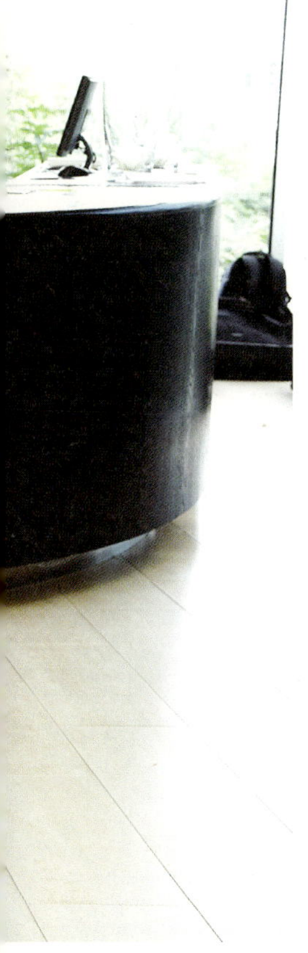

죽도록 사랑하고 싶은 날… 말할까?

중 독

꿈을 꾸었다.
너무도 생생한 꿈이다.
무엇도 구분할 수 없다.
난 그것에 holic.

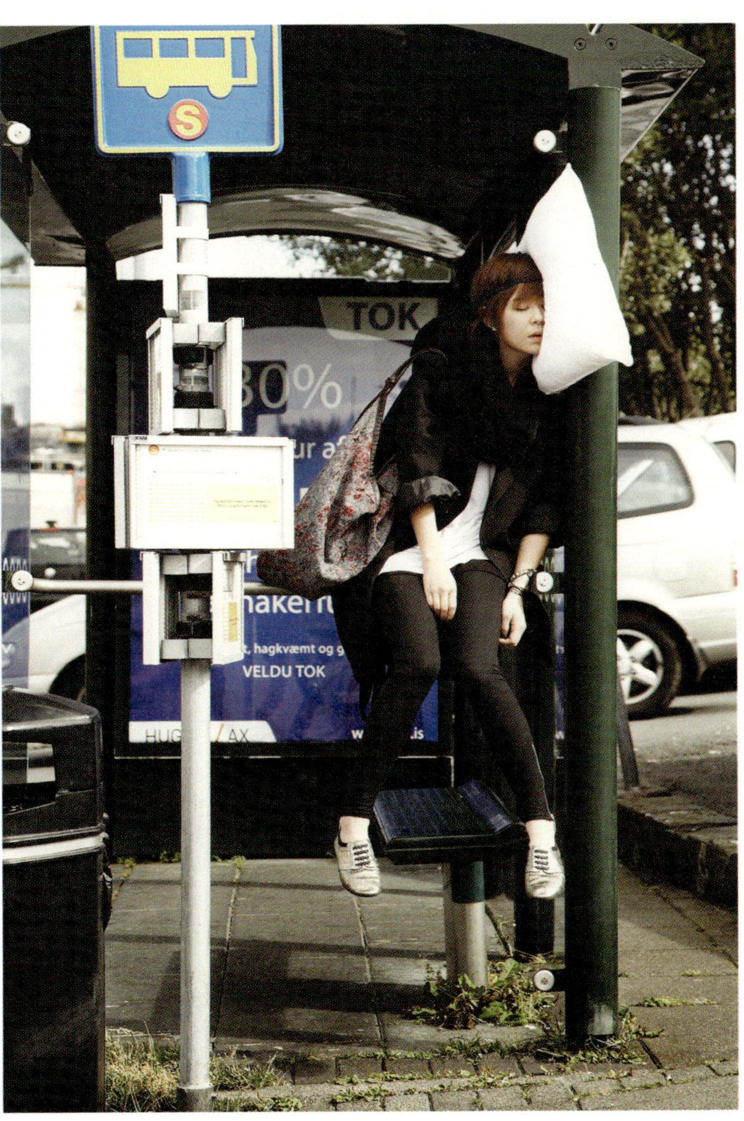
TOK
30%
VELDU TOK

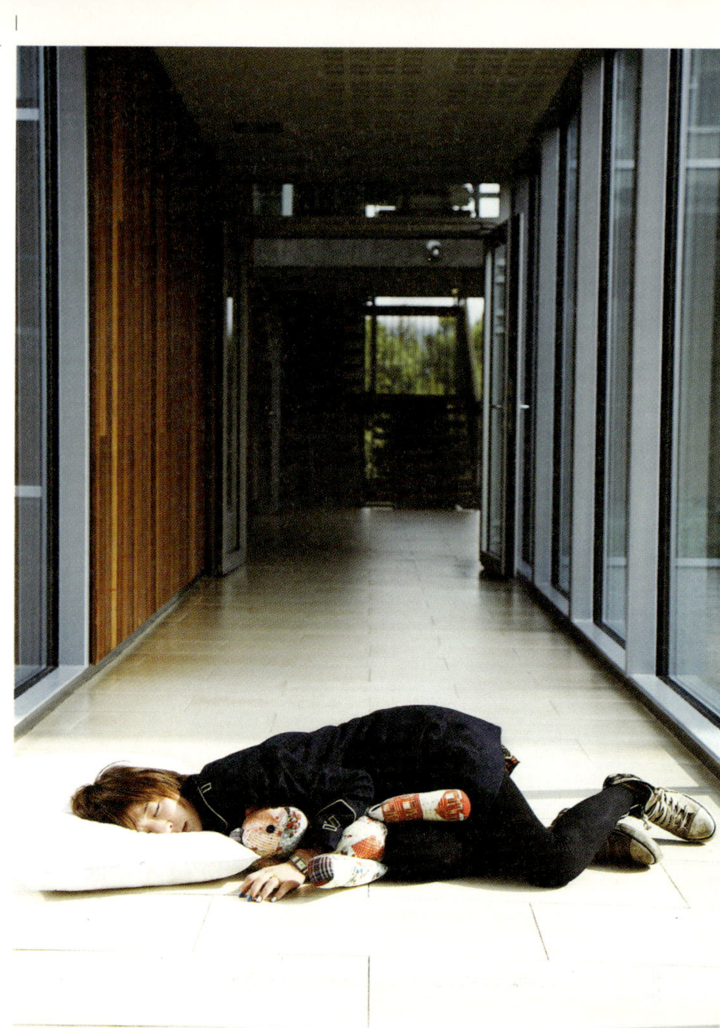

천 사 와
악 마

때마침 그가 내게 말을 건넨다.
"악마···."
"······"

이미 아무 말도 할 수 없었던 나는
그래도 악마라는 소리는 듣기 싫었는지
"뭐야~?"라는 말이
당황한 내 얼굴 속에서 튀어 나왔다.

그리고 잠시···

그가 말을 잇는다.
"···그거 알어?
악마도 사실은 천사였던 거."

내가 답한다.
"어···."

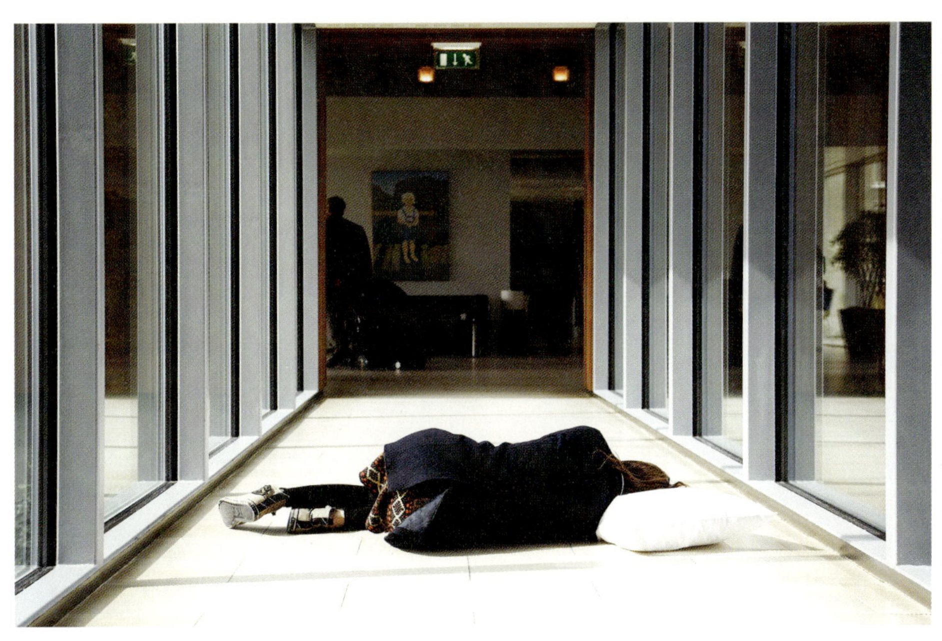

아 주 어 려 운 조 건

내가 당신을 사랑…아주 많이 사랑한대도.

나를 사랑해줄 수 있나요?

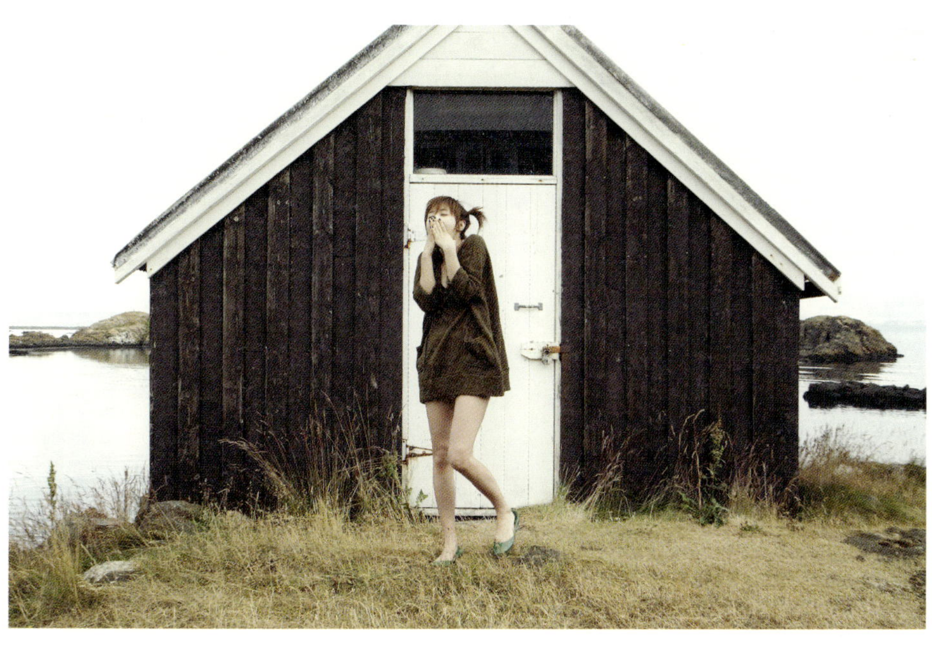

Einkabílastæði kl. 8-17
NT 718

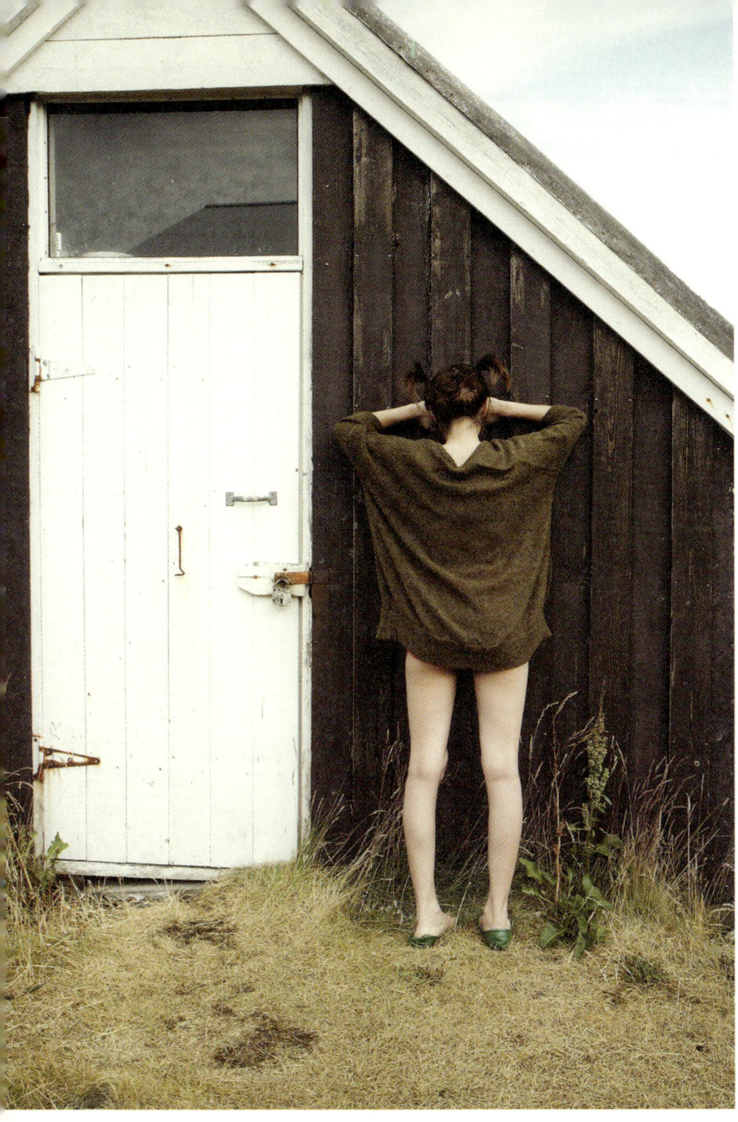

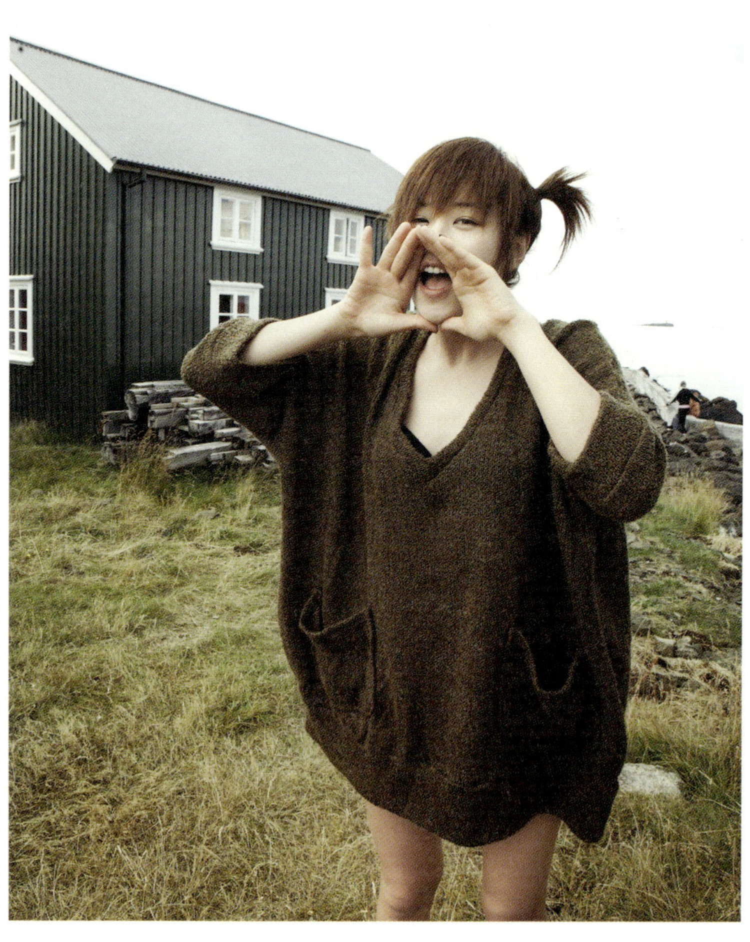

날씨가 좋네.
열쇠는 챙겼어?

오늘도 잘해요!

감기 조심하구.
그래두 밤엔 추우니까 이불은 꼭 덮구 자.
이따 산책하자.
두 시쯤 커피 한 잔 어때?
보고 싶어.
괜찮아…
내가 있잖아.
힘내!
집 앞이야, 나와.

기도할게.
난 늘 네 편이야.

라고…

행복해주세요.

:: 이렇게 좋은 날일수록 위로가 필요하다구.

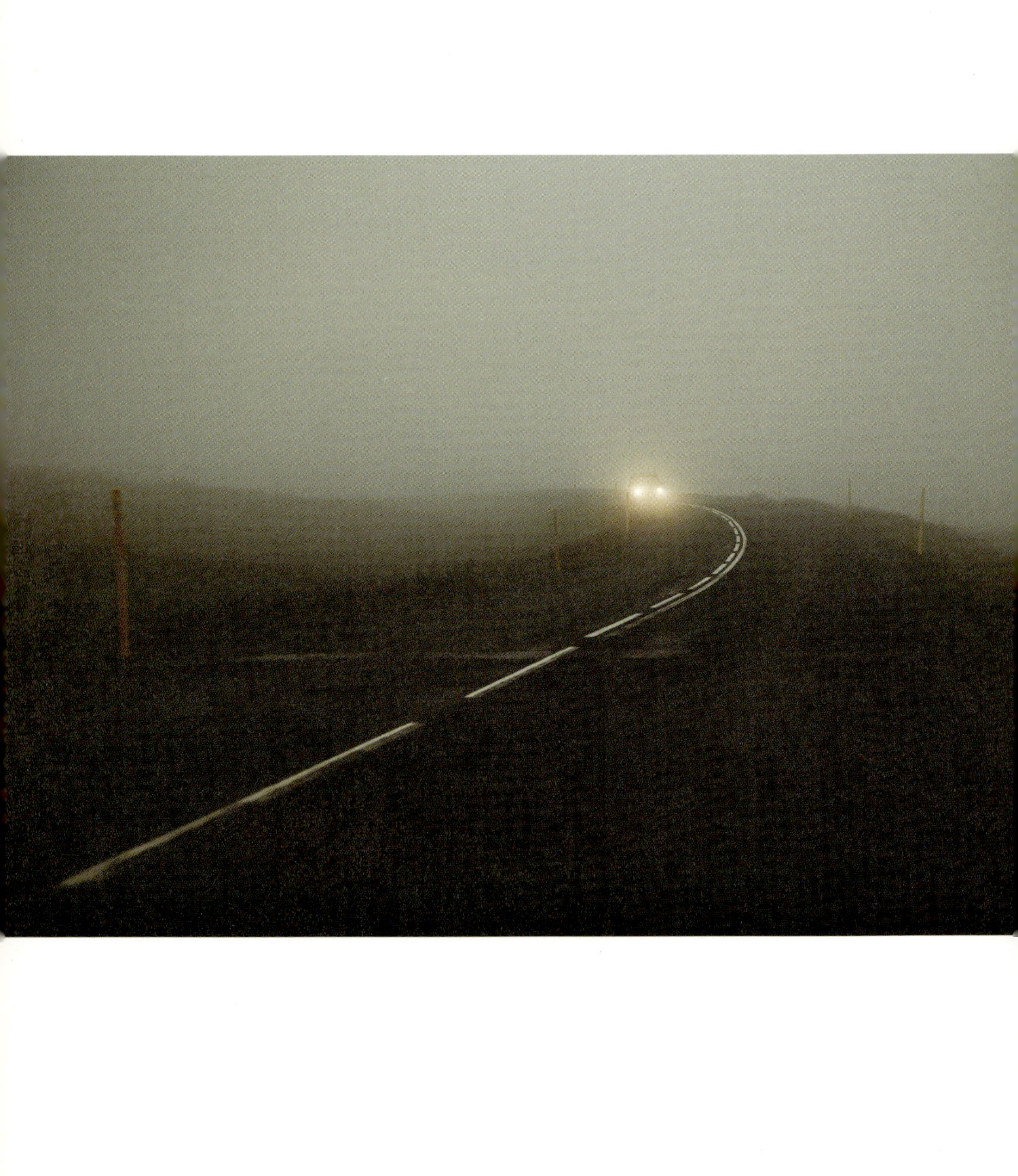

(송)은이 언니와
(김)숙 언니

은이 언니는 요새 참 바쁘다.
숙이 언니와 차를 타고 오는데
언니가 불쑥 이런 말을 한다.

"평생 은이 언니를
모르고 사는 사람들도 있을 거잖아?
그 사람들은 참 불행한 사람인 것 같다"라고.

"응…."

차창 밖을 보니
강가에 비치는 불빛이 참 예쁘다.

이런 숙이 언니를 평생 모르고 살았다면
나 역시 불행했을 것이다 라고
생각했다… 생각만 했다.

불빛이 참 예쁘다.

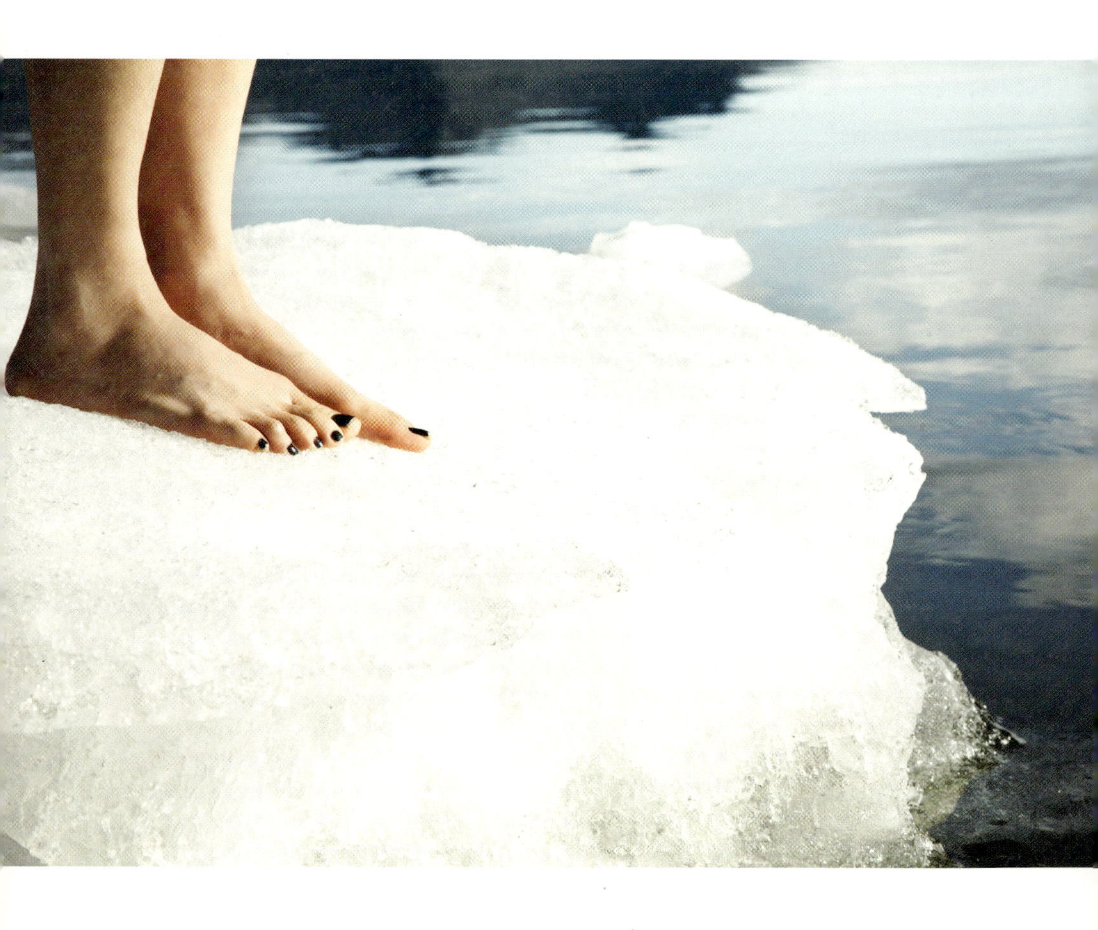

겨 울 날

무지 따뜻해져버린 겨울날.
이미 얼어 있던 강의 이 끝과 저 끝에 너와 내가 있어.

한 발 한 발 네가 내게 다가오고 있고,
난 너를 가만히 보고만 있지.

어찌된 일일까.
위태로운 너의 모습에 고마움을 느껴버린 건.

점점 따뜻해져버린 겨울날.
이미 얼어 있던 겨울바닥.

녹아내리는 강의 이만큼과 저만큼 거리에
너와 내가 서 있어.

어찌된 일일까.
빨개진 너의 뺨에 고마움을 느껴버린 건.

날씨만큼 노곤해진 나의 마음은
얼어붙은 나의 발을 녹이고,

빨개진 너의 뺨에 작은 미소는
얼어붙은 나의 마음을 쉽게 움직이고.

거기서

stop···.

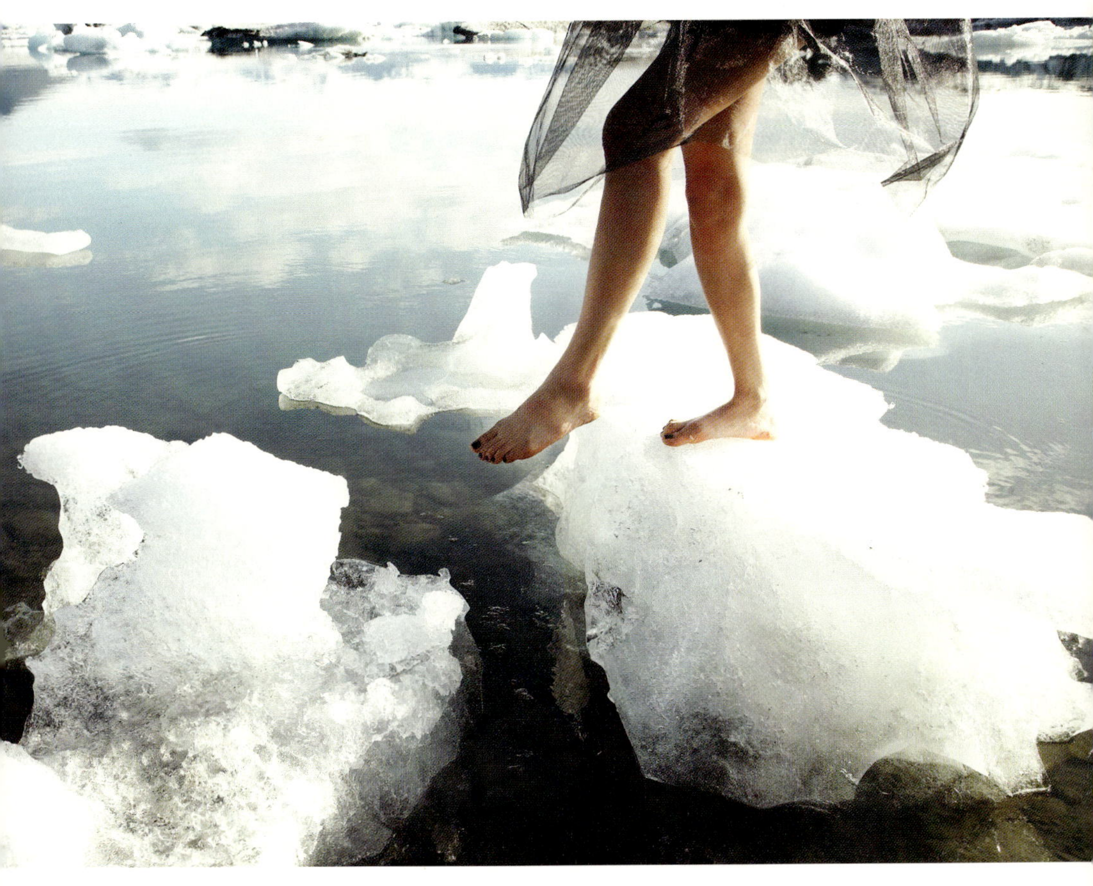

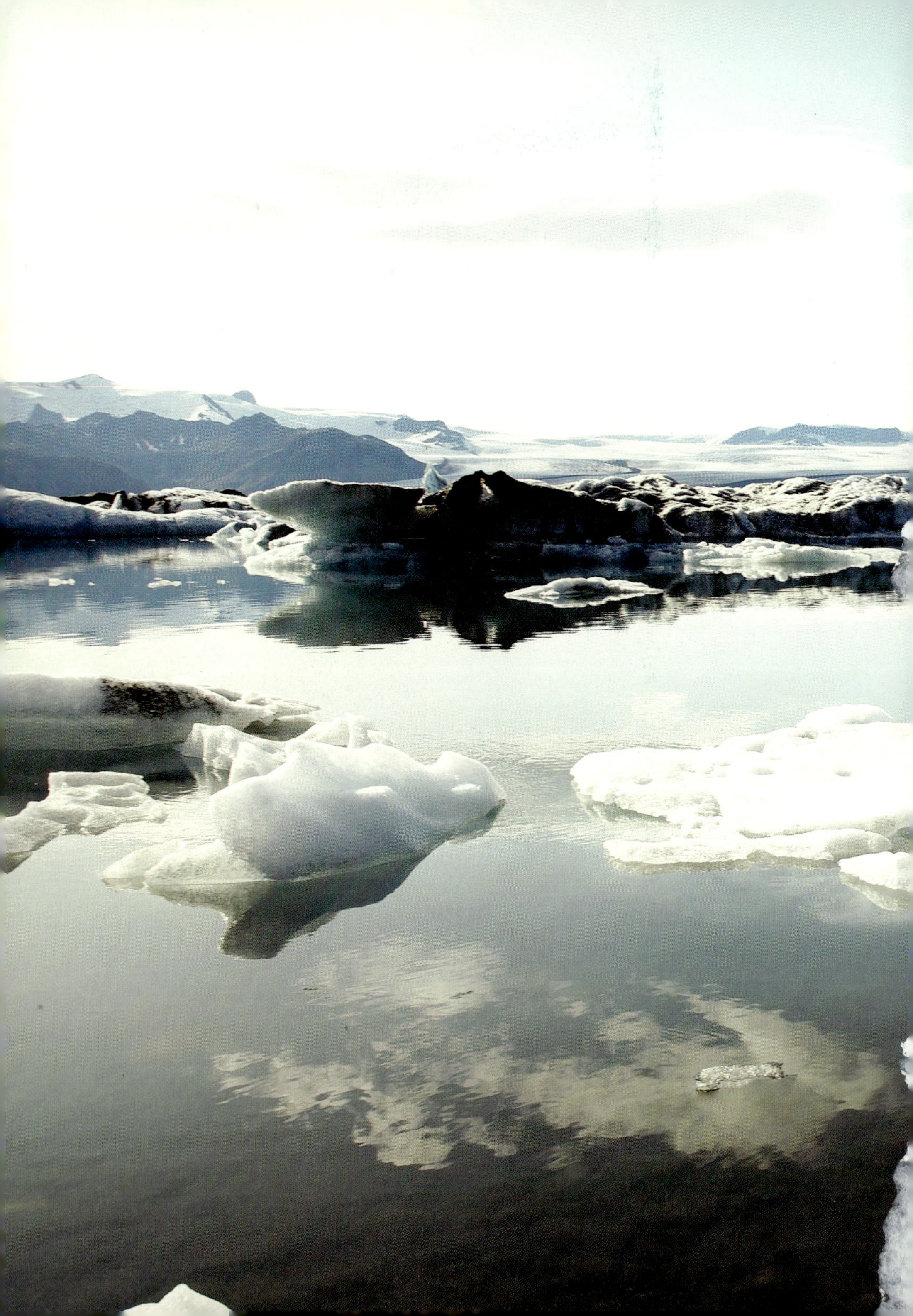

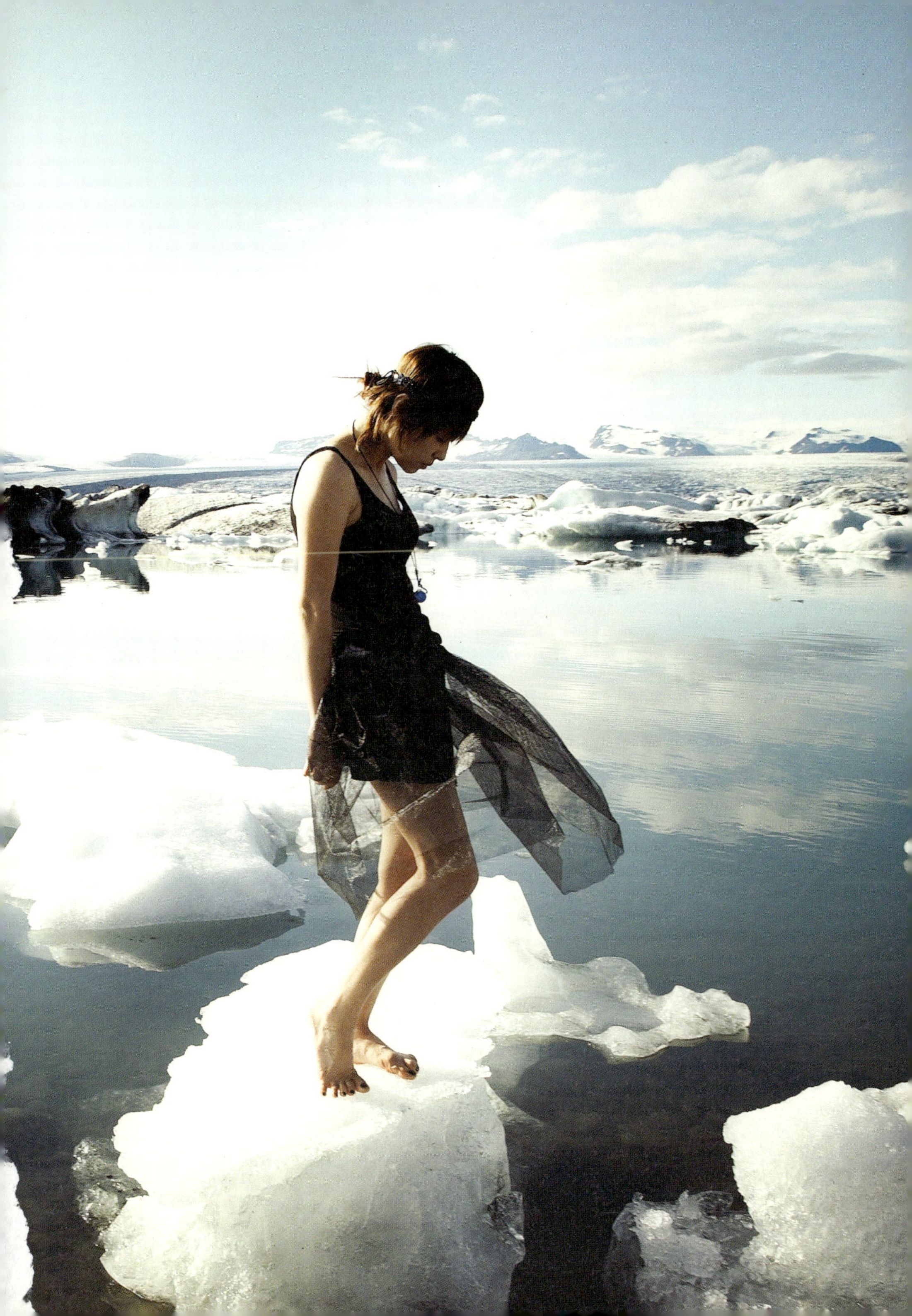

“아무것도 아닌 나란 사람은 또다시
무언가를 하려 한다.
늘… 부족하지 않는 사랑을 받고 있는
난. 나란 사람은….
항상 어깨에 큰 감사를 지고 살아야
하는 행운아이다.”

:: 쉽지 않은 작업이었지만, 또 그만큼 들뜨고 행복했습니다.
　지금은 모두 꿈만 같네요….
　마지막으로 한 권의 책이 완성되기 전까지 함께 고생했던 모든 사람들과,
　저의 책을 선택해주신 여러분들과,
　나의 아이슬란드에 감사를 전합니다.

:: 생애 첫 책 출판을 코앞에 둔 최 작가로부터… ㅋㅋㅋㅋ 꾸벅.

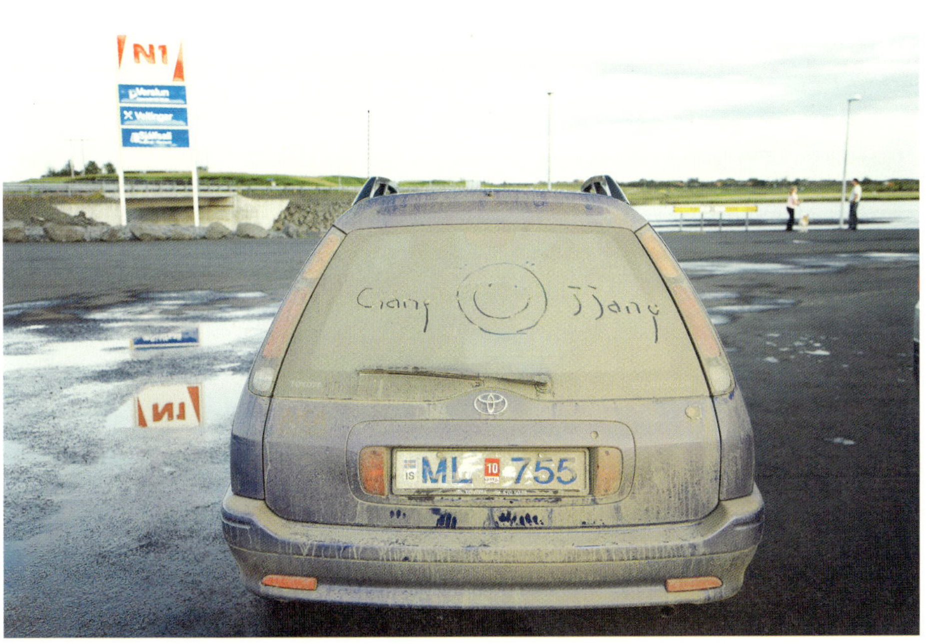

N1
Ciang
Jjang
IS ML 10 755

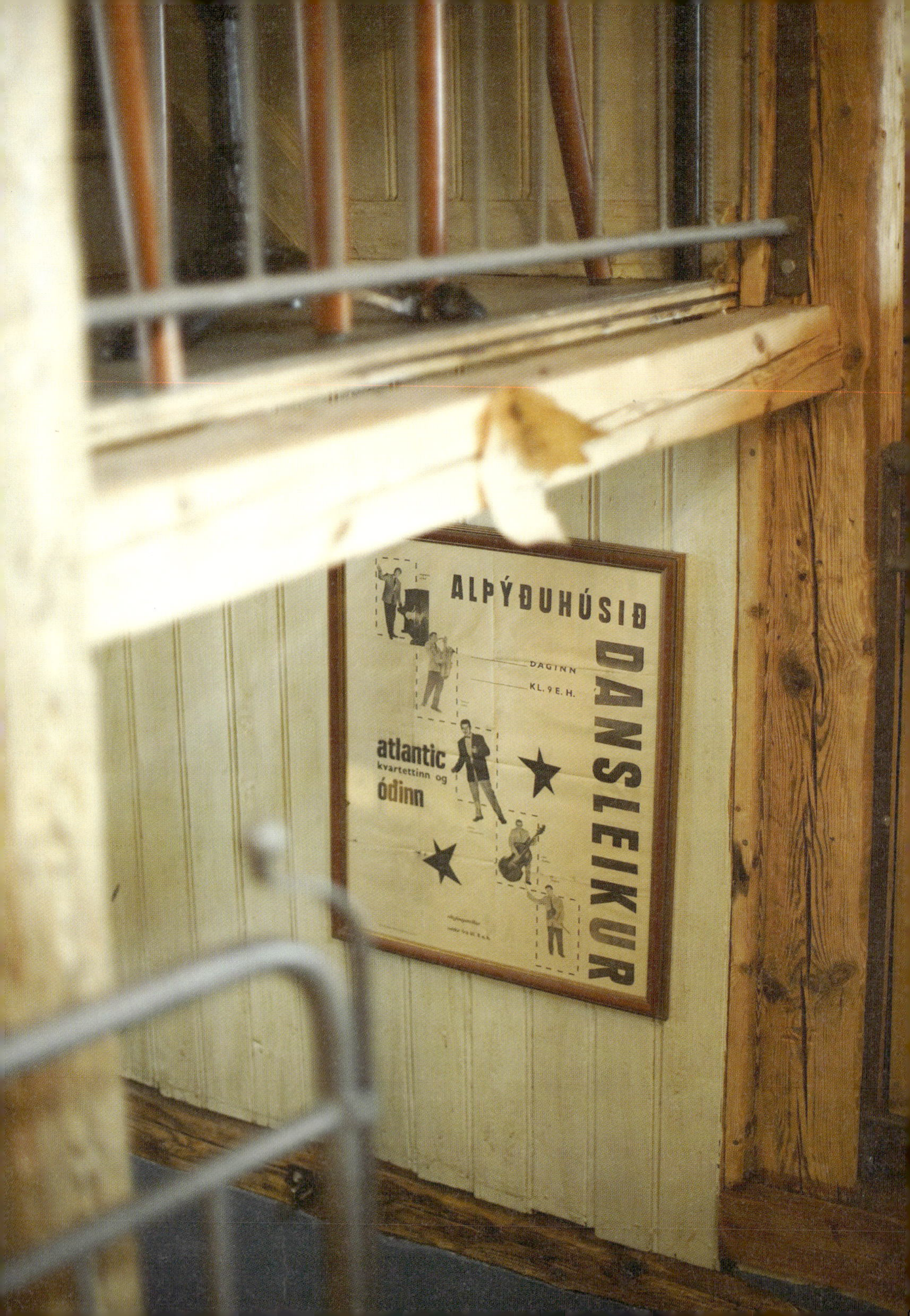
ALÞÝÐUHÚSIÐ
DANSLEIKUR
DAGINN
KL. 9 E. H.
atlantic
kvartettinn og
óðinn

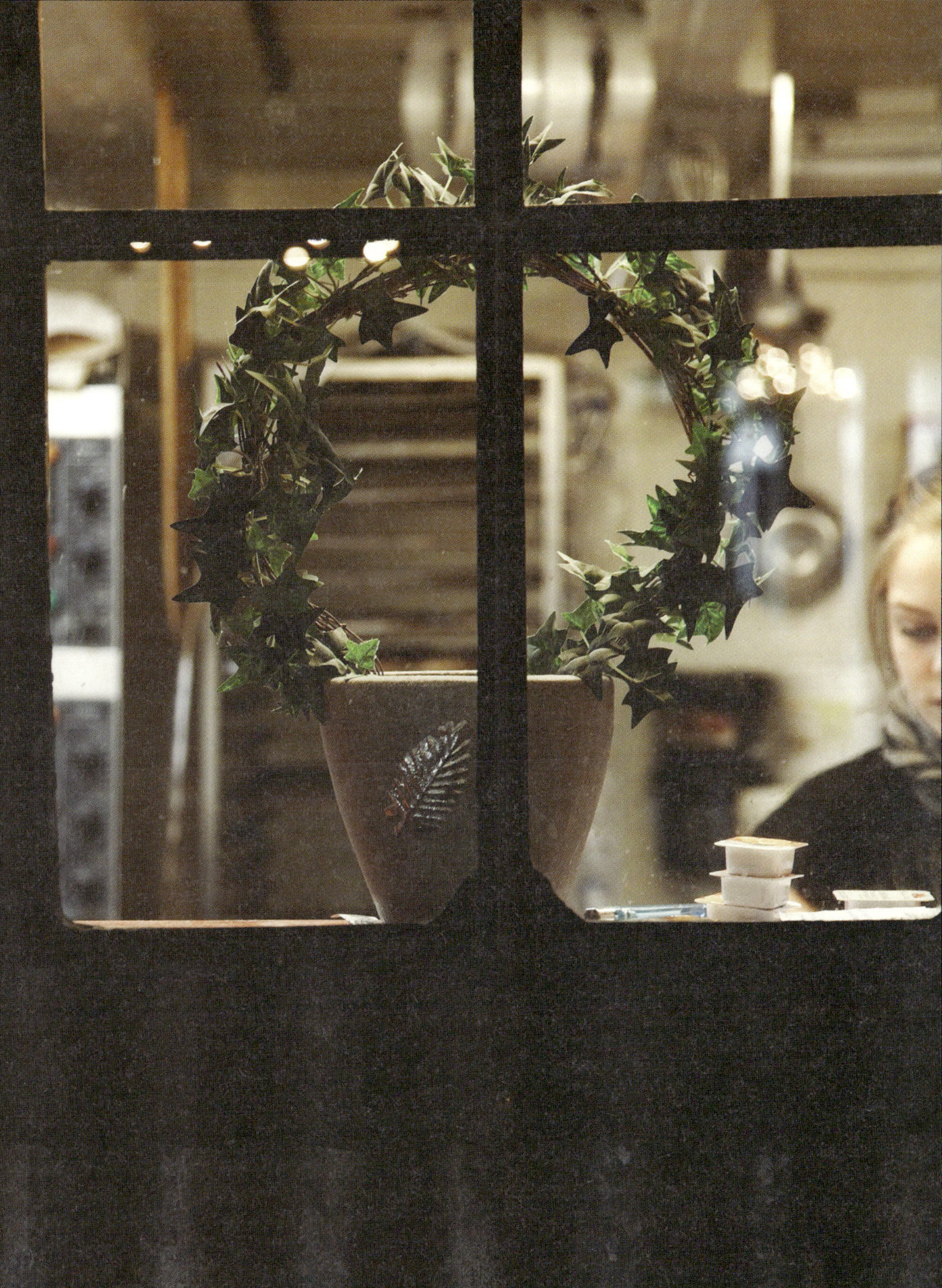